知っておきたい
# 現代軍事用語
【解説と使い方】

CONCISE GUIDE TO
MODERN MIRITARY TERMS
IN JAPANESE

元陸上自衛隊幹部学校・戦史教官
高井 三郎 著

アリアドネ企画

## 〔前書き：本書発刊の趣旨〕

　第２次大戦後、半世紀以上も外敵の直接的脅威を受けず、平和と繁栄を享受して来た日本では国民に国防の法的責務を課していない。しかも、専一国防に携(たずさ)わるのは全人口の中で九牛の一毛に過ぎない奇特な自衛隊員にとどまる。
　当然、小学校から大学まで国防の重要性を説き、軍事に寄せる理解と認識を啓発する教育もほとんど行なわれていない。このような国情が祟(たた)り、一般国民の基本的な軍事知識は積年、凋落の一途を辿って来た。したがって政治、行政、学術、教育、報道を含む国家社会のあらゆる分野において軍事用語が正しく使われていない。特に新聞・テレビ報道では外来軍事用語の誤訳・直訳が目白押しであり、それは基本的な軍事知識の欠落に起因する。
　現代の世界には戦争を好む国家も国民も先ず存在しない。しかしながら武力紛争は各地で起きており、各国は軍備を不用意に廃止できないのが国際社会の偽らざる現状である。
　今後、益々厳しくなる世界の環境条件下で日本は国家の生存を全うして国益を守り、国際社会の秩序と安定に寄与しなければならない。したがって日本の国民だけが各国民に比し、軍事に寄せる関心も軍事知識が低調な状態で許されるのか？問題意識を抱かざるを得ない。本書は一般国民が軍事用語を正しく理解して基本的な軍事知識の向上を図るため、一石を投ずる次第である。

　今から10年以上前に軍事用語の誤りを発見した時のエピソードである。JR四谷駅付近に立つ千代田区史跡案内図の国立美術館の位置に「旧近衛師団指令部庁舎」という注記が認められた。これは「司令部」の方が正しいので月刊「軍事研究」（1994年5月号）の軍事用語の解説に載る「司令部、本部」の記事コピーを案内図所管の千代田区歴史民俗資料館に送り、注意したところ担当者から誤りを素直に認める丁重な連絡を頂いた。やがて区内各所に立つ案内図の「指」の部分が「司」に貼り替えられて現在に至っている。
　教養に富み文化に造詣の深い自治体要員が管理する史跡案内図さえ過ちを犯す現象は氷山の一角に過ぎない。この折に外来軍事用語の誤訳・直訳の実例を参考までに紹介する。

| 原語 | 正しい訳 | 誤訳・直訳 | 同左の出典 |
| --- | --- | --- | --- |
| 南雲海軍中将[1] | Vice Admiral NAGUMO | Lieutenant General NAGUMO | 遊就館 |
| War Department | 陸軍省[2] | 戦争省 | 新聞記事 |
| U.S Naval Academy | 米海軍兵学校[3] | 合衆国海軍アカデミー | 学術雑誌 |
| Commander in Chief | 総司令官 | 最高司令官[4] | 報道 |
| Division Commander | 師団長 | 師団司令官 | 報道 |
| Commander RN retired | 退役英海軍中佐 | 元英海軍司令官 | 報道 |
| specialist | 特技兵 | 技術兵[5] | 報道 |
| Military Operation | 軍事行動 | 軍事作戦 | 報道、政官界 |

| | | | |
|---|---|---|---|
| small arms | 小火器 | 小型武器 | 官公庁 |
| intelligence [7] | 情報 | 諜報、秘密の情報 | 官公庁、学会 |
| information [7] | 情報、情報資料 | 公開情報 | 官公庁、学会 |
| detachment | 分遣隊 | 支隊[6] | 学術誌 |
| counterintelligence [7] | 対情報 | 対敵情報 | 政界、学術誌 |
| CSS [8] | 後方支援 | 戦務支援、役務支援 | 報道、官公庁 |
| muzzle velocity | 初速 | 砲口速度 | 防衛産業 |
| theater | 戦域 | 劇場、戦区 | テレビ編集部 |

注：1．第2次大戦中における日本海軍の提督、真珠湾攻撃を指揮
 2．戦前に陸軍省と和訳
 3．本書の海軍兵学校編を参照
 4．最高司令官は"The Supreme Commander"
 5．技術兵、技術下士官は"technician"、"technical sergeant"
 6．支隊は"task force"
 7．本書の情報編を参照
 8．本書の後方支援編を参照、役務は"provides the service by contract"

　以上、挙げた各用語は高度の専門的な研究に俟つまでもなく、辞書、市販の軍事関係図書、防衛庁・自衛隊の公開資料等を見れば容易に正しく訳す事ができる。さらには軍事史から用語成立の経緯を把握すれば単純な過失を犯さずに済み、軍事の理解を深める一助になる。

　本来、日本の兵学・兵術及び軍事用語の形成期は古代から江戸期、幕末維新から第2次大戦及び第2次大戦後から現代の3段階から成る。特に本書主題の「軍事」始め基本的な軍事用語は中国に由来する点に注目せざるを得ない。例えば「兵」、「将」、「将校」、「大尉」、「曹」、「軍団」、「歩（兵）」、「騎（兵）」は隋、唐、それに「砲兵」、「提督」は、これより遅く明、清から導入された。

　幕末維新以降、我々の先輩は新たに到来した西欧軍事用語に古来から使われて来た軍事用語を当て嵌めた。それには今でも通用する"officer"…「将校」、"corps"…「軍団」、"division"…「師団」、"naval mine"…「機械水雷、機雷」などが挙げられる。

　第2次大戦の終結に伴い、明治以来の帝国陸海軍は解体した。その後に創設された新国軍である警察予備隊、保安隊、次いで自衛隊は旧軍から軍事用語を引継ぎ、これに基づいて米軍の用語を和訳して基本的な専門用語を確立した。

　ただし旧軍用語を全面的に踏襲する事なく、例えば「準備陣」を「予備陣地の構築」、「本戦」及び「本攻」を「主作戦」、あるいは「本格攻撃」、「部署」を「配置」、「区処」を「任務付与」など現代人に馴染み易い表現に改めた。

　さらに有為な自衛隊の教育研究員及び防衛産業の技術者は新たな兵器技術用語の和訳に努力し、多くの傑作用語を作り出した。"High Explosive Plastic"…「粘着榴弾」、"High Explosive Antitank"…「対戦車榴弾」、"artificial intelligence"…「人口知能」、"synthetic aperture radar"…「合成開口レーダ」、"simulator"…「交戦訓練装置」、"deplated uranium"…「劣化ウラン」は、その代表と言える。

　用語を決める場合、戦いの原則（本書を参照）のうち「簡明の原則」の趣旨を反映させる。すなわち複数の候補の意味が同じであれば、戦闘車内など騒音の激しい環境条件下で短時間で相手に正しく伝わるように表現が短く、発音も容易な用語が望ましい。

　したがって元々冗長なアルファベットの外来軍事用語を少ない字数で簡明な表現が可能な日本語の方が有利である。このため旧軍時代から自衛隊に至るまで軍事専門家は努力を重ねて来た。しかしながら「トラック」、「レーダ」、「センサ」、「ロケット」、「テロ」、「ゲリラ」など適訳が見当らず、あるいは和訳より表現が短くて簡明な外来語は、そのまま用語として採用された。

　なお軍事革命の動きに連動して新次元の軍事技術用語が続出する現象は教育、研究、行政等の実務関係者を悩ましている。その中で当面、適訳が見当らず、原語を使っている一例としては"Network Centuric Warfare"（広域に張るセンサ網及び通信電子情報網を連接した一貫性のある指揮統制組織を利用する作戦戦闘行動）が挙げられる。これに対し、軍事専門組織以外の関係者（例えばテレビ編集員）による自己流の直訳では用語が体を成さない場合が多く、一般の誤解を与える弊害をもたらす事になる。

　ちなみに中華民国（台湾）、韓国の各国防部では外来語を含む軍事用語の検討及び統制に当る常設委員会が存在する。国家への提言になるが日本も、これに類する専門組織を常設し、定訳の確定と国家社会への普及に努めるべきである。

　いずれにせよ軍事に限らず、政治外交、経済、行政、法制、治安、商業、農工業、美術工芸、医学等、すべての分野には独特の専門用語が存在する。専門分野の理解は用語の定義の把握に始まると言っても過言でない。

　何分にも軍事の分野は兵学、軍事思想、戦略戦術、軍政、軍令、運用教義、心理、民間防衛、資源、兵器技術等、国家社会の全要素に及び、それぞれが複雑多岐である。さらに過去の用語は死語となり、あるいは依然、健在し、加えて日々新たな用語が登場する。

　したがって百科辞典型用語集の編成は一朝一夕には実現しない。このため本書は一般の軍事に関する知識の啓発と理解の促進に役立つ代表的な軍事用語を取り上げる事にした。

　なお筆者が陸上自衛隊出身のため、陸軍偏重で海軍、空軍の分野が希薄という謗りを免れない。このような足らざる部分は今後の充実努力に期待する。

　　　　　　　　　　　　　　　　　　　　　　　2006．夏　筆者

■
カット／中村正徳・高原直幹

## 軍事用語の重大性を説く労作　〜推薦文にかえて〜

　高井三郎氏が15年以上にわたって『軍事研究』誌に執筆している「軍事用語のミニ知識」が、『現代軍事用語─解説と使い方』として一冊にまとまった。
　戦後60年、日本の最も欠落している分野は「軍事」だと言われる。そんななか『軍事研究』は紆余曲折を経て誌齢40年余を重ねてきたが、誌面で最も腐心してきた一つが、適切な「用語」の使い方である。
　もともと軍事の専門家が始めたわけではないので、「専門用語」の知識は充分とは言えなかった。旧軍の経験者や自衛隊関係者の協力を得て、なんとか紙価を維持してくることができた。なかでも高井三郎氏には自衛隊現役時代から現在に至るまで、多くの助言、格段の指導を受けてきた。
　言うまでもなく、軍事組織、ハード、ソフトを問わぬ軍事技術の誕生は、古代ギリシャ、ローマより遥かに遠く、アジアにおいても古く中国やインドに遡る。「軍事」は人類の歴史の大きな部分を占めてきたのである。武骨一点張りと誤解される「軍事用語」にも、長い歴史と文化が背景にあるのだ。
　明治以降、日本の近代軍事は主にヨーロッパからその形を学び、用語においては中国に由来する言葉を多用してきた。特に用語は洋の東西、古今を混交し、非常に合理的でわかりやすい言葉が使われてきた。現在の自衛隊もその範疇にある。だが、残念ながら、現在の日本の一般社会において「軍事用語」は、あまりにもないがしろにされ、理解の外に置かれている。
　高井三郎氏が長年にわたり訴えてきたのは「正しい軍事知識」の啓蒙であり、「軍事用語」の正しい理解である。
　この本のテーマは、軍事用語の由来、定義、正しい使い方であろう。
　まず「由来」に目を向けて欲しい。そうすれば、「軍事用語」が必ずしも特殊な「言葉」ではないということに気付くはずだ。由緒や意味合いが簡潔、要領よく解説されており、「軍事用語」と言えども、我々の歴史や文化と切っても切れないものだと理解されるだろう。
　その意味でこの本は難しく考えることなく、楽しみながら読んで欲しいとも思う。
　もうひとつ、この本の記述の特徴は、一つの用語を多くの角度から解説、また比較していることである。一つの記事を読めば、他に関連する用語・用法が自ずと理解されるようになっている。このあたりは、メディアが軍事用語の「正しい使い方」を為すにおいて必ずや有用であると思う。多大な影響力を持つ新聞・テレビはもとより、政官界、学会などの責任は重大であるだけに、日夜研鑽に努めて欲しい。
　自戒もこめて、「軍事」を正しく掌握・運用するには、まず「軍事用語」を大袈裟に捉えることなく、普段の知識として理解することだと思う。

　　　　　　　　２００６年　夏『軍事研究』発行人
　　　　　　　　　　　　　　　　　横田博之

# 目 次

## 第1章 安全保障・国防　9
- 安全保障 ─── 10
- 危機管理 ─── 12
- クライシスマネジメント…危機管理 ─── 14
- 国家 ─── 16
- 領域 ─── 18
- 侵略 ─── 20

## 第2章 戦争・紛争　23
- 戦争呼称の原則 ─── 24
- 不正規戦 ─── 26
- ゲリラ戦、遊撃戦 ─── 28
- テロリズム、テロリスト ─── 30
- クーデタ ─── 32
- 情報戦争 ─── 34
- 戦争以外の軍事行動：MOOTW ─── 36
- 非対称戦争 ─── 38

## 第3章 情報　41
- 情報、情報資料、諜報 ─── 42
- 秘密区分：情報の格付け ─── 46
- 情報科…兵科、職種 ─── 50

## 第4章 後方支援　53
- 兵站、後方 ─── 54
- 後方支援 ─── 57

## 第5章 軍事機構：軍政、軍令　61
- 軍制・軍政・軍令 ─── 62
- 総司令部・司令部・本部 ─── 64
- 駐在武官、防衛駐在官 ─── 66
- 戒厳令 ─── 68
- 軍法会議 ─── 70
- 参謀と幕僚、幕僚機構 ─── 72

## 第6章 人事・補充・教育制度　75
- 兵、兵士、将兵、軍人、武官 ─── 76
- 将、将軍、将帥…陸軍、空軍の将官 ─── 78
- 提督…海軍の将官 ─── 80
- 将校・下士官（幹部・曹） ─── 83
- 大佐…陸軍、空軍 ─── 85
- 海軍大佐 ─── 87
- 陸軍士官学校…近世～近代 ─── 89
- 海軍兵学校 ─── 91
- 英軍の買官制度…将校補完方式の元祖 ─── 93
- 兵役制度 ─── 95
- 民兵 ─── 97
- 傭兵 ─── 101
- フランス外人部隊 ─── 103

## 第7章 軍事原則　105
- 兵学、兵術 ─── 106
- 戦略 ─── 108
- 戦術 ─── 110
- 戦務…旧日本海軍用語 ─── 112
- 戦いの原則 ─── 114
- 作戦、軍事行動 ─── 116
- 攻勢、防勢 ─── 118
- 攻撃：基本的戦術行動 ─── 121
- 防御：基本的戦術行動 ─── 124

- 電子戦 ——— 127
- 特殊作戦 ——— 129
- 奇襲 ——— 131

## 第8章　統連合　135

- 戦域 ——— 136
- 統合軍 ——— 138
- 統合、統合作戦 ——— 140
- 連合戦争 ——— 142
- 多国籍軍、連合軍 ——— 144

## 第9章　兵科、兵種　147

- 兵科、兵種…旧陸海軍、職種…陸上自衛隊 ——— 148
- 歩兵、騎兵、砲兵：西欧の語源 ——— 150
- 歩兵、普通科 ——— 152
- 騎兵 ——— 154
- 機甲科、機甲部隊 ——— 157
- 砲兵 ——— 159
- 高射砲兵 ——— 161
- 憲兵 ——— 163
- 野戦憲兵 ——— 165

## 第10章　部隊機構　169

- 艦隊 ——— 170
- 部隊の編成 ——— 172
- 軍団 ——— 174
- 師団 ——— 176
- 旅団 ——— 178
- 連隊、群 ——— 180
- 群（グループ）、コマンド ——— 182
- 海兵隊、海軍歩兵、陸戦隊 ——— 184
- ヘリボン部隊、空挺部隊 ——— 186

## 第11章　特殊部隊　189

- コマンドウ・英海兵隊 ——— 190
- SAS…英陸軍特殊部隊 ——— 192
- グリンベレ：米陸軍特殊部隊 ——— 194
- デルタフォース ——— 196

## 第12章　兵器と技術 – 1　199

- 銃、砲 ——— 200
- 火砲の系列 ——— 204
- ロケット ——— 206
- ミサイル ——— 208
- 小火器 ——— 211
- AK-47突撃銃：カラシニコフ ——— 213
- 機関銃 ——— 215
- RPG-7：対戦車ロケット擲弾発射機 ——— 217
- PZRK：携帯SAM ——— 219
- 無反動砲 ——— 222
- 手榴弾、擲弾 ——— 224
- 対人地雷 ——— 226
- 仕掛地雷、急造爆薬 ——— 228

## 第13章　兵器と技術 – 2　231

- 軍艦、自衛艦 ——— 232
- 駆逐艦、フリゲート ——— 234
- 潜水艦 ——— 236
- 魚雷 ——— 238
- 機雷 ——— 240

# 第1章
## 安全保障・国防

# 〔安全保障〕
## Security, National Security, Sécurité

　安全保障の西欧原語、セキュリテイ（英：security, 仏：securete′独：sicherheit）はラテン語の危険からの開放、セキュラス（securus）に由来する。然るにセキュリテイは警戒、警備、保全、秘密保全、保安、保障、証券取引など多様な意味に用いる。これに対し国の安全に関わる事項、"national security" 又は "security" は「国家安全保障」である。

　第１次大戦中に米国では議会の決定により "National Security League" という国内の欧州派兵体制を固める組織が結成された。これが20世紀の米国において国家安全保障という用語が使われる起源を成している。

　第１次大戦後に結成された国際連盟において安全保障という概念が誕生し、第２次大戦後の国際連合では集団安全保障体制により侵略抑止と国際紛争解決を図る原則が生まれた。以下は、安全保障に関する現代の一般的な定義である。

●米国防総省
★国家安全保障：national security
「米国の国防及び外交関係を取り巻く問題に関する総合的な定義であり、このため、次の条件の整備を必要とする。①外国及びその集団に対し、平素から軍事上及び国防上（defense）、有利な状態を整える。②外交上、好ましい地位を占める。③公然、非公然両手段を活用し、敵性行動又は破壊活動（hostile or destructive action）に効果的に対処可能な国防体制を整える。」
★安全保障：security
「国家に及ぼす敵性行動による直接的な実害又は影響力を防ぐ条件の形成上、防護手段を確立し、これを維持する。」
★国家安全保障上の利益（関心事）：national security interests
「米国の達成すべき事項（goal）又は目的を有効に実現するための基礎条件である。それには米国、友好国双方の国益（関心事）の実現を支持する米国の独自性（identity）、枠組ないし制度の他、経済利益の享受及び国際秩序の確立が含まれる。」
★国家安全保障戦略：national security strategy
「国家安全保障の目的達成上、国力発揮の手段（外交、経済、軍事、情報）の育成、適用及び調整を行なう学及び術であり、国家戦略又は大戦略とも呼称される。」
★国家目標：natonal objectives
「国家の達成すべき事項及び国益から引き出された狙い（aims）である。これらの実現を期して国家政策又は国家戦略は基準を明らかにして、国家の努力と手段を傾注する。」

●米国防大学
★国家安全保障：national security、安全保障：security
「国外、国内の勢力による脅威から国益及び国家目標を防護（safeguard）する方策であ

る。国家安全保障実現のために強力な国家体制、経済力及び社会機構が軍事力よりも重要になる場合が多い。」

★国益：national interests
「国民国家（民族国家：nation-states）の要望（wants）と必要性（needs）に関する包括的な概念である。国益の代表的な要素は国家、民族の生存、安全の確保、平和と繁栄の実現及び国力から成る。」

★国家安全保障上の関心事：national security interests
「主として国家・国民を危害（harms）から守り、国家の存立を維持するために必要な関心事（利益、国益）を指す。」

★国家目標：national objectives
「国民国家が政策に基き、国力（energy）を費(ついや)す価値のある基本的な目的（fundamental objective）を指す。」

★国家安全保障目標：national security objectives
「主として外国及び国内の脅威から国益を守るための狙い（aims）を指す。」

★国家安全保障政策：national security policies
「国家安全保障目標を達成に必要な政策上の基準（guideline）を指す。」

★国家安全保障戦略：national security strategy、大戦略：grand strategy
「国家安全保障目標を達成上、あらゆる状況下において国力（national power）を運用する学及び術である。大戦略の実現に際しては、戦力の直接行使、示威、外交政策、経済上の圧力、心理戦の他、欺瞞(ぎへん)、口実の作為（subterfuge）などを含む創造性に富む手段を必要とする。」

●防衛庁・自衛隊
「安全保障とは『国家の安全』を保障する事である。国家の安全とは「国家の外部」からの『侵略の危険』がない状態を言う。」

　安全保障は軍事を含む国家の能力を調整して発揮し、脅威に対処して国益の保全及び発展に寄与するという総合的な機能ないし広義の国防である。したがって20世紀後半の各国では国家中枢の政策決定機関である国防会議を安全保障会議と改称した。
　安全保障の問題解決には外交努力を第一義とするが、有効な軍事力はこれを支える不可欠な要素である。要するに軍事なしには安全保障はあり得ない。

# 〔危機管理〕
## risk management

　現代社会は風水害、地震、放射能漏れ、産業事故、大気汚染、凶悪犯罪、国際テロ、大不況等、多様な脅威に晒されている。このような脅威に対処する方策としての危機管理は日本国民の誰でも知る用語になった。本来、危機管理は1920～30年代における経済用語に由来する。

　第1次大戦後、敗戦国ドイツは米英仏等の戦勝国から多額の賠償金を課せられて未曾有の経済危機に襲われた。そこで企業防衛の手筋として危機対処政策（risikopolitik）が生れ、これが後に危機管理（risk management）と呼ばれるようになった。さらに1930年代初期の世界大恐慌時に米国の保険業界も危険な状態に陥り、経営の危機管理を強いられた。

　日本では50年代に米国から経済界に導入されたrisk managementが70年代に危機管理と訳されて以降、防災、防犯等にも定義が拡大し普及にした。

　1980年代以来、各国では安全保障、国防、軍事も危機管理の重要な要素と見ている。

●EU：リスクは特定の状況下で生ずる危害（hazards）を指し、危機管理は人為的災害及び自然災害に対し、組織が採る対策（control）及び手順（social process）である。危機分析（risk analysis）はリスク対策の中核を成し、危険な事態の把握、その影響度の見積及び結果の分析評価から成る。以下は米軍及び英軍における危険管理の定義である。

●英軍用語：リスクは危険（danger）な状態又は悪い結果を生ずる可能性

●米国防総省用語：★リスク…1. 危険な事態（hazard）から生ずる損失の可能性及び被害の程度　2. 核戦下の部隊に許容される危険度
★危機管理…政策決定者がリスクに伴う被害を軽減又は相殺する対策

●米陸軍：中隊長、小隊長、分隊長等、第一部隊指揮官用の危機管理原則
★危険な事態（hazard）：死傷、疾病、資材の損失、損傷又は任務達成を阻む可能性
★リスク：損傷、損失に対し無防護な条件又は危険な事態を招く可能性
＊発生の可能性（probability）：頻繁、時折、散発的、稀及びゼロに区分
＊被害の程度（severity）：損傷、損失、有形及び無形の影響度
・破滅的事態：死亡者、不具者、致命的な秘密漏洩、装備の損失、環境破壊等
・重大な事態：全治3ヶ月以上の重傷、装備資材を大破、環境汚染、重大な秘密漏洩等
・軽微な事態（marginal）　・無視できる事態（negligible）
＊暴露状態（exposure）：人員、装備及び部隊行動が危険な事態に晒される期間及び頻度
＊危機対策（controls）：危機を消滅又は軽減する処置

＊リスク評価（risk assesment）：危険な事態を把握及び評価
＊残留リスク（residual risk）：対策実行後にリスクのレベルが変化した状態

★危機管理の5段階
1. 危険な事態を把握：人員、資材及び部隊行動に及ぶ危険な事態を把握し、その事態の経緯及び現在、将来に及ぼす影響を認識。以下、戦場における危機管理上、考慮すべき要因
・任務の特色・気象条件、特に視程・地形及び環境条件・装備の種類、数量、性能
・対策を採るため利用可能な時間、部隊の統制能力、経験、訓練練度、士気及び耐久力
2. 危険な事態を評価：発生の可能性及び被害の程度から危険な事態を把握して受ける損失及び対策に投ずるコスト（時間、資材、労力）を判断、（危険な事態が及ぼすリスクの程度は極めて高度、高、中及び低に類別）
3. 対策を検討：危険な事態の消滅又はリスクの減少に必要な行動方針を案出。部隊は事態を察知次第、警告、防護装具等の交付、退避等の応急処置。次いで指揮官はリスクの変化を確認し自隊固有の手段を越える対策の支援を上級部隊に要求
4. 対策の発動：口達又は筆記命令、作戦規定（SOP）、行動基準の明示、安全管理教育及び予行
5. 指導監督及びリスク評価：指揮官は全隊員を指導監督、リスクの変化を評価、新たな対策を案出

●非常事態対処（crisis management）…英軍用語
・非常事態、危機事態（crisis）・危険な状況又は難題に直面する事態
・非常事態対処（crisis management）事態に直面して迅速な決心に基づく対応行動

# 〔クライシスマネジメント…危機管理〕

crisis management

　第2次大戦後の新語、リスクマネジメント（Risk Management）、クライシスマネジメント（Crisis Management）はともに危機管理と訳されているが、両者の中身は100パーセント同じとは言えない。
　外国と交流のある大学は危機管理学部を Department of Risk and Crisis Management と対外的に表明しており、次のような危機管理科目を開設している。
　　・国際危機　　・情報危機…情報システム、保全　・経済危機…金融、財政
　　・企業危機…企業安全管理　・防災管理…市民防災、緊急支援　・救急管理
　さらにリスクマネジメント及び、クライシスマネジメントの目的及び基本的手順を次のように説明する。
★リスクマネジメント：潜在するリスクを把握し顕在化を予防
　　・リスクの対応方針の策定　・リスクの特定　・リスクアセスメント　・リスク対策
★クライシスマネジメント：発生した緊急事態による損害の極限、復旧及び再発防止
　　・対応組織と情報伝達系統の確立　・対応活動　・広報活動　・復旧と再発防止
（注：以上、千葉科学大学の例による）
　1970年代以降における日本の政治行政上の概念ではエネルギ、食糧、通貨、財政、災害各危機、航空・鉄道事故、国際テロ、凶悪犯罪など国家社会及び国民の生命財産に重大な損害を与える事態への対処がリスクマネジメントの範囲である。これに対し、西側諸国では抑止力の整備、動員、戦力展開、民間防衛（非常事態対処）を含む戦争を予防する戦略をリスクマネジメントの重要な部分と見ている。
　1960年代における米国とソ連が対立する冷戦さなかに核戦争を予防する戦略としてクライシスマネジメントが登場した。ちなみに1962年9～11月におけるキューバミサイル危機対処が代表的な戦争回避戦略であった。すなわちソ連がキューバに米本土を攻撃可能な弾道ミサイルを配備するに及んでケネデイ政権は陸海空軍の動員によるキューバ進攻準備を整えるとともに海上封鎖、臨検及びモスクワとの外交交渉により、ミサイルの撤去を実現した。
　英国、米国では軍事用語集、英語辞典などにより crisis management, risk management を次のように定義する。

●英軍
★ crisis：極めて困難な事態又は極めて危険な事態（situation）
★ crisis management：迅速な決心に基づき事態（crisis）に対処する行為（act）
★ risk：危険性又は悪い結果をもたらす可能性

●英国の一般用語
★ crisis：特に政治経済分野において危険、難関又は不確定な事態が伴う期間又は瞬間、例えば1962年におけるキューバミサイル危機型の緊急事態（emergency crisis）

★ crisis management：異常に危険な事態又は多難な事態に対処する技法又は手順
★ risk management：危険な結果を招く事故又は過失の発生を予防し、あるいはその可能性を減少するシステム

●米国防総省、NATO
★ crisis
　米国の領域、市民、軍隊、国家資産又は重要な国益に脅威を及ぼす事件（incident）又は事態（situation）。その脅威は外交、経済、政治又は軍事上、重大な影響を及ぼし、その影響の排除を目指す国家目的の達成上、軍事力行使も考慮される事態に急速に発展。
★ crisis action planning
　1. 差し迫った危機（crisis）に迅速に応えるための統合作戦計画・命令を作成配布する機構。危機対処行動の計画作成作業は平素から定める手順及び様式により所定の期間内に完了
　2. 軍事行動が必要な状況に応えるため部隊及び人員資材等の展開、運用及び支援を行なう計画（緊急展開計画）の作成作業。計画作成担当者（組織）は所定の時程表に基づいて作業を進展
★ risk：災害、事故等の危難（hazard）の可能性及びその実害の程度
★ risk management：リスクの可能性及び実害を解消又は軽減する対策

# 〔国家〕

states, nation, country

● 国家の意義

　政治学上の一般的な定義によれば国家は領域、国民及び統治機能から成る人間社会の基本的な組織である。政治行政機構（政府）は統治機能をもって領域と国民を管理し社会の安定と発展を図り国民の福祉増進に寄与する。特定の領域と国民に及ぼす政府の統治機能は主権（sovereignty）ないし統治権である。

　現代国家が固有する領域の地理的範囲は国境により明示されている。

　政府は領域内の住民に対し所定の資格要件に基づき国籍を与えて国民として認定し権利義務を付与する。現代の人類は殆ど国民として、いずれかの国家に所属しており国家なしには生活する事ができない。また国家は国民の生存、生活及び安全を保障し、国民の納税、労力、兵役等により支えている。

　古代以来、多民族を持って構成する国家は非常に多く、その意味で単一民族から成る日本は先進諸国の中における例外的存在である。

　国家の独立は主権ないし統治権の存在があって、はじめて国際社会に認められる。なお主権は古代国家では一君主が占有したが、現代国家では主権在民の原則による。

● 国家と国防

　統治権は第3国による侵害を許さない絶対的ないし排他的な権利である。例えば領域が侵害されたり国民に危害が及ぶ場合、国家は主権を守るため先ず外交手段による平和的解決を図り、これが実現しない場合、自衛権に基づく戦争行為に訴える。プロイセンの軍事思想家、クラウゼビッツによれば戦争は正に政治の延長である。

● 集団安全保障体制

　第2次大戦後、人類の理想である世界政府の走りとして国連（国際連合）が組織されて国際協調が重視されるようになった。しかしながら現代の国際社会では依然、各国の利害が衝突する不穏な空気が漂っている。特に水、食料、エネルギー等、天然資源が存在する領域（例えば産油国、漁場）の支配をめぐり関係各国が鎬を削る。

　このため国連では複数の国家が一国の侵略行為を予防し、実効の伴う制裁を行なうため集団安全保障体制を整える動きが認められる。

　しかしながら大国の利害が絡む国際社会の中で集団安全保障体制は完全に機能する状態に至っていない。したがって各国が主権と独立ないし国益を自ら守る国防の意義は当分消滅せず、このため有効な軍事力の維持整備は依然、重要である。

● 各国における国家の概念

　★日本：土地を表す国とそこに住む住民（家、家族）を合せて国家と呼ぶ。本来、古代における国は地域の生活集団である家族社会を起源とする。

　★古代中国：國は四角い区画の土地に住む住民が農耕具と兵器を携えた姿を表す。古

代国家、例えば周は生活集団（家族）に土地を配当して納税、労務、兵役の義務を課した。
★西欧各国：古代から統治機能、政治、地理的範囲及び住民を指す多様な概念から国家という用語が形成されて来た。

・統治機能：State（英）、Etat（仏）、Staat（独）、Stato（伊）はラテン語の組織、statusに由来する。15〜16世紀におけるベネチア、ピサ、ミラノ、フイレンツエ、ナポリ、ローマ、ダンチヒ、ハンブルグ、ブレーメン、リユーベック等、自由都市国家はstatoと呼ばれていた。

・政治、政府：ポリス（都市国家）は古代ギリシア語のPoliteria（市民権）に由来する。

・領域：Country（英）、Countree（仏）、Gegend（独）は古代ギリシアの都市国家、アクロポリスの政府が領有権を主張した前方の地域を表すContraに由来する。

・土地：land（英）、Lante（独）は古代英語の土地、terre（仏）、terra（伊）はラテン語の都市を囲む地域に由来する。

・国民：nation（英、仏、独、伊）はラテン語の種、生れを意味するNatal, Nationemが民族、次いで国家に変った事による。なお今でもNationは"nations and states"のように国民の意味に用いられている。

●国家とイデオロギー
　古代以来の国家成立の根拠として神授国家説（帝政ローマ）、自然国家説（アリストテレス、カント、マキアベリ）、契約国家説（プラトン、ホップス、ルソー）、征服国家説（マルクス、エンゲルス、グンブロウイッツ）などが挙げられる。
　近現代における歴史学上の定説によれば国家社会の性格は次のような変貌を辿って来た。
　氏族制社会（5000BC〜）⇨古代奴隷制社会（2000BC〜）⇨中世封建制国家（AD6〜）⇨近代絶対主義国家（16世紀〜）⇨近代資本主義国家（17世紀〜）⇨現代資本主義国家（19世紀〜）
　20世紀になると帝政ロシアを倒して生まれたソビエト社会主義体制及びマルクス・レーニン主義が後進的な資本主義国家に多大な影響力を及ぼしている。例えば大正及び昭和初期における日本でも知識人、文化人の一部は社会主義は支配者による搾取も富の不平等もない労働者、農民に天国とも言うべき共産主義に移行すると主張した。ところが社会主義体制下のソ連は小数の特権階級支配下の独裁国家であった。
　さらに第2次大戦後の国際社会はソ連を中核とする東側陣営と資本主義体制下の西側陣営との対決が続いた。その結果、社会主義体制は重大な欠陥が祟って内部崩壊するに及んで新たな次元を迎えたのである。今後、経済の立ち遅れによる貧困及び社会不安に悩む第3世界諸国の動きが国際社会の安定に重大な影響を及ぼす兆候が認められる。

# 〔領域〕

territory, domaine, territoire

現代の国際社会における領域は国家が独占的に支配権を有する陸地、海域及び空域である。

歴史的経緯を見るに領域は先ず陸地の支配地域である領土、次いで領海、領空の順に形成された。船舶と航空機が登場するに及んで領域が海と空に拡大し、将来は宇宙技術が発達して宇宙空間と太陽系惑星もまた領域に加わる可能性を否定できない。

● 領域の基本は領土（陸地）

英語の"territory"はラテン語の"territorium"に由来し、"terra"は地面又は土地を指している。語源のとおり領域は人間が生活する土地である領土が基本になる。

したがって領土がなく領海、領空だけを領域にする国家は存在しない。

国家は領土の土地、住民（国民）及び資源に対し主権（統治権）を及ぼす。このために国家は資源の開発利用、国民生活の維持向上及び、外敵の脅威に対する安全の確保に努める。

● 国境

現代国家は明確に判別できる国境（boundary）をもって主権の及ぶ陸地の地理的範囲（領土）を国際社会に明示する。領土には当該国家の排他的権利が及ぶので別の国民が所定の手続きなしに国境を超える行為は許されない。国際社会の原則では一国の軍隊が無断で越境すれば侵略行為と認定される。

国家の成立以来、稜線、谷地、河川、海峡等、識別容易で人為的に変えられない地形に沿って国境線を定めるのが通常の要領である。しかしながら自然条件も絶対不変でなく例えば19世紀にアムール川北岸をロシアと清国の国境と定めたが、その後、流れが変動して紛争が起きている。

秦代以来、中国歴代の王朝が築いて来た万里の長城は国家の権威を表明し領域の範囲を恒久的に主張する厳然とした人工の国境であった。

西欧諸国による植民地獲得時代に明瞭な地形のない北米、アフリカでは緯度、経度をもって国境を定めた。このため関係各国は国境確定の協議に当り政戦略上の利害を考慮するとともに既得の勢力範囲の確保に努めた。

一方、地域住民の利害を度外視して関係各国の勢力動向、軍事情勢等から緯度、経度により国境を決定する場合もある。大国間の政治駆け引きにより幾何学的な国境により国家が出来上がった例としては第1次大戦後におけるパレスチナ、シリア、イラクを含む中東諸国が挙げられる。

第2次大戦の終結から1950年6月における朝鮮戦争の勃発まで北緯38度線が韓国と北朝鮮の事実上の国境であった。米軍及びソ連軍は降伏した日本軍の武装解除と暫定統治の担当地域を明示するために38度線で半島を分断し、その南と北に体制の異なる国家が出来上がったのである。1953年7月の朝鮮戦争終結時における共産軍、国連軍間の

接触線に基づく休戦線が現在に至る南北間の国境を成している。
　1953年7月におけるインドシナ紛争終結からサイゴン政権崩壊までの17年間にわたりベトナムを南北に分けた北緯17度線も主として政治的背景から定めた国境であった。
　西南太平洋の各所に点在する島嶼国家は地理的条件から周辺海域を含む領域を緯度、経度で示している。

●領海…3海里説と12海里説
　国際慣行上、領土に連なる海域は領海（territorial water）と見做される。領土の海岸線から沿岸海域の一定の範囲までの領海には原則として国家の主権が及ぶ。ただし国際海峡に当る領海は各国船舶の自由航行が認められる。これに対し領海外側の海域は各国が利益を享受する公海（the open sea, the high sea）である。
　領海の幅は18世紀末当時の艦砲の有効射程に当る3海里説が主流を成していた。日本は外国の領海に近い公海の漁業を有利にする狙いから3海里説を支持して来たが、50年代以降、国防、近海漁業資源の確保、原油鉱脈の探査等の視点から12海里説を採る国が増えている。以下は国際社会における領海の認識である。
★旧ソ連：潜水艦の接近を防ぐには離岸3海里が有利である。
★アラブ諸国：領海を12海里まで取ればアカバ湾がアラブ諸国の支配下に入り、イスラエル船舶の通行を拒否する事ができる。
★第3世界の中小諸国：12海里説を取れば従前からの全国際海峡が領海、その上空が領空になるから外国航空機の無許可飛行を禁止する事ができる。

　1997年に112ヶ国が批准した国際海洋法会議（UNCLOS）は排他的経済水域、EEZ（exclusive economic zone）を次のように定義している。
★領海は12海里以内とし平時に外国船舶の無害通行権（innocent passage）を認める。
★沿岸に面する国は海岸から200海里までの排他的経済水域の天然資源に対する主権の行使及び科学技術調査の権限を認められる。
★排他的経済水域は大陸棚（陸地に連なる水深200m以内の海底）の在る範囲内で離岸350海里まで延伸する事が認められる。
★大陸棚より遠方の全海底は人類共通の資産として保全する。
★各国とも排他的経済水域の上空の飛行を認められる。

　年間漁獲高の約50％を外国の排他的経済水域で得ている日本にとり国際海洋条約の原則は国益に関わる重大な考慮要因である。海産物、石油、天然ガス、希少金属が潜在する大陸棚の支配は国際問題の焦点になる。

●領空
　領土、領海の上に連なる大気圏は領空（territorial airspace）と見做されるが、その上の限界は明らかでない。ちなみに1986年にフランス、スペイン両国政府は英国の基地からリビア爆撃に向う米軍機が領域の2万m上空を通過するのを拒否した。なお希薄ながら大気が漂う高度600km以上をミサイル、軍事衛星が行動している。

# 〔侵略〕
## aggresion

　西欧の辞典は"aggression"を「現在、全く攻撃されてない国が先に別の国を攻撃する行為」、「ある国による他国の領域に対する侵攻（encroachment）、挑発されない状況下における攻撃（unprovoked attack）」と定義している。

●すべての先制奇襲は侵略行為か？
　1941年12月8日早朝に日本海軍機による真珠湾奇襲（先制攻撃）に始まる太平洋地域の戦いを戦後、連合国占領軍当局は侵略戦争と認定し、「大東亜戦争」ではなく「太平洋戦争」と呼ぶように指導した。然るに日本政府が開戦直後、定めた「大東亜戦争」という呼称は米国による経済制裁等の締め付けに対し自存自衛の道を開き、西欧諸国による百年にわたる侵略行為と植民地支配からアジアを解放し、各民族固有の権利を回復するという大義名分に基づいている。
　1950年6月25日に北朝鮮軍の韓国への先制奇襲侵攻により、その後3年間も続く朝鮮戦争が始まった。そこで開戦直後に米国主導の国連総会は北朝鮮軍の侵攻を侵略行為と決議して米軍、韓国軍主力の国連軍による反撃を正当化した。これに対しソ連始め共産陣営は、朝鮮戦争を南北統一を目的とする内戦で、国連の軍事介入を内政干渉と主張している。
　1990年8月にイラク軍のクウェート侵攻に始まる湾岸戦争において米国は国連を動かして、これを侵略行為と非難して多国籍軍（連合軍）の連合作戦によりクウェートを回復した。
　米国は大東亜戦争、朝鮮戦争及び湾岸戦争において先制奇襲に出た当時国を侵略国と見なして来た。ところがアフガン作戦（2001）及びイラク戦争（2003）はいずれも米軍の先制奇襲に始まるが、米国政府は九一一テロに対する反撃と主張する。
　イスラエルは第3次中東戦争（1967）においてアラブ領域に奇襲攻撃をかけて脅威を破砕し、さらには防衛縦深確保の狙いからシリアのゴラン高原とヨルダンの西岸地区を占領して現在に至っている。これに対し米国に支持されたテルアビブ当局は小国の防衛上、正当な行為と主張する。以下は現代における侵略の一般的な定義である。

●米国防大学
「侵略は国家がその目的を達成するため挑発を受けていない状況下で始める軍事、準軍事、経済、技術、心理又はサイバー兵器を用いる戦争行為である。」

●国連総会決議（1974.12）
「他国の主権・領土保全・政治的独立を侵し、あるいは国連憲章に反するあらゆる方法による一国の武力行使は侵略である。」

●防衛庁
★侵略
「ある国が他国の主権・領域・政治的独立等を直接又は間接の手段によって侵害しようとする行為又はその状態をいう。」
★直接侵略
「外部の勢力が武力をもって直接に攻撃する事をいう。」

★間接侵略
「外国の教唆(きょうしゅん)または干渉により引き起こされた内乱、騒擾(そうじょう)をいう。」
　現代戦争における他国への軍事行動は大部分、自存自衛又は国家の正当な権利の確保ないし回復を主張して行なわれて来た。すなわち古代の戦争と異なり、相手の民族の壊滅、領土の蚕食(さんしょく)ないし拡大、資源の収奪等を公然と掲げて戦争を始めた例はない。
　19世紀以来、西欧諸国間の露骨な国益の主張を巡る対決現象が第1次大戦で爆発し、未曾有の惨害をもたらした。その結果、国際社会では戦争を制限する動きが起こり、侵略の定義が議定書などに織り込まれたのである。

●ジュネーブ議定書（1924）：侵略国
①紛争を平和的処理手続に付託するのを拒絶した国　②紛争に関わる判決又は理事会の全会一致の勧告を拒絶した国　③紛争が国内問題であるという理事会の全会一致の報告又は判決を無視した国　④紛争の平和的な処理手続中に理事会の命ずる暫定処置に違反した国　⑤理事会に因る休戦命令を拒絶又はその条約に違反した国

●国連決議（1974）：侵略行為
①他国の領域への侵入、攻撃、領土の占領・併合　②他国の領域への砲爆撃等、あらゆる武器の使用　③他国の港、沿岸の封鎖　④他国の陸海空軍又は船舶、航空機に対する攻撃　⑤他国に駐留する軍隊を合意規定に反して部隊運用又は駐留を継続する行為　⑥他国に対し、上記に相当する行為を行なうため武装集団、団体、不正規兵又は傭兵を派遣して行動させる行為

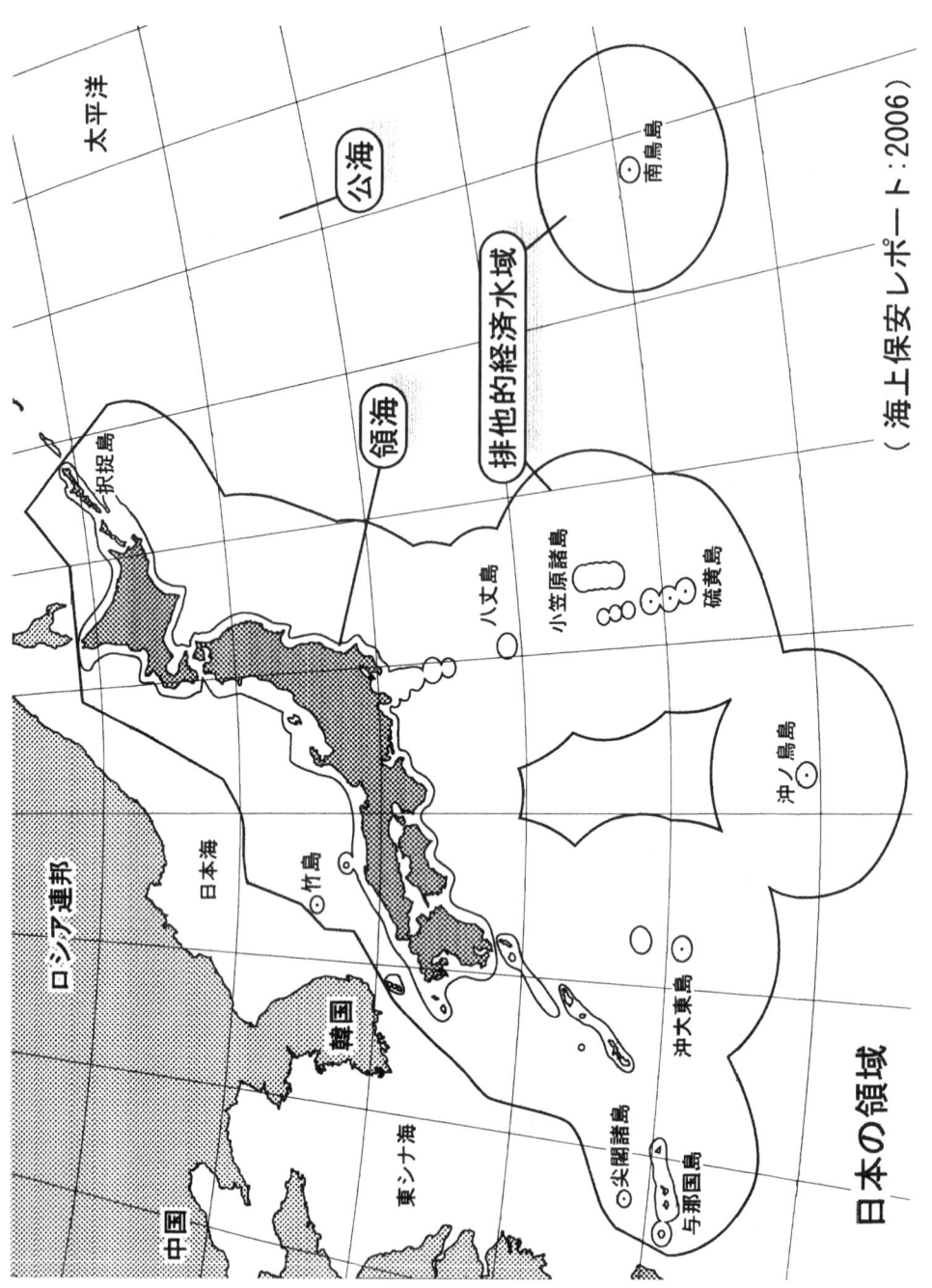

# 第 2 章

## 戦争・紛争

# 〔戦争呼称の原則〕

●戦争呼称の個別性
　国家ないし民族間の利害対立に起因する戦争（war, warfare）は広い意味では政治、外交、経済、社会、心理、宗教、文化を含む各分野の抗争（conflicts）から成る。然るに本文は次に示すオックスフオード辞典等の定義に基づく「戦争」を対称にする。
…「戦争（war）は国家（国家集団）ないしは族相互又は特定の国家の内部における異なる組織間の武力紛争（armed conflict）であり、公然たる武器の使用が伴う。」
　米国の学会で編纂された戦争史辞典（G C.Kohn, DICTIONARY OF WARS：FACTS ON FILE, NY 1999）は紀元前18世紀以降における主要な戦争1800件以上を記録する。各戦争には固有の正式呼称又は通称があり、特定の呼称の重複使用は認められていない。すなわち一度使われた戦争呼称は別の戦争に使わないという歴史学上及び国際慣行上の原則に基づいている。なお全く同じ戦争様相は決して再現されず、したがって各戦争には個別性がある。

●戦争呼称の定め方
　正式な戦争呼称は交戦国（戦争行為を行なう当時国）の戦争目的、特に主張（大義名分）、交戦国の名称（国号）、交戦地域等を表す。通常、交戦国の政府が軍部、学会、歴史研究組織等の意見を聞いて戦争呼称を定める。
　明治から昭和まで日本が関わった主要な戦争の日本側の呼称は次のとおりである。
・西南戦争：1977
・日清戦争：1894～1895
・日露戦争：1904～1905
・日独戦争：1914～1918
・満州事変：1931
・第1次上海事変：1934
・第2次上海事変：1937
・支那事変、日華事変：1937～1945
・ノモンハン事件：1939
・大東亜戦争：1937～1945

　大正時代になると従前の用語である「役」及び「戦役」を「戦争」（例えば「西南の役」を「西南戦争」）と呼び変えた。
　もとより各交戦国には自己主張があり、したがって各々独自の戦争呼称を用いる場合が少なくない。例えば共産党が国民党に替り政権獲得後の中国では満州事変、上海事変及び支那事変を抗日戦争、国共内戦を解放戦争と呼んでいる。

　米国は13州独立以来の主要な戦争を次のように公称する。
・革命戦争：Revolutionary War：1775～1783

- 1812年戦争：War of 1812
- メキシコ戦争：Mexican War：1846～1847
- 内戦：Civil War：1861～1865
- 米西戦争：Spanish American War：1898
- 第1次世界大戦：World War Ⅰ：1914～1918
- 第2次世界大戦：World War Ⅱ：1939～1945
- 朝鮮戦争：Korean War：1950～1953
- ベトナム戦争：Vietnam War：1956～1975
- ペルシャ湾戦争：Persian Gulf War：1990～1991

　日本の歴史学会は明治時代に米国の歴史を知って以来、独立戦争、米墨戦争、南北戦争という慣用的な呼称を考え出して、社会に普及した。かつての米国は南北戦争（日本の慣用的呼称）を「各州間の戦い（The War between the States）」と呼んでいたが、50年代に"The Civil War"という呼称に改められた。

　現代の戦争は国際社会、マスコミなどの影響を受けて出来上がる国際的な通称も加わる傾向にある。例えば米国の正式呼称である「朝鮮戦争」は米国の影響力が国連に及んでいた情勢から国際社会で慣用されている。これに対し韓国は「六・二五動乱」、「韓国戦争」、北朝鮮は「祖国解放戦争」、中国は「抗米援朝戦争」と呼ぶ。

　アラブ・イスラエル抗争は、それぞれの立場に応じ、次のように呼ばれている。

| 国際社会の慣用呼称 | アラブ側の正式呼称 | イスラエル側の正式呼称 |
|---|---|---|
| ・第一次中東戦争 | パレスチナ戦争 | イスラエル独立戦争 |
| ・第二次中東戦争 | スエズ戦争 | シナイ作戦 |
| ・第三次中東戦争 | 六月戦争 | 六日戦争 |
| ・第四次中東戦争 | ラマダン戦争 | ヨムキプル戦争 |

● 大東亜戦争と太平洋戦争

　1941年（昭和16）12月8日に始まった米国、英国、オランダとの戦いは、その四日後に日本政府により「大東亜戦争」と命名された。この戦争呼称を決議した大本営政府連絡会議は政治と軍事の首脳部が首相官邸において戦争遂行上の基本政策を審議する役割を果たしていた。大東亜とは概ねビルマ～バイカル湖以東のアジア大陸及び東経180度以西の西太平洋地域（オーストラリアを除く）を指していた。それは日本の自存自衛を確立し、欧米の侵略からアジアを解放するという大義名分の実現上、軍事力を行使すべき地理的範囲であった。そこで1937年7月以来の支那事変及び敵国（中国）を背後で支える欧米を叩くための新たな戦いを合せて大東亜戦争と呼ぶ事にしたのである。

　ところが敗戦後、間もない1945年末に占領軍当局は旧体制下の戦争の正当性を主張する大東亜戦争という呼称を禁止した。同じ頃に占領軍が提供した米国の"The History of the War in the Pacific"が「太平洋戦史」という表題で出版された。それ以来、太平洋戦争という呼び方が普及して現在に至っている。

　然るに太平洋戦争は正式呼称としては問題があり、通称にとどめる事が望ましい。すなわち、ペルー、ボリビア、チリ間の戦いである太平洋戦争（1879～1884）がすでに存在しており、戦争呼称の個別性の原則に反する。これに対し、大東亜戦争は日本の立場から見て紛れもない戦争の正当性を主張する呼称である。

# 〔不正規戦〕
## unconventional warfare

●50年代に登場した用語、実体は昔から存在

　50年代末期に米国始め西側世界では正規戦（conventional warfare）と対比概念としての不正規戦（unconventional warfare）という用語が登場した。これまで日本では「特殊戦争」、「非在来戦」、「非通常戦争」、「非正規戦」などと訳されて来た。

　第2次大戦後から50年代までに朝鮮半島、東南アジア、中東、アフリカ、中南米の各地で反帝国主義・反植民地闘争及び民族解放運動の火の手が揚った。その戦い方は大戦中の抗日戦争及び戦後の国共内戦に相次いで勝利を収めた毛沢東の人民戦争の原則を多分に参考にしている。更に東西対決下の冷戦におけるソ連始め共産主義勢力による革命の輸出（宣伝謀略）の効果も不正規戦に多大な影響を与えた。

　その結果、欧米、特に英、仏等、旧植民地宗主国は正規軍同士が戦う第2次大戦当時と異なる様相の戦いに直面し、別次元の戦術技術の開発を迫られたのである。英軍のSAS及びコマンドゥ、米軍のグリンベレーなど特殊部隊の創設及び拡充は、その一環を成す。

　本来、不正規戦には古代から存在するコマンドゥ、テロ、ゲリラ、大衆蜂起など正規戦と反対概念の軍事行動が含まれており、したがってその実態は決して目新しいものではない。

●西側世界の定義
★現代戦争辞典

　現代戦争辞典（The Dictionary of Modern War：NY, Harper & Collins, 1991）は不正規戦を総合的にとらえている。

▲不正規戦（unconventional warfare）…「正規軍対決下の通常の戦闘以外の軍事行動及び準軍事行動であり、革命戦争、革命戦争に関連する転覆活動、ゲリラ戦の他、コマンドゥの襲撃始め特殊戦、テロ及び対テロを含む。以下は各別の定義」

▲転覆活動（subversion）…「反体制勢力が非公然かつ隠密な手段により合法的な政権による統治下の住民または社会集団を支配下に収める活動を指す。転覆活動はゲリラ戦と相俟って革命戦争の主要な手段になる。革命（反体制）勢力は先ず宣伝工作（プロパガンダ）により民心を把握し、転覆活動に有利な情勢を作為するに努める。

　ベトナム戦争に見るとおり、民心の把握が成功すれば、住民から食料、隠れ家、情報等を入手して自活生存と革命活動が容易になる。さらには住民から要員を徴集して組織を膨張させる事もできる。反体制勢力は宣伝工作と同時に暗殺、拉致、襲撃、サボタージュ等、テロ活動も併用する。

　テロリズムは政府、軍及び体制派の戦力低下あるいは反革命的な住民の威嚇ないし報復を狙う。転覆活動の実行に当り、住民の中にめぐらす秘密組織が重要な役割を果す。」

▲ゲリラ戦（guerrilla warfare）…「住民の武装組織から成る不正規軍が、その敵側の支配地域において独立した状態または味方正規軍と連携する軍事行動である。ゲリラ戦

術は「小さい戦い」というスペイン語の語源どおり、大衆を動員した小規模な戦闘を繰り返して優勢な敵軍の戦力を次第に消耗させる。
　その結果、外敵を領域から駆逐し、あるいは打倒目標である敵性政権の軍事力を無力化して革命戦争を成功に導く。ゲリラ部隊は補給等を始め生存に必要な手段、戦闘員の補充、情報活動及び秘密保全を地域住民からの協力に依存する。」
▲コマンドウ（commando）…「英海兵隊に所属する編制上の特殊部隊であり、不正規戦下のゲリラ戦等に適している。その呼称はボーア戦争当時、英軍と戦ったオランダ系住民の不正規軍に由来する。」
▲革命戦争（revolutionary war）…「既存の政府と革命勢力が対決する武力闘争である。
　革命側は独自の政治思想を掲げて権力の奪取を目指す。このため宣伝工作及びテロから成る転覆活動の成果に期待し、同時に民衆を組織化したゲリラ戦に訴える。これに対し体制側が革命勢力の鎮圧を目指す行動は対反乱（counterinsurgency）である。」
▲内戦（internal war）…「特定地域内で複数の勢力が対立して武力抗争が生ずる状態を指す。国家内部の内戦が本格的な戦争に発展する事態は内乱（civil war）である。」
▲テロリズム（Terrorism）…「政治目的を抱く非公然組織または秘密組織が民衆を目標にする暴力行為である。テロ組織は自己の主張を表明し、あるいは関心を寄せる代表的な目標を攻撃する。テロリズムは個人的動機、人種、宗教、民族主義、政治思想などが背景を成す。第3世界では革命戦争または対外戦争の有力な手段になる傾向も認められる。」

★陸戦百科辞典
　2000年版の陸戦百科辞典（BRASSEY'S ENCYCLOPEDIA OF LAND FORCES AND WARFARE：London, Brassey's,）による不正規戦の定義は次のとおりである。
「不正規戦という用語は軍事力の一般的な性格及び行使の要領を表す旧来の考え方に制約されず、各種各様の紛争（conflict）に適用する事ができる。ゲリラ戦は不正規戦の類いであり、その有力な戦術戦法でもある。ただしゲリラ部隊が、その兵力、編成装備、訓練練度が正規軍と正面対決が可能な程度に成長した場合には「ゲリラ」あるいは「不正規軍」とは見做されない。」

★米国防総省用語
　国防総省用語辞典（JP1-02, 1999, 2005）の定義は次のとおりである。
「広範囲かつ多岐にわたる軍事行動及び準軍事行動の類型である。外部の策源からの指令、組織、訓練、装備、支援を受けた地域武装組織または、その代行的組織が通常、長期間、戦い続ける。不正規戦はゲリラ戦初め直接的な武力行使、非公然活動、秘密活動、転覆活動、妨業、情報活動、逃避・脱出等から成る。」
　イラク戦争以降、米国防総省では"irregular War"という用語が登場している。その反面"low intensity Conflict"が少なくなる傾向にある。

# 〔ゲリラ戦、遊撃戦〕

guerilla warfare, partisans

● 西欧の戦略戦術とゲリラ戦

　NATO用語によれば「ゲリラ戦は主として土着の不正規軍が敵の支配地域又は敵の領域において実行する軍事行動及び準軍事行動（military and paramilitary operations）である。ゲリラとはゲリラ戦を行なう戦闘員を指す。」

　ゲリラ戦は19世紀のスペイン語の「小さい戦い：guerra war」に由来する。1808～1814年における独立戦争（半島戦争）の時にイベリア半島の支配を狙うナポレオンはスペインに傀儡王朝を樹立して20万人の軍隊を送り込んだ。

　これに対しスペインの抵抗組織は大衆蜂起のゲリラ戦を全土に展開してフランス軍を窮地に追い込み、戦力の消耗を強いて国外に駆逐した。

　第2次大戦中にドイツ軍占領下のイタリア、フランス、バルカン及びソ連で活動した有名なパルチザン（partisans）はラテン語の「戦闘集団：partis」を指し、ゲリラと同義語である。現代フランス語ではゲリラ戦を guerre de partisan と呼ぶ。15～17世紀におけるパルチザンは本来、カザフのコサック騎兵及びハンガリアのフザールのように主力から離れて行動する正規軍の一種であった。

　要するにゲリラ戦は友軍の正規戦を有利に導く作戦行動としても価値がある。例えば朝鮮戦争中に半島西南部、知異山の共産ゲリラは長期間、米軍、韓国軍の大兵力を拘束し、主作戦正面への転用を妨げた。

　旧日本軍は日露戦争当時の建川挺身隊、同じく敵側のロシアコサック騎兵のような軍主力を支援する独立的な作戦行動を「遊撃戦」と呼んでいた。正規戦に連携するゲリラ戦を指す遊撃戦という用語は陸上自衛隊に受け継がれている。

　コマンドウ（commando）は1899～1902年のボーア戦争当時における南アフリカ現地住民、ボーア人のゲリラ部隊に由来する。英国遠征軍50万人はコマンドウのゲリラ戦に直面し、10万人を越える犠牲を強いられて3年後にようやく南アフリカを支配した。

　ローマのガリア遠征、漢の匈奴平定などに見るとおり、ゲリラ戦は当然、古代から存在する。しかしながら19世紀当時1流の正規軍が素質の悪い不正規軍相手に苦戦したスペインと南アフリカの戦いが西欧における特殊戦の戦術開発に直接的な影響を与えたのである。

　例えば英軍はコマンドウと言う襲撃・対ゲリラ専門部隊、同じく米軍は局地紛争向きの特殊部隊を創設した。すなわちハイテク兵器の力を最高度に発揮する正規戦、原始的な手段を活かすゲリラ戦及び対ゲリラ戦が現代西欧の戦略戦術を構成する。

● アジアにおけるゲリラ戦の基本原則

　現代アジアのゲリラ戦は朝鮮、ベトナム、アフガンの戦訓に見るとおり先進諸国軍の核兵器及び先端技術兵器の使用を阻む役割を果たしてきた。このため毛沢東、ホーゲンザップ、ホーチンミンなど人民戦争の指導者はゲリラ戦の基本原則を大衆に教えて実行に移し、戦争目的を達成している。

局地のリーダー及び中核組織が地域住民を臨時に集め、とりあえず軍に入れた雑多な武器を執らせて何とか組織した民兵がゲリラ戦の主役になる場合が多い。したがって本来、軍事の素人集団で戦が劣るゲリラ部隊は戦力の勝る正規軍との正面対決を絶対に避けて弱点攻撃に徹する。このため孤立した部隊、兵站施設、移動中の補給部隊、通信所など弱い敵を狙う攻撃を繰り返す。
　時には要人の暗殺拉致（直接行動）、放火、爆破破壊活動、武器弾薬の奪取、食料又は水源の汚染（サボタージュ）などを敢行する。ゲリラは目標に対し戦力を急速に集中して攻撃し、敵の反撃に先立ち素早く密林、山地、市街地に隠れ、あるいは住民の中に紛れ込む。夜間、悪天候など警戒監視を妨げる環境条件、休日、祝祭日のように警備が手薄になる時期は奇襲の好機である。
　これに対し、情報が漏れたり予期に反し目標に敵の大部隊が居座る等、リスクに直面すれば躊躇なく攻撃を打ち切って退散する。ゲリラ戦は短期間に敵主力を撃滅するような速戦即決を期待できないが、長期間、継続すれば敵軍に対し戦力の分散、拘束、損害の累積等を強要して友軍の戦略態勢を有利に導くことができる。
　戦闘員の補充源、装備資材の補給源、隠れ蓑ないし生活の場を提供する住民の支持もまたゲリラ戦を成立させる重要な要件である。第2次大戦中における中国の抗日戦、フランスのレジスタンス、戦後の国共内戦、ベトナム戦争における解放戦線の活動はいずれも住民の支持を得て成功した。
　一方、朝鮮戦争における北朝鮮軍のゲリラは当初は成功したが、苛烈な政策により韓国の住民に嫌われて孤立化し戦略目的を達成できなかった。これに対し毛沢東とホーチンミンの戦略は民衆の支持を獲得し、農村をもって都市を包囲し、陣地戦から運動戦（持久戦から決戦）に移行するという革命戦争及び解放戦争の各段階に応ずるゲリラ戦を実行した。

●局地紛争下のゲリラ戦と将来動向
　20世紀初頭までは米大陸各地の独立戦争、英領インドのセポイの乱、日本統治下の朝鮮独立運動、同じく台湾原住民の乱など各地の植民地紛争の他、フランス革命、ロシア革命の場でゲリラ戦が起きている。第2次大戦後におけるゲリラ戦が伴う局地紛争は枚挙にいとまがない。顕著な例としては国共内戦、キューバの共産主義革命、アルジェリア、アフリカの植民地解放戦争、パレスチナ、インド、チベット、クルド、バルカン、北アイルランドの民族・宗教闘争、アフガン、ベトナムの対侵略戦争、中南米の麻薬戦争が挙げられる。
　今後、第3世界では人口増加、資源の欠乏、自然環境の悪化、生活不安、貧困、治安の乱れ、西側諸国への反発などに起因する不正規戦下のゲリラ戦が増えると見なければならない。すでに中央アジア、イラク始め中東産油地帯などに兆候が認められる。

# 〔テロリズム、テロリスト〕
## terrorism, terrorisme : terrorist, terroriste

●用語は西欧から到来、実体は古代から存在

　明治期の文化人は要人暗殺が流行ったフランス革命、同じく帝政ロシアの反体制闘争などヨーロッパ史からテロリスト及びテロリズム（略称テロ）を認識した。詩人、石川啄木（1886-1912）の遺稿集「呼子と口笛」に載る「ココアのひと匙」という短文に「われは知る。テロリストのかなしき心を……」と記されている。明治末期に啄木は暴力に訴える社会主義運動（ナロードニキ）に携わるロシアの青年と接触したからである。1902 年（明治 35）に東京の共益商社が発行した「雙解英和辞典」にはテロリズムに関する幾つかの初歩的な和訳（驚愕、恐怖など）が認められる。

　ちなみに現代の中国では西欧の原語の趣旨に沿い、テロリズムを「恐怖主義」、「恐怖行為」、テロリストを「恐怖主義者」、「恐怖分子」と呼んでいる。

　然るに西欧やロシアに限らず日本にも古代からテロリズムの実体は存在しており政敵の毒殺、刺殺などの事例は枚挙にいとまがない。例えば飛鳥時代初期の蘇我馬子による崇峻天皇謀殺、大化の改新の中大兄皇子による蘇我入鹿刺殺、鎌倉時代の公暁による源実朝斬殺、歴然たる権力闘争下の政敵暗殺行為である。

　明治末期から第 2 次大戦までに伊藤博文始め 4 人の総理大臣、永田鉄山少将を含む 4 人の将官が民族主義者又は右翼過激派の銃弾、爆弾又は短刀により命を落とし、別に多数の要人が重傷を負っている。

●現代におけるテロリズムの傾向

　戦後の国際社会では民間機ハイジャック始め新手のテロが登場した。さらには中南米、東南アジア、中東、アフリカを含む第 3 世界はもとより欧米先進諸国でも射殺・爆殺事件が頻発している。現代のテロは要人に限らず、市井にいる一般大衆も標的にする。したがって日本も潜在脅威に晒されており、誰でも、その危険性を認識するようになった。なおイラクでは駐留米軍とその支持勢力を目標にする戦争遂行手段として急造爆薬等によるテロが技術の劣る武装勢力にとり有力な戦争遂行手段と化している。

●テロリズムと普通犯罪（凶悪犯罪）の本質的な違い

　テロリズムと普通犯罪（凶悪犯罪）は、いずれも人員を殺傷し物件を破壊する暴力行為（violence）であるが、両者は本質的に同じではない。ジェーンの対テロ研究資料（2002）はテロリズムと普通犯罪（common crime）の違いを次のように端的に説明する。…「テロリズムは政治的要因で動くのに対し、普通犯罪は経済上の利益で動く。」

　確かに幾多のテロの実例を見るに政治、軍事、思想、宗教ないし民族の各要因が背景を成す。一方、犯罪者は金銭的又は本能的欲求（食欲、物欲、性欲）、これらの慾求をめぐる利害対立又は個人的恨みに駆られて暴力に訴えるのが通常の状態である。それ故に犯罪者とテロリストは精神要素が大きく異なっている。すなわち利己的動機に基づく犯罪者は行動に当たり、当局による逮捕、殺害等の危険が及ぶのを避けるに努め、犯行

が露見すれば自己の責任を他人に転嫁する。これに対しテロリストは自己の所属組織と主義思想に寄せる忠誠心と使命感に溢れ、私財を投じ、あるいは身の危険を冒しても任務の達成に努める。さらにテロ組織は逃げ隠れに憂き身をやつす犯罪者と異なり、攻撃後に自己の正当性を主張する犯行声明を出す場合も少なくない。米国民にとり晴天の霹靂であった同時多発テロ（2001.9.11）、それにイラク、イスラエルで頻発する自爆テロは「事に臨み危険を顧みず」という軍人に要求される資質と同類項である。

　サリン事件（1995.3.20）の元凶であるオウムはテロ組織と言われているが、不健全な動機及び犯行後の逃避的態度から見て凶悪犯罪集団の域を出ない。たまたまサリン事件から10日後に起きた警察庁長官を拳銃で負傷させた事件の犯人もまた恐らく唯の犯罪者である。その犯人は自己の安全を図るため拳銃では致命部位の直撃が容易でない20ｍも離れた位置から射撃した結果、殺害目的を達成する事ができなかった。ちなみにリンカーン、伊藤博文暗殺などの著名な事例が証明するとおり拳銃で要人の殺害目的を達成したテロリストは例外なく至近距離から狙撃している。

● 20世紀に続出したテロリズムの定義
　20世紀中に数多くの学者などが各種の視点からテロリズムの定義を試みている。先ずオランダの政治学者、アレックス　P・シュミットによれば1936年から1981年までに140件に達する定義が登場した。その分析結果、テロリズムの要因は暴力の行使、政治目的の追究、恐怖の作為、潜在的脅威の醸成及び心理的反響の5件に要約される。

　ロシア革命の指導者、ウラジミール・レーニンは「テロリズムの目的は社会に恐怖の雰囲気を広めるにある」と強調した。2003年以降に起きた一連の無差別大量殺傷爆殺事件（例えば九一一、バリ島デイスコ、モスクワ劇場、マドリード列車、ロンドン地下鉄、アンマンホテル）はレーニンの所論を浮き彫りにする。

　米国政府は現代のテロリズムを次の3種類に分類している。
・組織テロリズム（organizational terrorism）：結束の固い小規模組織により過激な活動を繰り返すテロリズム…旧西独の赤軍分派、日本赤軍等
・内戦型テロリズム（terrorism in insurgency）：既存の政治体制又は占領軍と戦う不正規軍又はゲリラ組織に連携するテロ活動…第2次大戦後パルチザン、アルジェリア、ベトナム、アフガン、イラクの抵抗組織、フイリピン、コロンビア、スリランカ等の反乱軍
・国家支援テロリズム（state-sponsored terrorism）…旧ソ連主導の国際共産主義勢力の戦術、戦後の日本では代々木が指導した火炎瓶闘争、21世紀の時点では米国は北朝鮮、イラン等をテロ支援国家と認定（一時期にはイラク、リビアも対象）

# 〔クーデタ〕
## coup d'Etat

●クーデタを有名にしたナポレオン

綴りは原語のフランス語が coup d'Etat、英語始め西欧語では coup d'etat である。

現代中国ではクーデタを武装政変と呼ぶ。クーデタの英訳、stroke of state は「既存の政体を打撃する」という意味である。米国では military coup、army coup とも呼ばれる。

フランス革命（1789-99）の末期、1799年11月にナポレオンが軍隊の力で文民政権の打倒に成功したブリュメール政変の結果、クーデタが西欧で有名になった。ただし、これより先の17世紀に圧制に不満を抱く貴族勢力の政変が2回も起きたルイ13世とその宰相、リシュリュの治世の頃にクーデタという用語がすでに登場している。当然のことながら洋の東西を問わず軍事力にものを言わせる政権交代劇は国家の成立とともに始る。

実のところスペイン語の pronunciamento：武力による威嚇、cuartelazo：兵舎の造反、ドイツ語の putsch：打撃などもクーデタに相当する中世以来の用語である。クーデタは部族社会や宮廷内部において権力者交替の手筋として多用された。

1160年代における平清盛が藤原貴族勢力を駆逐して宮廷を占領し政権を獲得した行動は代表的なクーデタと言える。

●クーデタが頻発する開発途上国

オックスフォード英語大辞典はクーデタを次のように定義する。

「力を持つ組織が武力ないしは非合法な手段を使い、政治体制を急変させるために既存の政体に対し突如、大打撃を与える行動を指す。」

クーデタは武装勢力又は軍内部の徒党（派閥）が武力を背景に既存の政府を倒して新政権の樹立を狙う革新的行動である。反乱軍は奇襲戦法が成功し、政府側が抵抗を断念すれば通常、無血クーデタにより政権の移行が実現する。これに対し政府側の軍、警察が巻き返せば流血の惨事を引起すことになる。

反乱軍は政府要人の逮捕、拘禁に加えて、政治行政機関、報道機関、給電施設、空港、駅、金融機関等の占拠を実行し、体制側の軍隊、警察による鎮圧行動に対処する。次いで反乱軍指定の要員が閣僚に就任して新政権を樹立し治安確保と民心の安定を図り、憲法を改訂して目的を達成する。

その結果、生まれた政府は軍人が元首及び閣僚の主力を占める軍事政権、あるいは軍事勢力支持下の文民政権になる。クーデタはゼネスト、武装蜂起に始まる革命や国民総抵抗運動と異なり膨大な数の大衆を動かさずに目的を達成するが、やはり世論の支持が成功を確実にする役割を果たす。

クーデタにはリスクが伴い、計画の不備、内部分裂、秘密の漏洩、政権確保後の民心離反、旧政権や反対勢力の巻き返しなどにより不成功に終わる場合も少くない。

英国、フランス、ドイツ、イタリア、スペイン、ロシアなど主要な欧州各国、それに中国、韓国、日本も近代化の過程として、ごく最近までクーデタを経験した。

現代のアジア、アフリカ、中南米の開発途上国では選挙に替る政権交替の手段としてのクーデタが何回も起きている。

西欧の学術調査から1958年以降20年間に157件（うち欧州7件）の計画と実行の事例が確認された。この間に途上国のクーデタは50件以上成功しているが、ソ連、北朝鮮、中国など権力が強い共産圏諸国では圧殺されている。

またボリビアとベネズエラでは1946年以降の25年間にそれぞれ18件を越える。アフリカの赤道ギニアでは選挙よりもクーデタが政権交替の手段となり1958年から30年間に80件も起きている。

現代国家社会のクーデタは中世以前の宮廷内部の権力争いと異なり、政治、経済、社会、心理、外交を含む複雑な要因が絡み合う。1823年から45年間に351件起きた南米のクーデタの主要な原因は経済の困窮、生活不安、それに政治不信にあった。

1999年10月のパキスタンのクーデタもまた支配階層の腐敗と経済の困窮に対する国民の不満の声が反映された。52～53年のエジプト王政からナセル政権への移行、61年の韓国、朴政権の成立に関わるクーデタは新体制をもたらした。

軍部に対する外国からの支援によりクーデタが成立する場合もある。それには戦後のハンガリー（ソ連）、73年のチリと86年のハイチ（米国）、78年のアフガン（ソ連）、79年の中央アフリカ（フランス）が挙げられる。（括弧内は支援国）

● 昭和期日本におけるクーデタ

1931年（昭6）の3月事件と10月事件、翌年の5・15事件、その翌年の神兵隊事件、1936年の2・26事件が軍人と右翼が関係した戦前の事例である。いずれも目的を達成できず未遂に終わったが、当時の指導者と民心に多大な衝撃を与えた。

3月、10月、神兵隊各事件は企図が露見して犯人が逮捕されたが、5・15と2・26は流血事態に発展し軍隊が鎮圧に出動した。

2・26事件では3ヶ連隊の将兵1500人が反乱軍となり陸軍省、参謀本部、警視庁などを占拠し内大臣始め要人3人を殺害した。当時の日本では上下身分の格差が絶大であり、生活に困窮する農民等、底辺の庶民の声が青年将校を動かしたのである。

1961年末（昭36）に警視庁に摘発された三無事件（国史会事件、三有事件）は戦後唯一のクーデタ計画であった。

この時に造船会社、川南工業社長が首謀者となり、永久的な無税、無失業、無軍備の政策を掲げて従業員をもって組織する武装勢力により国会を占拠し、臨時政府の設立を予定した。旧軍人、及び旧軍学校生徒が計画に加わり、旧軍出身の自衛隊幹部にも働き掛けがあった。

# 〔情報戦争〕
## information warfare

●古来から存在する情報戦争

1980年代に西側の軍事用語、"information warfare"は通信電子技術を利用する戦争の遂行手段である。しかしながら古来から情報戦争は存在しており、その基本原則も変わらない。

孫子は「彼を知り己を知れば、百戦して殆（あやう）うからず……彼を知らず己を知らざれば、戦うごとに必ず殆うし」と情報の重要性を強調する。さらに「兵は詭道なり」と敵を奇計により翻弄し、誤判断に導く情報戦の価値も説いている。伝統的な情報戦は諜報、謀略、欺騙、偽情報の流布、対情報、保全等から成る。

19世紀以降、通信電子技術の走りである無線電信により指揮連絡が情報戦に登場し、すでに日露戦争からその片鱗を伺う事ができる。例えば旅順港を艦砲射撃中の日本巡洋戦隊の射撃指揮通信はロシア軍の妨害電波に遭い、止むなく作戦行動を打ち切った。日本側の成功した情報戦としては日本海海戦に寄与した監視船の早期警告通信が挙げられる。宮古島近海に配備された信濃丸が北上するロシアのバルチック艦隊を発見して待機中の連合艦隊に打電し、即応態勢を採らせる事ができたのである。

第1次大戦後の日米軍縮交渉時における米国の秘密機関による日本の外交文書の暗号解読作業も通信電子技術による情報戦の代表的な戦例である。

ところが最先端の通信電子技術を最高度に活用する現代の情報戦は戦争の成否を直接支配する有力な手段になる。すなわち情報戦により先進国の国家社会機能及び軍事力の運用に不可欠の電算機器を無力化すれば戦かわずして勝利を収める事ができる。

ちなみに電子攻撃は軍隊のC4ISR及び兵器システムにとどまらず、行政機関、銀行、鉄道、航空管制、テレコム、給水、発電所、全国家社会機能を麻痺して高度先進社会を一挙に崩壊させる。

以下、西側諸国の軍事用語による情報戦争の定義を展望する。

●英軍事用語辞典（Dictionary of Military Terms, Bloomsbury, London. 2004）

敵の電算組織（computer network）に侵入してウイルス等による妨害、情報の入手、偽情報の流布等を狙う行為である。

●オックスフォード米軍事用語（2001）

敵国、特に敵軍がデータを収集、分析及び配布する手段を奪取、能力低下又は破壊を狙う紛争の一形態であり、情報戦は通常、電算機器等、電子的手段により遂行される。

●米国防総省用語辞典（JP02, 1999, 2005）

★information warfare：IW

危機又は紛争事態において単一又は複数の敵と対決して初期の目的を達成し、その成果の助長に努める情報運用（information operations）である。

★ information operations（情報運用）
　我が方の情報及び情報組織を防備（defend）すると同時に敵の情報及び情報組織に影響（affect）を及ぼす行動である。このため攻勢、防勢両手段を用いる。
★ defensive information operations（防勢的情報運用）
　防勢情報運用は我が方の情報及び情報組織を防備する目的の達成上、政策、手続、運用、人員及び技術を調整した総合的な行動である。その手段は情報保証、施設物件の保全、行動保全、対欺騙、対心理、対情報、電子戦及び特殊情報活動から成る。このため敵軍による友軍の情報及び情報組織の解明を妨げる。さらに情報運用は状況に即し、適時、正確な情報の入手を保証する。
★ offensive information operations（攻勢的情報運用）
　既知の情報（intelligence）を活用し固有・支援各能力を総合発揮する活動により敵側の政策決定者を誤判断に導いて所期の目的を達成し、その成果の助長を図る行動である。上記の固有・支援能力及び活動は行動保全、欺騙行動、心理運用、電子戦、心理攻撃・破砕、特殊情報活動及び電算網攻撃から成る。
★ computer network attack（電算網攻撃）
　電算網攻撃は電算機器及び電算網の内部にある情報の攪乱、利用拒否、能力低下又は破壊を狙う運用（作戦行動）である。電算機器及び電算網（ハードウエア及びソフトウエア）を直接、破壊する行動も電算網攻撃に含まれる。
★ electonic warfare（電子戦）
　電磁波及び指向性エネルギにより敵を攻撃し、あるいは電磁波帯域を支配する各種の軍事行動である。

●米陸軍教範、情報運用（FM100-6, 1996）
★ information warfare（情報戦争）
　敵の情報、情報に基づく手順、情報組織及び電算機器に基づく組織に影響を及ぼして情報の優位を獲得する行動である。
★ information operations（情報運用）
　全範囲の軍事行動に優位を占めるため情報を収集、処理及び利用する友軍の能力を実現、助長及び防護を行なう情報環境を活かす継続的な軍事行動である。このため世界全域の情報環境と密接に関連し、敵に関する情報及びその判断力の解明又は拒否に努める。
★ electronic warfare（電子戦）
　電磁波及び指向性エネルギにより敵を攻撃し、あるいは電磁波帯域を支配する各種の軍事行動であり、電子攻撃、電子防護及び電子戦支援（通信電子情報活動）から成る。
　古代ギリシア語の制御に由来するサイバ戦（cyberwar）は70年代のソ連において電子攻撃を伴う情報戦の用語として使われた。しかしながら西側では一般用語にとどまり軍事教義用語には採用されなかった。

# 〔戦争以外の軍事行動：MOOTW〕

military operations other than war

●米軍独特の軍事用語

　MOOTW（military operations other than war）は1993年に初めて統合運用等の教範に登場した米軍独特の軍事用語である。ちなみに米軍はMOOTWを「ムートワ」と呼んでいる。

　これまでメディアなどは"military operations"を「軍事作戦」と訳して来たが、明治以来の慣用語、「軍事行動」の方が望ましい。単一又は複数の戦闘行動から成る作戦は軍事そのものであり、作戦に軍事を付加する必要はない。MOOTWには武力行使の伴わない災害救助などの活動（operation）も含まれている。なおMOOTWは米軍独特の用語であるが、その実体は現代各国軍が実行してきた活動と同じである。

● MOOTWの基本的な目的及び活動の多様性

　米国防総省用語によれば戦争は軍事力を最大限に発揮して相手を危機に陥れる大国間の全面戦争（general war）及び軍事力行使を抑制する制限戦争（limited war）から成る。

　紛争（conflicts）は限定的な政治又は軍事目的を狙う国家内部又は国家間の組織による武力闘争（armed struggle）あるいは衝突（clash）である。紛争には正規軍の他、不正規軍が参加する場合も少なくない。時として米国の軍事力は間接的要領により別の国家機関を支援して脅威に対処する。MOOTWは戦争に至らない範囲内で軍事力を行使する行動（operations）であり、平時、紛争時、戦争中及び戦争後に行なわれる。

　米統合参謀本部の教義によれば戦争は攻撃、防御等、大規模な戦闘行動（large scale combat operations）により敵の戦闘力を撃破して戦勝を獲得する。これに対しMOOTWは戦争の抑止、紛争の解決及び平和の維持促進に努める。このため主として非戦闘行動（noncombat operations）により政治目的の達成に寄与する。政治、思想、宗教、心理、社会各要因が背景を成すMOOTWは極めて広範囲多岐にわたる行動から成る。その中にはテロとの戦い、対反乱、PKO、打撃・襲撃のように限定規模の軍事力の行使も含まれている。

＊武器管理（Arms Control）：国際協定に基づく大量破壊兵器、小火器等の取締
＊対テロ（Combating Terrorism）：予防先制攻撃、報復攻撃、救出活動等
＊国防総省の対麻薬活動支援（DOD support to counterdrug operations）
＊経済制裁、洋上臨検（Enforcement of Sanction/Maritime Intercept Operations）
＊排他陸海空域の警備（Enforcing Exclusion Zones）
＊自由航海・空域通過の保障（Ensuring Freedom of Navigation and Overflight）
＊人道援助（Humanitarian Assistance：HA）：国外における救済活動
＊民事支援（Military Support to Civil Authority：MSCA）：米国内における民生
＊対反乱協力・支援（Nation Assistance/Support to Counterinsurgency）：対外軍事・民事協力・支援…協定に基づき平時、危機事態、緊急事態又は戦時に発動
　・安全保障援助（Security Assistance）：兵器装備及び訓練を含むサービスの提供

- 外国の内部防衛（Foreign Internal Defense：FED）：反体制転覆活動及び反乱事態に直面する外国に与える政治、経済、情報・軍事各支援
- 人道・民事援助…軍事行動及び演習に連携する援助、地域住民に臨機援助を与えて部隊行動を効率化

\* 非戦闘員の引揚げ（Noncombatant Evacuation Operation：NEO）
\* 平和活動（Peace Operations：PO）…政治解決を図る外交努力の支援
- 平和維持活動（Peacekeeping Operations：PKO）
- 平和執行活動（Peace Enforcement Operations：PEO）

\* 船舶防護（Protection of Shipping）：米国籍船舶を海上の暴力行為から防護
\* 収容活動（Recovery Operations）：生存者、遺体、重要な物件等の捜索、収容
\* 示威行動（Show of Force Operations）：政治目的の達成上、軍隊の偉容を誇示
\* 打撃、襲撃（Strike and Raid）：短期間の小規模な作戦行動
- 打撃…重要目標の奪取、撃破又は損傷（例：グラナダ進攻）
- 襲撃…威力偵察、混乱の誘発、施設の破壊等を狙う攻撃（例：リビア爆撃）

● 米国独立以来のMOOTW

洋の東西を問わず、軍事力を戦争以外の目的に活かす活動は決して目新しくはない。

米国独立以来、2世紀以上の間に宣戦布告に基づく正式の戦争経験は5件に過ぎず、これに対し局地紛争への介入、対外軍事援助、治安維持を含めた活動は400件を超える。

すでに1927年に米国政府は戦争及び戦争以外の状況に応ずる陸軍及び海軍の統合運用の基本原則を定めている。

19世紀に米陸軍の工兵隊は辺境の砦、道路、橋梁、役場などを建設し、騎兵隊は開拓地の警備に当たっている。旧日本陸軍も関東大震災、三陸津波の際に大規模な災害救助を実行した。創隊以来、半世紀を超える間に自衛隊は国内外における災害派遣、民生協力等の実績を重ねている。仏軍、英軍など主要な各国軍にはMOOTWという用語はないが、相応の活動に積極的に参加している。

ところでMOOTWの内容は第2次大戦後の半世紀間に米軍が開発し、世界各地で検証の上、改善を重ねてきた原則事項の集大成の姿を成す。対反乱、内部防衛、国際警察行動、LIC（Low Intensity Conflict）などの用語は消滅する傾向にあるが、その趣旨と内容はMOOTWの教義に活かされている。しかしながら2006年現在、MOOTWは国防総省の正式用語として認められていない。

# 〔非対称戦争〕
## asymmetric warfare

●用語は 90 年代に初登場、ダビデと牛若丸

　明治以来の軍事用語にない「非対称戦争」は "asymmetric warfare" の直訳である。この非対称戦争は正規の軍事力に劣る側が戦術技術を創意工夫して優勢な相手側の力を封じ込め、あるいは痛打を加えて勝利を獲得する巧みな戦い方を指している。

　米国防大学では非対称戦争を全く次元の異なる戦略、戦術・戦法及び兵器技術を用いる戦いと明確に定義する。

　西欧ではユダヤのひ弱な牧童、ダビデが重武装で怪力無双を誇るペリシテの巨人戦士、ゴリアテの額を小石で打撃して一挙に倒した聖書の故事を非対称戦争の引き合いに出す。これに対し牛若丸の方は殺傷力を使わずに巧みな機動により弁慶を振り回し、その持てる力を使えないようにして屈伏させている。

　従来、西側の軍事原則には非対称戦争という用語は存在しなかった。ところが 90 年代末期に米国政府と軍部は国際テロ組織の脅威を深刻に認識するに及んで国防政策立案の場で非対称戦争という用語を使い始めたのである。大統領指令 62 号（98.5.22）は非対称的な脅威を次のように説明する。

　「米国は一見、無敵な軍事力を保持する反面、国家の存立に影響を及ぼす重大な潜在的脅威が現実の姿になる可能性を否定できない。すなわち敵は通常の軍事力に代り、テロ攻撃に訴える能力を有する。今やテロ組織は強大な威力を発揮する複雑高度な技術を容易に入手できる時代を迎えている。したがって米国の敵は大量破壊兵器等、異常な手段をもって都市を攻撃し、政府機能を崩壊させる可能性がある。」

　要するに米国政府当局がテロ組織による非対称戦争の可能性を九一一事件の起きる三年前に認識していたのである。

　非対称戦争に関する認識は 1999 年に CIA が確認した中国の軍事戦略「超限戦」が多大な影響を及ぼしている。

●古代から存在した非対称戦争型の戦い方

　非対称戦争という用語は確かに新しいが、先に触れたダビデと牛若丸の故事に見るとおり、古今東西において、この種の着想及び戦例は枚挙にいとまがない。例えば孫子の兵法における謀攻編は非対称戦争の奥義を次のように説いている。…「百戦百勝は善の善なるものにあらず。戦わずして人の兵を屈するは善の善なるものなり。」、「故に上兵は謀を伐つ。その下は城を攻む。城を攻むるは已むを得ざるがためなり。」

　孫子の兵法は、先ず謀略により敵の抗戦意思を削いで、その戦力を弱体化し戦わずして勝利を収めるという非対称戦争の最も望ましい在り方を強調する。

　米陸軍協会の陸戦エッセイ 99-8（99.11）によれば毛沢東及びフオーゲンザップの軍事思想は代表的な非対称戦争の在り方を説いている。

　ちなみに毛沢東は持久戦論で非対称戦争の戦い方を浮き彫りにする……「テロリスト、ゲリラ及び武装した民衆は優れた敵正規軍との正面対決を絶対に避ける。このため分散

して孤立した敵、素質が悪く比較的、弱い敵、警備が手薄な敵、疲労した敵に対し、優勢な戦闘力を集中して打撃する。また夜間、悪天候、山地、錯雑地、市街地など友軍の姿の秘匿が容易で敵の優れた性能発揮を妨げる環境条件を選んで戦う。」

　米軍は1960年代のベトナム戦争、21世紀のイラク戦争などの戦争経験から非対称戦争の実体を深刻に認識しているに違いない。

●非対称戦争の脅威に晒される西側世界
　米国がソ連に対決した冷戦時代に米本土に及ぶ最大の潜在脅威は高度技術が生み出した戦略核兵器であった。さらにNATO諸国は優勢なワルシャワ条約軍の侵攻による正規戦、すなわち対称戦争（symmetric warfare）に備えて軍備を充実に努めて来た。しかしながら米国の核抑止戦略が功を奏し、併せてソビエト体制の崩壊により潜在脅威は解消した。

　ところが冷戦後、経済力と科学技術力の劣る第三世界が豊かな西側世界に非対称戦争で挑戦する傾向は顕著になり、九一一事件（同時多発テロ）はその兆候の一面を表す。

　先述の米陸軍協会の陸戦エッセイは米国はもとより日本も含む西側世界に打撃を与える第三世界からの非対称的脅威を挙げている。

★社会に対する麻薬の普及と犯罪の助長
　反米勢力は米国内に麻薬を送り込み、犯罪を助長して社会を根底から腐敗させる。

★環境テロ戦争
　反米勢力は化学工場、発電所、廃棄物処理施設、パイプライン、原油・LPGタンカー等を加害して環境汚染、大火災、停電、断水により社会機能を低下させ、国家社会に致命的打撃を被らせる。農産物を目標にして食料の欠乏と疫病の蔓延を促すバイオテロリズムも国家社会に絶大な影響を与える。

★特殊部隊による襲撃
　空港、港湾、鉄道施設、テレコム、官公庁等に対する少数精鋭部隊による襲撃は環境テロと相俟った国家社会に重大な影響を与える。

★在来型テロ攻撃
　市街地爆弾テロ、要人の暗殺、拉致等は一見、幼稚な戦術ながら社会不安を助長し、環境テロ、情報戦争、NBCテロ攻撃と併用すれば国家社会を崩壊させる要因になる。

★情報戦争
　電子化された社会機構に対するサイバー攻撃及び電磁波攻撃は政治、行政、軍事、交通通信、金融、民生等、あらゆる国家機能を無力化して先進社会を19世紀以前の状態に逆戻りさせる。

★NBCテロ攻撃
　半世紀間に正規戦遂行能力の飛躍的な強化を目指し、開発と発展を遂げて来た核兵器はテロ攻撃に使われる可能性がある。弾頭と起爆装置の超小型化技術を活かす携帯核爆弾、中性子線始め放射能材料の散布及び電磁波攻撃は国家社会に致命的打撃を与える。

　これに対し、古代から使われて来た生物化学兵器は尖端技術の適用により発展を遂げ、テロ攻撃の有力な手段になった。すでに神経ガスの大量殺傷効果は不幸にもオウム地下鉄サリン事件により実証された。別にボツリヌス、レジン、天然痘、HIVを含む毒素、

病原菌及びウイルスも黒幕の影に控えている。

　上記のいずれの手段も航空機、ミサイル、火砲、戦車、装甲車、戦闘艦などを装備する正規軍の運用よりも安価で軽易である。反面、構造機能がデリケートな西側先進社会には非対称戦争側の乗ずる弱点が至るところにあり、しかも有効な対策、例えば市街地テロを完封する決め手はない。

●不正規戦（unconventional warfare）
　第2次大戦以来、西側諸国では現代戦の様相を正規戦（conventional warfare）と不正規戦（unconventonal warfare）から成ると見て来た。ところで21世紀に浮上した非対称戦争の本質は不正規戦に近く、NATO用語では次のように定義する。
　「不正規戦は軍事・準軍事行動が伴う幅広い範囲（broad spectrum）に及ぶ戦争様相を指す。通常、外部の源（source）から各種の手段により組織されて訓練、装備、支援及び指令を受ける国内勢力又は、その支持下の武装勢力が実行する。不正規戦はゲリラ戦、転覆活動、サボタージュ、情報活動等から成る。」

　20世紀における不正規戦は国際共産主義勢力による西側諸国への攪乱工作及び革命戦略の様相を成してきた。プロイセンの軍事思想家、クラウゼビッツが描き、その後、参謀総長、モルトケが実行した殲滅戦の裏手を行くのが非対称戦争に他ならない。
　2005年までの米国防総省・NATOの用語にない"asymmetric warfare"は流行語として終わる可能性もあるが、その実体は過去、現在を通じて存在する。
　ところで日本海軍によるパールハーバ奇襲などは非対称戦争でなく、正規戦下における戦術戦法の創意工夫の一例である。

# 第3章

## 情報

# 〔情報、情報資料、諜報〕

intelligence, information, espionage

● 情報、諜報、情報資料

　情報はあらゆる自然現象や人為的現象に関する知識であり、軍事の分野では特別の意義がある。「敵を知り、おのれを知れば百戦あやうからず。」と孫子が説くように戦いにおいて情報の入手分析及び利用の適否は勝敗の重要な決め手になる。

　「情報」(information, intelligence) は常識的又は合法的な手段を用いる公然活動及び非合法的、非道徳的ないしは秘匿が絶対に必要な非公然活動により入手される。

　「諜報」(espionage) は通常、特定の人物（スパイ、エージェント）を使う非公然活動である。したがって情報は入手の手段により公然情報及び非公然情報に大別される。

　情報のうち "information" は一般的な知識、政府機関の公開資料、刊行物あるいはメディアを含む広義の情報及び情報業務上の「情報資料」から成る。

　軍隊の指揮機構、情報組織及び部隊等の実務における情報は「情報資料 (information)」及び「情報 (intelligence)」から成る。例えば「敵は弾道ミサイル攻撃が可能か？」という指揮官の情報要求（ＥＥＩ）に応えるため情報実務担当者は各種の手段を通じて情報資料の収集に努める。

　次いで各情報資料を分析、評価、判定して情報を作成し、指揮官に報告する。この例による情報は「攻撃可能」、「攻撃不可能」あるいは「現在の状況では判定し難い。」という判定結果から成る。

　情報資料にはミサイルの種類・性能諸元・配置など既存の戦術技術情報に加えて発射基地の衛星画像、潜入工作員からの目撃報告、部隊展開の兆候になる指揮通信データなども含まれる。

　ところで、すべての情報（intelligence）が常に秘密でなく、例えばミサイル攻撃警報は公開して全市民に周知させなければならない。さらに国家ないし軍の研究機関が多数の情報資料から分析した国際情勢及び外国の一般軍事情報は国民を啓発するため公開を原則とする。

　これに対し情報資料でも諜報、暗号解読等、非公然な手段によるものは「極秘」など秘密の格付けを与える。米軍は非公開性の情報資料を "sensitive information" と呼ぶ。要するに "information" は公開情報、"intelligence" は秘密の情報と定義する事はできない。

● 旧軍の情報・諜報原則

　すでに中世に大陸から漢語の「情報」、「諜報」という用語が日本に到来した。明治維新の頃、西欧から導入された "intelligence"、"information" 及び "espionage" に伝統的な漢語を当てはめたのである。防衛研究所戦史部の元戦史編纂官、前原透氏の研究資料による旧軍における情報、諜報の解説は次のとおりである。

　『1876 年（明 9）発行の「フランス歩兵陣中要務書」の和訳書に初めて「情報」が登場した。兵語（軍隊用語）としては 1882 年（明 15）の「野外陣中軌典」（野外勤務）に

採用された。その教範による「情報」の定義には「敵に関する諸知識、状況報告通報の内容など」が含まれていた。

　軍事制度及び基本教範では「情報」よりも「間諜通報」の略語、「諜報」が多用された。1924年（大13）の「陣中要令」は「敵情は捜索（偵察）と諜報勤務及び住民等からの諸情報により収集する。」と記述されていた。

　1938年（昭13）の「作戦要務令」は第1部第3編情報を新設し、その細部として情報勤務の目的・要領、捜索、諜報に触れている。旧軍の作戦教義では狭い意味の情報、諜報を主体とし、日華事変以降、情報を広く見るようになった。』

　旧軍の軍事戦略及び大部隊運用の基本を定めた1932年（昭7）の「統帥参考」（陸軍大学校編）は第6章情報収集の項で諜報の価値を強調している。

　なお昭和期における旧陸軍の「兵語の解」は「情報（諜報）機関・諜者」を次のように定義する。……『情報（諜報）機関とは、1人以上の武官を含んだ情報（諜報）勤務に専念する活動体をいい、諜者とは諜報勤務に専任する武官以外の単独者をいう。諜者は間諜とも称する。

　また情報（諜報）機関とは時としてその計画実施上のすべての系統組織をいうことがあり、これらの機関は平戦両時を通じて固定的なものと所要に応じ臨時に特設されるものとがある。大本営及び出征軍が、所要に応じ臨時に配置する諜報機関を「特務機関」という。』

●自衛隊の情報・対情報原則の経緯
　1950年代に陸上自衛隊は米軍の情報勤務の原則を参考にして情報資料の収集、分析、評価及び判定の4段階を経て情報を作成するという教義を確立した。この過程は旧軍作戦要務令の情報の収集審査に相当する。その頃に米軍教範に載る"information"が「情報資料」と訳されたのである。

　さらに"counterintelligence"は「対情報」と訳されたが、その機能は旧軍時代の「防諜」に当る。対情報の基本的な目的は敵性勢力の諜報・謀略（例えばサボタージュ、テロ）に対し部隊を防護（保全）するにある。このため潜在脅威を探知するために情報資料の収集を重視しなければならない。

　なお"Counter"には「攻勢行動」、Securityには「防勢行動」の意味がある。

●現代西側世界における情報・諜報
★諜報
　英軍用語辞典によれば諜報（espionage）を敵情の収集のため、スパイ、監視器材等を用いる活動を指す。

　諜報・情報・保全辞典（Oxford, Fact on File, 1989）によれば『諜報は敵又は競争相手の計画、行動、能力又は人的物的資源の情報資料（information）を入手するスパイ又はスパイ活動である。』

　情報機能（intelligence）に深く関わる諜報要員はスパイの特色である秘密性（clandestine）、積極性及び危険性を巧みに欺瞞して行動する。スパイはラテン語の

"spione"（見る）を起源とし、中世フランス語の"espionner"から変化した慣用語である。

米国防総省用語（JP02-1, 2005）は国防を危険に陥れる不法行為の視点から諜報を次のように定義する。…『諜報は、漏洩すれば外国に利益を与えると同時に、目的で国防上の情報（information）を意図的に入手、配付、伝達、交流又は受領する行為である。諜報は国法（US Code792-798）及び軍刑法に違反する。』

★情報

本来、"intelligence"は"intellegere"、"information"は"informatio"というラテン語に由来し、いずれも知識を指す。

諜報・情報・保全辞典は情報（intelligence）を通常、敵国の現状及び情報収集機関に関する情報（information）と定義する。さらに情報要求、資料収集、処理・情報の作成及び配付から成る情報作業の段階は70年代に米上院チャーチ委員会が確定した原則である。

米国防総省用語は"information"を①メディア又は各種の形態から知る事のできる事実、データ又は教示、②発表のため参集行事において個人が提供する資料と定義する。

これに対し"intelligence"は①外国又は地域の情報（information）の収集、処理、集成、分析、評価及び解釈から得た成果（products）、②観測、解明（investigation）、分析又は理解から得た敵性勢力に関する情報（information）及び知識である。

上記のいずれの定義においても「情報」と「情報資料」の区分が明示されている。

●多様化した現代戦の情報：米軍の例

1960年代までに陸上自衛隊では部隊行動の目的に応じ、情報を「戦略情報」、「作戦情報」、「戦闘情報」、「警備・治安情報」、「災害情報」、「技術情報」、「勢力組成情報」等に区分した。このため旧陸軍の情報原則に加えて当時の米軍情報教範が多分に参考にされたのである。

ところが現在の米国防総省の各種実務分野における情報の区分は使用目的、収集手段及び収集資料を含めて極めて多様化した。

以下、原語のＡＢＣ順に情報の種類を列挙する。

・acoustic intelligence：音響情報
・all-source intelligence：全資料源情報
・basic intelligence：基本情報
・civil defense intelligence：民間防衛情報
・combat intelligence：戦闘情報
・communications intelligence：通信情報
・critical intelligence：重要情報
・current intelligence：現在情報
・departmental intelligence：各省情報
・domestic intelligence：国内情報

- electronic intelligence：電子情報
- electro-optical intelligence：電子光学情報
- foreign intelligence：外国情報
- foreign instrumentation signals intelligence：外国機器信号情報
- general military intelligence：一般軍事情報
- human resource intelligence：人的資源情報
- imgary intelligence：画像情報
- joint intelligence：統合情報
- laser intelligence：レーザ情報
- measurement and signature intelligence：計測・兆候情報

- medical intelligence：衛生情報
- merchant intelligence：交易情報・商業情報
- national intelligence：国家情報
- nuclear intelligence：核情報
- military intelligence：軍事情報
- national intelligence：国家情報
- open-source intelligence：公開情報
- operational intelligence：作戦情報
- photographic intelligence：写真情報
- political intelligence：政治情報

- radar intelligence：レーダ情報
- radiation intelligence：放射線情報
- scientific and technical intelligence：科学・技術情報
- security intelligence：警備情報、保全情報
- strategic intelligence：戦略情報
- tactical intelligence：戦術情報
- target intelligence：目標情報
- technical intelligence：技術情報
- technical operational inetelligence：技術運用情報
- terrain intelligence：地形情報
- unintentional radiation intelligence：放射線流出事故情報

●情報用語：中国から到来
　日本現用の情報用語の大部分は中国を源流とする。ちなみに現代中国軍でも「情報」、「情報資料」、「諜報」という用語が使われている。

# 〔秘密区分：情報の格付け〕
## security classification, classified information

　政治、行政、軍事、経済、企業技術の各分野はもとより家庭や個人にも第3者に不用意に知れ渡るのが好ましくない情報（いわゆる秘密の知識）が必ず存在する。
　国家は国益の擁護上、重要な情報の保全（information security）に努めなければならない。このため各国の官公庁及び軍隊では個々の情報の性質、利用価値、漏れた場合の影響度などを考慮して公開、非公開又は公開制限の規準を定めている。例えば文書を普通文書、秘密文書及び公開制限文書に分類する。さらに秘密文書を重要度に応じて機密、極秘、秘などに格付（classification）し、配布閲覧、保管、指定、破棄の条件、違反した場合の罰則等を明示する。

●インフォメーション（information）とインテリジェンス（intelligence）
　インフォメーションは自然現象、社会の事象及び人間の動態などに関する現在の全知識（情報）を指す。これに対し歴史は過去の事実及び記録に関する知識である。
　別にインフォメーションは司令部や情報機関等における情報業務上、「情報資料」と訳されている。要するに情報将校ないし幕僚は収集した多くの情報資料を評価判定して情報（インテリジェンス）を作成して指揮官に報告する。すなわちインテリジェンスは特定の目的に役立てるために情報資料を分析して作成された情報である。
　例えば「裏日本の原発にテロ攻撃はあるか？」という指揮官の情報要求に応えるため情報要員は情報資料を分析する。このため原発所在地の気象地形、施設の構造、テロ組織の構成・戦術技術・配置・作戦計画、通信傍受データ、地域住民の動態などの情報資料を分析の上、作成した情報（時期、場所、要領を含む攻撃の可能性）を指揮官に報告する。
　然るにインフォメーションは公開された情報、インテリジェンスは秘密の情報とは断定できない。要するに公開が好ましくないインフォメーションも存在する。したがって米国と英国の政府と軍隊では秘密の格付をしたインフォメーションを"classified information"、取扱上、特別な注意を必要とするインフォメーションを"sensitive information"と呼んでいる。もとよりインテリジェンスのすべてが秘密の情報でなく例えばテロ攻撃警報や台風情報などは全住民に速報しなければならない。
　以下は米軍、英軍における情報関係用語の定義である。
　★ information
　　＊英軍　・人物から人物に渡る事実（facts, 内容の正確性は別問題）
　　　　　　・メデイア及び一般からの情報
　　＊米軍　・あらゆる形式又は媒体による事実、データ又は連絡事項
　★ intelligence
　　＊英軍　・利用可能な全情報（any of useful information）（特に敵に関する情報）
　　＊米軍　・外国又は地域に関する情報資料（information）の収集、処理、集成、分析、評価及び判定から生み出す製品

・観測、調査、分析又は理解ないし認識に基づく情報（information）及び
　　　知識

●秘密区分（security classification）
　明治政府は西欧の制度を参考にして1899年（明治32）に作戦、用兵、動員、出師、その他、軍事上秘密を要する事項又は図書物件を保護するために軍機保護法を制定した。
　さらに陸海軍大臣は軍機保護法施行規則により軍港、要塞、艦船、航空機、兵器等の無許可立入、撮影、模写等を禁止した。このため陸軍は「軍事機密」、「軍事極秘」及び「軍事秘密」、海軍は「軍機」、「軍極秘」、「極秘」及び「秘」という区分を定めていた。
　1941年（昭和16）に制定された国防保安法は御前会議、閣議等、国家最高レベルの議事録、帝国議会の秘密会議資料等を国家機密事項とした。
　一方、明治以来、行政、治安、司法各機関では「機密」、「極秘」、「秘」、「部外秘」という秘密区分を用いていた。このため戦後に創設された保安庁（後の防衛庁）も戦前からの官公庁の秘密区分を踏襲した。ただし「部外秘」は50年代半ばに秘密区分から外れて「取扱注意」になった。さらに「取扱注意」は60年代前半に「限定」と改称し、80年代半ばに「注意」と「部内限り」の2層に分れた。
　防衛庁の秘密保全に関する訓令は「秘密」を「防衛庁の所掌する事務に関する知識およびこれらの知識に係わる文書、図画または物件（磁気テープ、磁気デスクを含む）であって機密、極秘または秘のいずれかに区分されたものをいう。」と定義する。訓令に基づく秘密区分の基準は次のとおりである。
★機密
　秘密の保全が最高度に必要であって、その漏洩が国の安全または利益に重大な損害を与える恐れのあるもの。
★極秘
　機密に次ぐ程度の保全が必要であって、その漏洩が国の安全または利益に損害を与える恐れのあるもの。
★秘
　秘密に次ぐ程度の保全が必要であって、関係職員以外の者に知らせてならないもの。

　米国防総省は格付けされた情報（classified information）を「国家安全保障上における利益の防護上、許可なき開示をしないように指定された正式な情報」と定義する。なお秘密区分（security classification）の定義は具体的かつ詳細にわたっている。
★秘密区分
　無許可で開示（unauthorized disclosure）した場合に米国の国防又は外交関係に及ぼす損害の程度及び防護所要を明示する国家安全保障上の情報（national security information）及び物件（material）であり、「機密」、「極秘」及び「秘」から成る。
★機密：Top Secret（TS）
　無許可で開示すれば国家安全保障上、極めて重大な損害を与える恐れがあり、このため最高度の防護対策を要する国家安全保障情報及び物件である。「極めて重大な損害」を及ぼす事態には次の事項が挙げられる。

・米国及び友好国に対する武力行使
   ・国家安全保障に致命的な影響が及ぶ外交関係の決裂
   ・国防上の各種計画及び高度の暗号・通信情報システムの価値を低下
   ・公開を自重すべき情報活動（sensitive intelligence operations）を露呈
   ・国家安全保障上、重要な科学・技術開発を阻害
★極秘：Secret（S）
　無許可で開示すれば国家安全保障上、重大な損害を与える恐れがあり、このため相当の防護対策を要する国家安全保障情報及び物件である。「重大な損害」及ぼす事態には次の事項が挙げられる。
   ・国家安全保障に影響が及ぶ外交関係の破綻
   ・国家安全保障に直接関係するプログラム又は政策に悪影響
   ・重要な軍事計画又は情報活動を露呈
   ・国家安全保障に関係する重要な科学・技術開発を阻害
★秘：Confidential（C）
　無許可で開示すれば国家安全保障上、何等かの損害を与える恐れがあり、このため防護対策を要する国家安全保障情報及び物件である。
　注：米軍では旧秘密区分の部外秘（restricted）は廃止された。秘密区分に該当しない情報の管理原則として公務限定（For Official Use Only）が存在する。

　英軍は次のような秘密区分（security classification of information）を定めている。
★機密：Top Secret
　文書（document）及び情報（information）に関する最高度の秘密区分である。
★極秘：Secret
　文書及び情報に関する高度の秘密区分である。
★秘：Confidential
　保全の重要度が極秘に次ぐ秘密区分である。
★部外秘：Restricted
　文書及び情報に関する最下位の秘密区分であり、知らせる範囲を軍隊の要員に限定し、メディア及び一般に渡してはならない物件（material）である。

　日本語の「情報」と「秘密」は古代に漢語から導入された。現代の中国でも「情報」という用語が使われているが、「保全」を「安全」（例えば国家安全部）と呼んでいる。
　中国軍の秘密区分は「絶密」、「機密」及び「秘密」から成る。なお、中国独得の国情から集団軍、師団、連隊の正式呼称はもとより司令部、駐屯地、海空軍基地等、大部分の部隊施設の位置などは秘密事項であり、これらの報道を厳しく規制する。

●保全と情報公開の兼合い
　軍事始め国家安全保障上ないし国防上の情報に高度の秘密の格付けをして厳格に管理すれば組織内部における情報の利用効率が落ちて業務遂行に支障を来す。それと同時に部外広報及び国民の国防への理解協力及び軍事知識の普及を妨げる恐れがある。

したがって先進諸国では保全と情報公開の兼合いに意を用いており、例えば米陸軍のFM（運用教範）とTM（技術教範）の大部分は配付制限がなく、政府機関で販売し、一部はインターネットで公開している。旧日本陸海軍でも「統帥綱領」「海戦要務令」などは軍事機密に指定されていたが、「作戦要務令」、「歩兵操典」を含む教範は市販品であった。

　秘密の格付は所定の期限経過後、自動的に格下又は解除（例えば外交文書は30年経過後）して公開可能にする。ただし非公然な性格の資料源（例えば諜報組織）を記述した部分を除外して秘密区分を解除する場合もある。これに対し政治上、軍事上、特別な配慮が必要な秘密区分の解除に関しては政府機関が判断する。

〔情報科…兵科、職種〕
Intelligence Corps

●陸軍の情報組織
　陸軍の軍団、師団、旅団、連隊、及び大隊は歩兵、砲兵、機甲偵察を含む固有の戦闘兵科部隊（combat arms units）又は戦闘支援兵科部隊（combat support units）の監視偵察及び戦闘行動を通じて戦場の情報を収集する。これに対し参謀本部ないし上級司令部の固有の情報組織（通称、中央情報組織）は地誌調査、地図の作成、地形、敵に関する情報資料の収集分析、情報の作成配付を行なう。現代各国軍の中央情報組織は情報機関、情報専門部隊ないしは情報兵科（職種）を管理運営する。旧陸軍の主要な情報組織としては地図を作成した陸地測量部、治安警備情報を収集した憲兵隊、占領地において情報・謀略を行なった特務機関の他、無線傍受・暗号解読機関が挙げられる。
　第2次大戦後の1950年代に陸上自衛隊では米陸軍の軍又は軍団直轄の情報専門部隊（Military Intelligence Units）、CIC,MISO,ASAを参考にして調査隊、資料隊及び二部別室を創設した。（注：CIC：Conterintelligence Corps、MISO：Military Intelligence Service Organization、ASA：Army Security Agency）
　2005年時点の情報専門部隊は情報保全隊（旧調査隊）、中央資料隊、中央地理隊（旧101測量大隊）、沿岸監視隊、無人偵察機隊等から成る。海上自衛隊、航空自衛隊にも資料隊、情報保全隊（旧調査隊）が存在する。創隊以来自衛隊の情報専門部隊は各職種部隊から選ばれた特技者（specialist）を所定のポストに配置する共通職種部隊である。

●情報専門兵科を設ける西側各国軍
　英軍、米軍、ドイツ軍、韓国軍、イスラエル軍などは人事、教育、運用、研究開発各機能を一元的に計画実行する狙いから情報専門部隊を歩兵、砲兵、武器、通信などと同じ兵科（branch）部隊として取り扱う。
　英陸軍の情報科（The Intelligence Corps）は第1次大戦の頃に野戦情報収集・分析専門部隊として創設された。1914年8月5日、英国政府が対独最後通牒を送った8時間後に陸軍省情報部長が一般社会の特殊技能者と有識者を選定し動員を下令したのに始まる。
　この時に動員された大学講師、新聞記者、商社員等、50人の要員は動員下令から3週間後にフランスに到着して陸軍少尉（通訳特技）又は1級工作員（Agent First Class）に任命された。下令後、与えられた乗馬又はオートバイにより所命の司令部に出頭し、実務経験を活かし、地域情報の入手、工作員の運用、航空写真判読、文書解読、捕虜訊問、通信傍受、検閲、保全等の業務を遂行して野戦軍の作戦に貢献した。情報部隊は1929年に解散したが、第2次大戦勃発直後の1940年7月に急遽、再建された。
　現在、英陸軍各兵科の中で最小規模の情報科は常備軍と地方軍の各情報保全群、通信中隊等の他、情報学校（ケント州アシュフォード）をもって構成する。歩兵、砲兵等、一般兵科から選ばれた要員は情報学校で専門教育を受けてから情報科に補職される。情報科の兵は一般兵科の場合よりも下士官への栄進が早い。さらには下士官兵が将校にな

る道も広く、任官後の昇任も早い。情報科要員の主要な職務は作戦情報（operational intelligence）、対情報（counterintelligence）及び保全（security）から成る。

2000年時点における"Army List"に載る英軍情報科現役将校は常備軍273人、地方軍114人、合計387人（将校2人、長期、短期、中途採用の佐官、尉官を含む）であった。

1962年6月に米陸軍は増加の一途を辿る情報専門部隊及び情報要員を糾合して情報保全科（Army Intelligence and Security branch）を新設、5年後に情報科（Military Intelligence branch）と改称し、1971年にアリゾナ州フオートフアチューカに陸軍情報学校・情報センターを開設した。1987年に情報科は各部隊が連隊の伝統を継承するという意味から"the Military Intelligence Corps"と改称された。陸軍士官学校等を卒業時に情報科に指定された少尉は情報学校の初級課程を経て軍団情報旅団、師団情報大隊、ＮＳＡ（国家安全局）等に赴任する。

●兵科はないが強力な情報組織が存在…中国軍、北朝鮮軍、ロシア軍
中国軍、北朝鮮軍、ロシア軍には兵科はないが、いずれも参謀本部直属の大規模で強力な情報組織を擁している。中国軍の総参謀部第二部、北朝鮮軍の軽歩兵訓練指導局及びロシア軍のＧＲＵ（参謀本部情報総局）は巨大な情報組織を指揮統制する。

中華民国軍（台湾軍）にも情報科はないが、国防部情報局が国軍情報組織を統制している。

要するに国防上の要求に応える情報組織を有効に管理する制度として情報科を設ける事の当否は各国軍の事情により異なる。

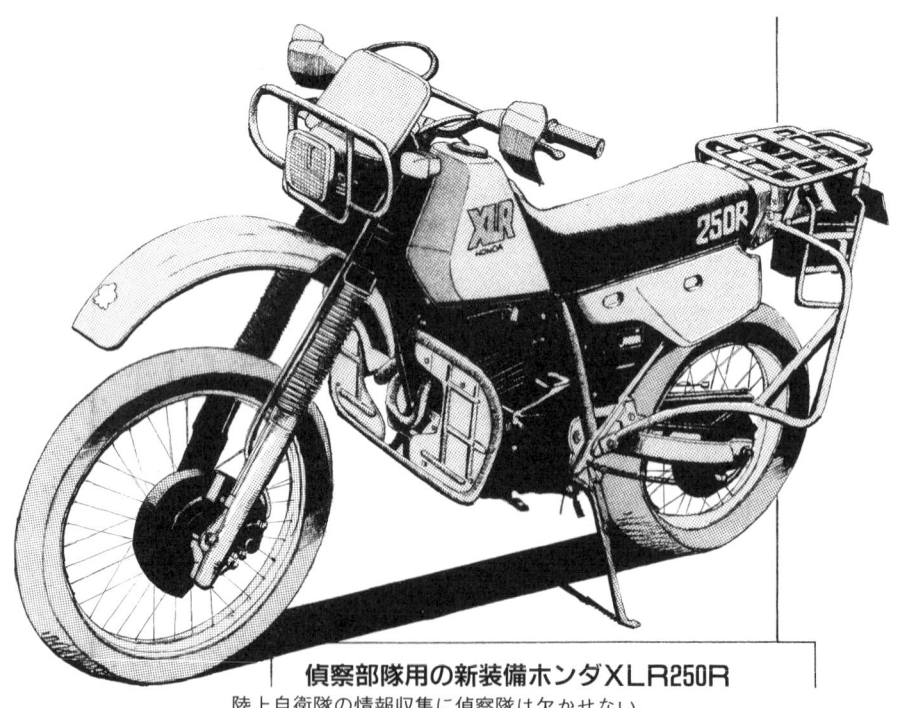

**偵察部隊用の新装備ホンダXLR250R**
陸上自衛隊の情報収集に偵察隊は欠かせない。

# 第4章
## 後方支援

# 〔兵站、後方〕
## logistics, logistique

●兵站の定義
★日本陸海軍及び自衛隊
「兵站」及び西欧語の"logistics"、"logistiques"は時として一般社会でも使われるが、本来は軍隊に宿舎、糧食、輸送機関などを提供して作戦戦闘行動を支える重要な機能である。

50年代後半以来、陸上自衛隊では「兵站」を「部隊の戦闘力を維持増進して、作戦を支援する機能であって、補給、整備、回収、輸送、衛生、建設、不動産、労務・役務の総称」と定義した。

これに対し航空自衛隊では兵站に当る分野を「後方」と呼び「整備、補給、調達、輸送及び施設の諸活動の総称」と見ている。なお海上自衛隊では創隊当初は「ロジステイックス」、その後は「後方」を用いるようになった。これに対し、防衛庁統合幕僚監部の規定では「後方補給」と呼んでいる。

以上の各組織の用語は表現が異なるが内容は大同小異であり、米軍の"logistics"と同義語という事である。いずれにせよ第2次大戦後に創設された自衛隊は兵站、後方を含む教義の作成に当り、旧軍及び米軍の制度を多分に参考にした。

旧陸軍では「後方勤務」、「後方」及び「兵站」、旧海軍では「後方」及び「補給」を用いていた。以下は用語の解（陸軍大学校編）による定義である。

・「後方勤務」……「戦列部隊以外の部隊（輜重、兵站等）の軍後方に於ける諸勤務（補（充）給、衛生等）を総称す。」
・「兵站」……「作戦上必要なる軍需品及び馬の前送、補給、傷病人馬の収療及び後送、要整理物件の処理、戦地資源の調査、取得及び増殖、通行人馬の宿泊、給養及び診療、背後連絡線の確保、占領地行政等は兵站業務の主要事項なり。」

1894年（明27）に陸軍は現代の兵站原則教範に当る「兵站勤務令」を制定して各部隊に配布した。その後の日清、日露戦争では、この原則に基づいて朝鮮、満州に兵站監部、兵站線等から成る支援組織を構成して朝鮮、満州の野戦軍を支援している。

★米軍
国防総省用語（JP02-1, 2005）による"logistics"の定義は次のとおりである。
「軍隊の移動及び維持を計画し実行する学（science）であり、次の4分野から成る。
①資材の開発、取得、保管、移動、配分、整備、後送及び処分
②人員の移動、後送及び看護　③施設の取得又は建設、維持、運用及び処分
④業務（service）の取得又は提供」

★英軍
英軍用語辞典（2004）による"logistics"の定義は次のとおりである。
「兵站は軍隊が作戦任務遂行上、必要な人的物的資源の補給及び再補給の調整を含む。資源は弾薬、装備品、糧食、水、衛生施設、補充員と装具、修理部品、輸送力等から成る。兵站部門は資材の開発、取得、移動、貯蔵；建物始め施設の建設及び維持；衛生、

給食を含む各種業務の提供；司令部の兵站担当幕僚部（G1（人事）、G4（資材））の業務を包含する定義である。」

★中国軍

現代の中国軍は日本の概念による兵站を「軍隊後勤」（jundai hougin）及び「後勤」と呼んでおり、これを"military logistics"及び"logistics"と英訳する。軍事後勤は軍隊の指揮レベルに応ずる地位役割により戦略後勤、戦役後勤及び戦術後勤に大別される。戦争遂行能力の創造と維持運営を行なう分野は「国家後勤」と呼ばれている。

人民解放軍の統合指揮機構では総後勤部は総参謀部、総政治部及び総装備部と並列する。後勤の機能は人力、物力、財力、物資、技術、医療及び輸送から成る。清朝末期に輜重兵科、中華民国参謀本部に後勤参謀部が創設されたのが、近代中国の軍事後勤制度の始りである。

「兵站」（bingzhou）は"army service station"と英訳されるとおり、後方支援施設を指す。中国軍の原則では交通路線沿いに設ける兵站は燃料油脂、弾薬、糧食の補給、物資の納入・集積、武器車両の整備、医療、患者後送等を含む部隊の支援に任ずる。

ちなみに「中国大百科全書・軍事（1978）」によれば春秋時代より早い時期の西周王朝（1050～771BC）は糧食、物資を輸送する道路沿いに初めて兵站という施設を設けた。なお律令制の頃にこの用語が日本に導入された。1932年における土地革命戦争当時、人民解放軍は中央指揮機構に兵站部及び各作戦地域に大、中、小各兵站を開設して遊撃部隊を支援した。

●"logistics"の由来

兵站を意味する"logistics"は20世紀に先進諸国において軍事教義の用語として初めて採用された。1830年代にフランスのアントワーヌ　アンリ．ジョミニ将軍がその著作、"The Art of War"で部隊行動を支える移動、輸送、宿営、給食等、一連の支援機能を指す"logistics"という用語を発案したのである。19世紀後半以降、ジョミニの兵学理論は米国で関心を呼び、1911年に米海軍は初めて"logistics"を軍事用語に採用し、40年代前半に陸軍は司令部一般幕僚組織の一部を成す"supply"という呼称を"logisitcs"に替えた。第2次大戦以降、"logistics"という米軍の教義及び用語は西側諸国軍に広まり現在に至っている。

英リーズ大学のチャイルズ教授によれば19世紀のフランスではジョミニの兵站理論が注目されず、20世紀初頭にようやく"logistique"の解釈が陸軍士官学校の教程に登場した。

さらにフランス陸軍は第2次大戦までに軍隊が膨張するに伴い"logistique"という用語を作戦部隊の教義に採用した。その教義による組織構成は人員装備の戦場への輸送・戦力の維持、後送・補充及び修復の3要素から成っていた。

本来、"logistics"は古代ギリシア語の"logistiKos"、係数の把握算定術に由来する。

当時の軍隊では部隊に渡す武器、装備、補給品の数量、移動距離、宿営地等の算定作業及び配分業務は難題であり、これをこなす専門識能が要求された。このため古代ギリシャに"logisteuein"（行政管理官）、古代ローマに軍団付幕僚、"logista"、（宿舎管理官）という専門職が存在した。"logis"にはラテン語で宿舎という意味がある。すなわ

ちローマは街道沿いに40ないし50km間隔に置いた宿営地に糧食、馬糧、水を貯蔵し、来着する軍隊を支援した。

16～17世紀にlogistaは"Quartermaster"(英)、"Quartiermeister"(独)及び"maitre de logie"(仏)に変化した。なお17世紀から20世紀初頭までの英軍の総司令部及び参謀本部に兵站の最高責任者に当る"Quartermaster-General"という参謀が置かれていた。この英軍の兵站に関する職制は独立戦争時代の米軍に受け継がれている。

17世紀にフランスのルイ14世の軍隊は"marechal-general-des-logis"という職制を定めた。さらにプロイセン軍参謀本部にも"quartiermeister-general"という兵站参謀が存在した。明治建軍期の日本陸軍は当時の西欧の軍制を参考にして兵站総監という職制を定めたのである。

洋の東西を問わず軍隊始まって以来、糧食や宿舎など将兵の生存に不可欠な手段を与える制度は必ず存在した。要するに軍隊が置かれた時代の背景により兵站、後方など表現が異なっていたが本質は同じである。

「将兵に先ず食料を与えよ」というソクラテスの明言どおり、古代から兵站は軍隊の統率の基本であった。18世紀におけるプロイセンのフリードリッヒ大王も「軍隊は胃袋の力で前進する。」と強調している。

# 〔後方支援〕
## combat service support

　洋の東西を問わず、すべての軍隊に将兵の生存と行動を支える補給、輸送、衛生、給食、宿舎などの兵站機能及び人事、経理等の行政機能が必ず存在した。
　しかしながら兵站、行政各機能を合せた後方支援（combat service support）の概念と体系が形成されたのは1960年代以降である。今では殆どの各国軍は戦闘、戦闘支援各機能と相俟って後方支援機能を具備する。

●米国防総省
　後方支援は作戦部隊の全組織（all elements of an operating force）を支える重要な兵站上の機能、活動及び任務（tasks）である。その範囲は下記の行政、兵站の各分野及びその他の事項を含む。
　以下は各国軍における後方支援の定義である。
・整備（maintenance）　・輸送（transportation）　・補給（supply）
・戦闘健康支援（combat health support）…防疫、戦場救護、応急治療、患者後送・看護、衛生資材補給、獣医、歯科及び医学実験
・野外業務（field service）…衣類交換、洗濯、シャワー、繊維製品修理、戦没者業務、空中投下補給、糧食業務等　・不発弾処理（explosives ordnance disposal）
・人的戦力支援（human resource support）…軍人、文民とその家族及び契約業者を支援する人事業務、人員補充、人事統計、死傷者管理、郵政、厚生業務等
・会計管理（financial management operations）　・宗教支援（religious support）
・法務支援（legal support）　・音楽支援（band support）
　2006年時点における米陸軍の後方支援兵科は次のとおりである。（以下、ABC順）
・総務科（Adjutant General Corps）・衛生特技科（Army Medical Specialist Corps）
・陸軍看護科（Army Nurse Corps）　・宗教科（Chaplain Corps）
・会計科（Finance Corps）　　　　　・法務科（Judge Advocate General's Corps）
・医科（Medical Corps）　　　　　　・衛生運用科（Medical Service Corps）
・武器科（Ordnance Corps）　　　　・需品科（Quartermaster Corps）
・輸送科（Transportation Corps）　・獣医科（Veterinary Corps）
　1942年以来の陸軍管理部隊（Army Service Force）は1960年代初期に国防総省改革の一環として後方支援群（Combat Service and Support Group）に改編された。

●英軍
　要約型の英軍用語辞典による後方支援（CSS）は戦場において弾薬、糧食、燃料等を再補給する機能である。
　しかしながら英軍の中枢が第1次大戦以来、技術の進歩に応え、改善を重ねて来た後方支援の体系は広範囲かつ多岐にわたる。
＊行政（administration）

- 民事（civil affairs） ・人的戦力業務（operational manpower management）
- 人事業務管理（personnel service and management）
- 捕虜管理（prisoners of war） ・避難民管理（refugees）

＊通信（communications）
- 野外伝令業務（field courier service） ・野外郵政業務（field postal service）
- 有無線・テレコム・暗号業務（signals, telecommunications, ciphers）

＊情報（information）
- 手動・電算情報システム（information systems:manual & computerized）
- 情報業務（intelligence service） ・気象（meteorology）
- 部外広報（public relations）

＊兵站（logistics）
- 給食・売店業務（catering & canteen service）
- 建設工兵（construction engineering） ・労務（labor） ・整備（maintainance）
- 衛生関連業務（medical & associated service）：患者後送、看護
- 動員・増援・補充組織（mobilization, reinforcement & replacement system）
- 兵站移動（movement（logistics））
- 弾薬・爆破物業務（munitions & explosive:engineering & handling）
- 宿舎業務（quartering） ・補給（supply） ・輸送（transportation）

　英軍の後方支援部隊は工兵隊、通信隊、電子機械工兵隊、輸送隊、武器隊、糧食隊、作業隊、教育隊、衛生部、獣医部、憲兵隊、宗教部、行政隊、給与隊等から成る。その呼称は伝統を重んじており、例えば武器隊は"The Royal Army Ordnance Corps"という。

　米軍、英軍は後方支援の表現を簡略にする場合に"service support"を用いる。例えば作戦計画・命令の別紙、後方支援を"Service Support Annex"と記述する。

　なお在沖縄、第3海兵遠征軍の後方支援群は"3rd Force Service Support Group"と呼ばれている。

●中国軍
　中国軍は後勤（hougin）を"logistics"（兵站）と英訳しているが、その実体は西側諸国軍の後方支援（combat service support）に相当する。後勤は中央の策源から端末の部隊に至る人力、物力、財力、物資、技術、医療、輸送各支援から成る。
　中国軍は後勤を国家社会の経済と技術を支える国家後勤と軍隊専用の軍事後勤に大別する。さらに軍事後勤は戦略後勤、戦役後勤及び戦術後勤から成る。中国軍の後勤教義の開発には旧ソ連軍の後方保障（rear service）の考え方が影響を及ぼしている。
　中国軍には別に兵站（bingzhou）という用語もある。それは各地に設ける後方支援基地に他ならず、"arming service station"と英訳されている。

●旧日本軍、自衛隊
　旧陸軍は現自衛隊の後方支援及び後方に相当する用語として「兵站」及び「後方」、旧海軍は「補給」を用いていた。陸軍、海軍には、それぞれ経理、兵器、軍医、獣医各

部が存在した。陸軍の輜重(しちょう)隊は師団の補給輸送部隊であった。
　1960年代後半に陸上自衛隊は米軍の"combat service support"を「後方支援」と和訳して教義に採用し、現在に至っている。したがって次に紹介する後方支援の定義は米軍の場合と殆ど同じである。
★後方支援：作戦部隊に対し、所要の人員、資材、装備、サービス（注：業務）等を提供する事をいい、人事及び兵站支援を合わせ、あるいはさらに部外連絡協力、広報及び会計を含めて総称する場合がある。
★兵站：部隊の戦闘力を増進して作戦を支援する機能であって、補給、整備、回収、輸送、衛生、建設、不動産、労務、役務等の総称をいう。

　ちなみに労務は調達した労働力の直接利用、役務は契約業者を通ずるサービス（(宅配便、建設作業、給食、印刷、翻訳、守衛、電子機器操作等）の取得を指す。
　1960年代初期に"combat service support"は「戦務」と誤訳されたが、陸幕など各方面から異論が出て60年代後半に「後方支援」に改められた。（注、「戦務」の項を参照）
　なお2006年時点において"logistics"の和訳として海上自衛隊及び航空自衛隊は「後方」、同じく統合幕僚会議事務局は「後方補給」を用いている。

自衛隊の補給隊のトラック（上）とC−130輸送機（下）。

# 第 5 章
## 軍事機構：軍政、軍令

# 〔軍制・軍政・軍令〕
military system, defense structure, supreme command

●日本の定義
　明治初期に西欧、特にプロイセンに習い、天皇を頂点にした軍制、軍政及び軍令から成る近代的中央軍事機構が定められた。日本国語大辞典（小学館、1972）による定義は次のとおりである。
・軍制：軍事に関する制度、また軍事の編制、経理に関する規則
・軍政：1.軍事に関する政務、2.旧憲法下で軍隊の編制、維持、管理に関する国務、軍隊の指揮、運用に関する軍令と区別、3.戦争、非常事態、戒厳令下において占領地、戒厳地で行なう政治、行政、民政
・軍令：1.軍隊の命令、陣中の命令、2.軍隊の法規、規律、3.旧憲法下天皇の勅定（決定、裁可、決裁）を経た軍の法規

　1920年（大9）に陸軍省が発行した大日本兵語辞典（陸軍歩兵大尉、原田政右衛門）は次のように説明する。
・軍制：法律により定められる陸海軍のくみたて。すなわち編制と経理を包含したるもの、これを変更するにはさらに法律によらざるべからず。
・軍制学：軍隊のなりたち、組織を研究する学問の名称にして編制と経理とを包含したるものなり。
・軍政：軍事に関するまつりごと。軍事と一般政務との関係連絡等のこと。
・軍令：軍事に関する事項にして陛下より下し給う御命令。
　「編制」は、軍の定める半恒久的な部隊等の組織と人員、装備、資材の種類、数量であり、「経理」は軍の行なう金銭の出納業務である。

●現代各国の制度
　現代各国においても軍政、軍令は、軍事（国防、防衛）の一般原則として存在する。
★軍制（military system, national defense structure）
　国家の軍備（防衛力）の建設、育成、維持、管理運用、連合国ないし国際組織との関係等制度全般の総称である。軍事制度は、国の基本法－憲法に始まる法令とこれに基づく規則により整然と運営される。
★軍政（military administrative system）
　軍事（国防、防衛）関連の国家行政機能である。このため一部の立法、司法も関連し、国防の目的、国防に関する国民の権利義務、政治・行政の基本的機能、国防組織機構、人的・物的戦力の育成・維持管理（補充、研究開発、調達、教育訓練、規律等）、予算管理などを含む。
　各国の軍事上の基本任務、国際安全保障との関係、国防予算、組織機構等軍政上の重要事項は、中央の立法機関－議会等で可決し、軍隊と軍人の規律維持に関わる軍法会議等は、民間の司法とは別に取扱うのが原則である。

なお各国は軍政専任の行政官庁として国防省（米国は国防総省下部組織に陸軍省、海軍省、空軍省）を設けている。通常、大統領、首相が軍政、軍令の最高の責任者となり、国防相が実務を所掌する。
　なお軍政（military government）には軍が占領地等の統治を行なうと言う国家の軍事行政とは異なる意味もある。日本は日清戦争後の台湾領有の初期に初めて外地における軍政を経験し、第2次時大戦中には南方地域で広域にわたる軍政を施行した。
★軍令：supreme command, high command, national command authority（NCA）
　国家の軍事力を運用する分野であり、当該国家の最高の指揮権の長期的ないし短期的視点による意図に基づき通常、参謀本部が計画、命令を作成して部隊（軍隊）等の軍事組織に伝達して実行状況を監督、指導する。現代の各国軍は陸海空3軍の統合指揮機能による。
　さらに最高の指揮権は、憲法等の規定により国家元首ないし大統領、首相等、政治の最高の責任者に帰属するが国防政策の審議・決定上、安全保障会議等による合議制を採り、武力行使・停止、派兵・撤兵等、軍令の重要事項の決定のため議会に図る。

　第2次大戦後の日本では内閣総理大臣が自衛隊の最高の指揮監督権を有し、防衛庁と各幕僚監部が軍政機能を遂行するが軍令所掌組織が明確でなく統合幕僚指揮機構も存在しなかった。さらに憲法の特殊事情から軍制に当る機能は一般の法律を根拠にして執行されている。ただし2006年にようやく統合幕僚監部が創設された。
　大日本帝国憲法下の軍事制度では天皇が軍政、軍令の最高の権限を持ち、軍政機関の陸軍省と海軍省、軍令機関の陸軍参謀本部と海軍軍令部が並列して天皇の権能を補佐する役割を果したが、統合機構は存在しなかった。
　当時は、天皇の軍令機能（帝国陸海軍に対する指揮権）を「統帥権」と呼び、補佐に当る陸軍参謀本部及び海軍軍令部は軍事の専門的性格と秘密保持の必要性を理由に統帥権の独立と軍事に対する政治の不関与の原則を主張した。

# 〔総司令部・司令部・本部〕

Genaral Headquarters, Headquarters

●司令部と本部の違い

　総司令部、司令部、及び本部は部隊の指揮官及び幕僚が位置を占めて隷下部隊を指揮統制を行なう軍事施設である。英語では小隊本部から軍司令部まで一律に"Headquarters"を用いる。

　例えば小隊本部は"Platoon Headquarters"、中隊本部は"Company Headquarters"、師団司令部は"Division Headquarters"である。ただし軍より上級の司令部は「総司令部」"General Headquarters"と呼ばれる場合がある。例えば第2次大戦後の連合軍占領時代に日比谷の第一相互ビルに置かれた通称、マッカーサー司令部は"General Headquarters"、略称GHQであった。なお米陸軍省の本庁は"Headquarters Department of the Army"である。

　明治建軍以来、日本の軍事用語では「司令部」及び「本部」の定義を明瞭に分けて来た。すなわち小隊、中隊、大隊、連隊の各指揮組織を「本部」、例えば大隊本部、連隊本部と呼ぶ。これに対し旅団、師団、軍団、軍の指揮組織は「司令部」であり、例えば旅団司令部、師団司令部、軍団司令部、軍司令部となる。なお小隊司令部、中隊司令部、大隊司令部、師団本部などとは絶対に呼ばれない。人員構成が10人前後の小銃班及び小銃分隊の場合には班長、分隊長の位置が本部に相当する。

　ちなみに中国軍及び台湾軍では師団以上の指揮機構を「司令部」、旅団、連隊以下の指揮機構を「指揮部」と呼んでいる。本来、司令部は古代の漢語に由来する。

　指揮官が将官の部隊では「司令部」、佐官、尉官の部隊では「本部」と呼ぶ旧軍以来の原則は自衛隊にも受け継がれている。ただし旧軍でも補充（兵員の徴募）、予備戦力の管理等を行なう組織は、地位役割の特殊性から「連隊区司令部」（明治21年では大隊区司令部）と呼ばれた。旧軍時代には国内に「要塞司令部」、「軍管区司令部」なども存在した。

　旧軍では旅団は、将官（少将）が指揮する部隊であるから「旅団司令部」と呼ばれていた。自衛隊でも陸将補が指揮官になる旅団は「旅団司令部」である。

　1950年代から逐次創設されて来た旅団に相当する部隊には空挺団、特科団、施設団、通信団、混成団がある。これらの団長には殆ど将官を充てるにも関わらず指揮組織は「団本部」と呼ばれる。

　創設当時における米軍旅団の編制原則を参考にして1佐（米軍では大佐）を団長にした名残りである。その後、人事行政上の理由から団長に将補を充てるようになった。

　航空自衛隊では上級から下級に順序をたどれば「航空総隊司令部」、「航空方面隊司令部」、「航空団本部」、その下に「飛行群本部」、「整備群本部」及び「基地業務群本部」が存在する。旅団に相当する航空団の指揮官（航空団司令）には人事行政上の配慮から将官が配置されている。

　1950年代前半における警察予備隊及び保安隊当時、「総隊総監部」、「第1、第2各幕僚監部」（後の陸上、海上各幕僚監部）、「方面総監部」、「管区総監部」（後の師団司令

部)、「地方総監部」が創設された。これらの呼称は警察用語及び行政官庁用語の影響によるものである。一時期に方面総監部を「方面隊司令部」、地方総監部を「地方隊司令部」に改称する提案があったが実現していない。これに対し警察予備隊当時の空気が消えた50年代半ばに創設された航空自衛隊は「航空総隊司令部」、「航空方面隊司令部」など伝統的な軍隊組織の用語を採用する事ができた。

● 中央軍事機構の呼称としての本部、総監部

旧陸海軍では「本部」は中央軍事機構における各種の行政組織の呼称にも使われていた。例えば「参謀本部」、「陸軍技術本部」、「陸軍兵器行政本部」、「陸軍機甲本部」、「陸軍航空本部」、「陸軍燃料本部」、「海軍艦政本部」、「海軍航空本部」、「海軍電波本部」が挙げられる。陸軍の中枢機構として「教育総監部」、「陸軍航空総監部」も存在した。

明治憲法に定める陸海軍総司令官、大元帥陛下(天皇)が統帥(Supreme Command)を行なうため戦時に設ける総司令部は「大本営」(厳密には大本営陸軍部及び大本営海軍部)と呼ばれていた。1893年(明26)に制定された大本営条例によれば大本営陸軍部は陸軍省及び参謀本部、大本営海軍部は海軍省及び軍令部が差出す要員をもって編成された。

古代から幕末維新まで慣用されて来た「本営」は戦闘部隊の司令部ないしは本部を意味する軍事一般用語であった。

いずれにせよ旧軍では司令部及び本部に関連する用語の決定に当り、理論的ないし体系的な検討結果よりも慣習が影響を及ぼしている。

防衛庁及び自衛隊の「調達実施本部」(現在の契約本部)、「技術研究本部」、「情報本部」、「研究本部」などもは旧軍及び旧行政官庁用語を参考にして定められた。

# 〔駐在武官、防衛駐在官〕

attache, military attache, attache militaire

●駐在武官の地位役割及び由来

　駐在武官（attache）は外国の首都に派遣されて現地の外国軍に自国への連絡手段を提供し、併せて公然情報、時として高度の情報の収集に任ずる将校（武官）である。多くの場合、武官には情報将校が含まれている。

　現代各国軍が国外に差し出す武官は国防武官（defense attache）、陸軍武官（military attache）、海軍武官（naval attache）及び空軍武官（air attache）から成る。各国の中には国情などから一人の武官が複数の任務（例えば国防武官兼海軍武官）を兼ねる場合も多い。日本では戦前には駐在武官と呼んでいたが、今では法制上、防衛駐在官と定められている。

　アタッシュ（attache）は、1757年に仏王ルイ15世がジャンB．Vド・グリボア中佐をウイーンに派遣したのに始まる。1806年にナポレオン1世がウイーンに送ったアンジェ-フランソア．L．グランジェ竜騎兵大尉はオーストリア軍の各連隊の編成及び配置を把握して高い評価を得ている。1813年になるとオーストリア．ロシア．ポーランドが上級司令部付幕僚、副官（aides-de-camp）を交換するに及んで欧州全体に駐在武官の制度が普及し始めた。1860年にナポレオン3世は駐在武官制度史上初の海軍武官をロンドンに派遣した。1870年になると全欧州各国の駐在武官は30人、その50年後には300人を数えるまでになった。

　1872年に米国史上初の海軍武官、フランシスM．ラムゼイ中佐が欧州各国の兵器開発事情を調査した。その十年後にRW．シュルフエルド海軍大佐が国務省連絡員として北京、F．シャドウィック海軍少佐が海軍情報員としてロンドンに派遣されている。

　旧日本陸軍は西欧に倣い、駐在武官の制度を設けた。陸海軍の駐在武官は正式には大・公使館付陸（海）軍武官と呼ばれ、在外公館に派遣されて参謀本部（軍令部）の統制下で行動した。1875年（明8）に陸軍はベルリンと北京、1880年（明13）に海軍はロンドンとペテルブルグに我が国初の駐在武官を派遣した。その後、陸海軍とも欧州全域、北米、中南米に武官府を拡大配備して終戦を迎えた。

　自衛隊では外務事務官を兼ねる陸海空自衛官が外務省に出向し、派遣先の大使の指揮下で所定の業務を行なう。1954年（昭29）4月に米国に2等書記官（2佐）が派遣されたのが防衛駐在官制度の始まりである。現在、34ヶ所以上の外国公館と軍縮会議代表部（ジュネーブ）に45人以上の防衛駐在官が派遣されている。

●基本的任務及び行動の原則

　各国は駐在武官（略称、武官）、時として補佐官（assistant attache）及び業務要員を含む武官団を編成し、その本部を大使館等、主要在外公館の施設に置く。武官には通常、大佐、中佐（軍事政策上、重要な国には将官）、武官補佐官には中佐、少佐又は尉官を充て、任期は2年ないしは6年である。

　武官及び補佐官等の要員は本国の参謀本部等、軍中央部から直接、指揮統制を受けて

行動する。このため任命、派遣、帰国、解任等の人事行政、情報収集に関する命令指示、報告通報は軍中央部と直結して行なう。ただし派遣先の在外公館では大使、公使等が会議、行事等への参加を要請した場合、これに応える事ができる。なお武官は在外公館の軍事専門要員として大使などを補佐し、助言を与える役割を果たす。武官及び補佐官は意に反して逮捕訴追されない外交特権を享受する。

軍中央部の出先機関としての各国武官に共通の権限と責務は次のとおりである。
①二国間の軍相互の理解と友好関係を促進させる交流の窓口
②本国の国防政策、軍事情勢等に関する対外広報
③出先が連合国、同盟国の場合、連合作戦、共同作戦に関する連絡調整…例えばNATO
④国際安全保障活動に関する軍事部門の連絡調整及びPKO派遣の要否
⑤軍事援助業務…例えば米国の対紛争当時国支援
⑥兵器等、軍事輸出事業の窓口
⑦本国からの軍事視察団、研究団体等の受入れと外国関係組織との調整業務
⑧外国の各種系統が配付する国防と軍事関連の文書等、公然資料の優先入手
⑨外国の軍事上の意図及び能力を把握するための情報活動
⑩各国武官と協力して軍備管理国際協定の履行状況の確認…例えば核問題

従来から「駐在武官の百パーセントはスパイである。」という俗説が存在する。しかしながら現代各国の駐在武官制度は国際情勢の安定及び安全保障体制の促進を図る任務を重視する。当然、重要な軍事情報の入手には派遣先国家の国防省広報資料、メディア等、公然資料以外に諜報員、協力者などによる非公然資料の入手も必要である。各国武官の情報員としての素姓、活動の種類と程度は当該各国の考え方により異なる。ちなみにロシアの武官団要員は殆ど全員、SVR（対外情報庁）又はGRU（参謀本部情報総局）に所属する情報員である。

武官要員には諜報技術に優先する重要な資質が必要であり、例えば第1次大戦開戦当時の米海軍情報部長、ロジャー．ウエルズ少将は次のような要件を挙げている。
①外国語の能力は絶対的な要件でなく、一見、取るに足らぬ僅かな兆候からも至当な結論を導き出す鋭敏な想像力が最も重要。②礼節ある行動。③行き過ぎない適度の社交性。④国家社会の広範囲にわたる知識と理解力。

# 〔戒厳令〕
## martial law, loi martiale

●軍隊が法を執行して治安を回復

　戒厳令は戦争、内乱、大災害において治安回復のため立法・司法・行政権の一部又は全部を軍隊が執行する非常対策である。各国には国家緊急事態法令の一環として戒厳令の規定が存在し、通常、国家元首又は行政府の長が布告する。

●現代国家の代表的な戒厳規定

　米陸軍辞典による戒厳令（martial law）の定義は次のとおりである。
『戒厳令は公共上の必要性に基づき、軍隊が国内地域に対し、部分的又は完全な法的統制を行なう状態を指す。通常、戒厳令の布告は大統領命令による。ただし、大統領の指示を受ける時間的余裕のない状況下では、公共の安全確保が必要と認める現地の軍隊指揮官が戒厳令を布告する。戒厳令布告の目的は政府ないしは自治体の機能を速やかに再建させるにある。
　その適用期間及び地域は必要な範囲に限定される。戒厳令は、秩序の回復次第、解除しなければならない。』
　1948年から1987年まで大陸側との軍事対決下で国民党体制を維持する狙いから発動された中華民国（台湾）の戒厳法は具体的な執行要領を次のように定めていた。
『戒厳地域において軍司法機関の裁判権の行使対象は内乱罪、外患罪、妨害秩序罪、公共危険罪、殺人罪、銃器強盗罪、海賊罪、貨幣・文書偽造罪等に及ぶ。また戒厳地域の最高司令官は集会結社、報道出版規制、郵便物等の検閲没収、治安上、有害な資産の押収、家屋の立入調査、外出制限、交通遮断、所持品提示要求の他、公共輸送機関、施設の臨検等を行なう事ができる。各部隊指揮官は戒厳令に基いて処置した事項を立法院（国会）に通報する。中華民国総統は憲法第39条に基づき、国家非常事態下で戒厳を宣告する。戒厳の宣告は立法院の可決又は事後承認が必要である。戒厳令下では秩序の維持回復を優先し、このため集会結社、表現等の自由、所有権等の不可侵、個人の秘密等、憲法始め一般の法律で定める権利が制限される。軍隊指揮官は法律によらず自由裁量により臨時に規制事項を定めて憲兵等の隊力により、これを強制し、軍法会議は一般市民も裁判の対象にする事ができる。』

●軍事政権、軍政と戒厳令の違い

　軍事政権（military regime）は軍隊組織に支持された現役軍人が国家元首又は行政府ないしは立法府の主要役職を占めて平素から政治行政を行なう体制である。現代の軍事政権は南アジア、中東、アフリカの発展途上国に存在する。これに対し軍政（military government）は作戦地域又は占領地において軍隊の中枢が維持運営する政治行政機構である。戒厳令は軍事政権及び軍政に比し、権限、期間、地域（通常、統治権の及ぶ領域の一部）がともに限られている。

●明治憲法下の戒厳令

1882年（明15）に明治政府は当時のフランスの制度を参考にして有事を想定する戒厳の規定を初めて制定した。警備を強化する意味の「戒厳」は古代、中世の頃に到来した漢語に由来する。現代の中国でも「戒厳令」という用語が使われている。
　その7年後に公布された大日本帝国憲法（通称、明治憲法）は次のような戒厳条項を設けた。…
『第14条、天皇は戒厳を宣告す。戒厳の要件及効力は法律を以て之を定む』
　しかしながら1890年における明治憲法施行から1945年（昭20）の第2次大戦終結までの55年間に宣告された戒厳令は次の5回にとどまる。
①日清戦争中（1893～94）　大本営を置いた広島及び宇品港湾地域
②日露戦争中（1904～05）　長崎、函館、台湾の要地警備強化
③日露戦争後（1905.9）
　賠償放棄等、ロシア側に譲歩した講和条約に不満を抱く群衆の日比谷界隈における路面電車焼き打ち暴動対処
④関東大震災（1923）
　地震発生翌日の9月2日から45日間、京浜地区のパニック対処を目的とする治安維持
⑤二・二六事件（1936）
　反乱軍が蜂起した翌日の2月27日から80日間にわたる帝都の治安維持、特設軍法会議の警備

　1945年に米軍空襲下の東京及び史上初の国内作戦地域になった沖縄本島では戒厳令は適用されなかった。戒厳発動の事例が欧米より少ない背景には軍独自で軽易に発動できない大権事項（天皇の権限）特有の重みに加えて日本独特の民族・社会構造、民心動向も大いに影響している。


●西欧の戒厳法令成立の経緯
　イングランドの騒擾取締令（The Riot Act、1715）は近代型国家における戒厳令の原形である。この時に行政官が1時間以内に退散を命じても従わなかった12人以上の違法集会を軍隊が排除した。
　共和制下のフランスでは1789年に戒厳令（loi martiale）、1849年に改訂版の合囲地令（loi sur le siege）が制定された。革命の年に制定された法は軍隊の裁量による布告及び無警告射撃を認めた事から市民に無用の被害を与え、社会に悪影響を及ぼした。
　そこで合囲地令は戒厳の可否と適用地域を決定する議会手続きを経るように改めた。ただし敵に包囲された城塞都市と植民地の市長、知事等は独自の判断で戒厳を宣告し、陸軍大臣に事後報告する。軍隊は合囲地内の治安維持のため武器の捜索押収、住民の統制、集会の禁止等を行なう。
　日本国憲法は戒厳令の主役になる軍隊の存在を認めず、また政府には類似の法規を制定する意思もない。（1977.4、参議院内閣委員会の答弁）

# 〔軍法会議〕

## Courts-Martial, tribunal militaire

● 軍隊固有の刑事法制：軍事司法制度

　日本を除く現代各国には軍刑法（軍法）及び軍事裁判（軍法会議）を含む軍事司法制度がある。

　軍隊は軍法：Military Law に基づき、軍事司法権：Military Jurisdiction を行使して軍人の非違行為を律する。軍隊には国の命運に関わる難局に処し、国益を守る重責を担う。その構成員である軍人は過酷な環境条件を厭わず、身を挺して任務を達成して国家に忠誠を尽す。このため軍隊固有の司法制度が必要である。

　各国では軍人に名誉と処遇を与えて使命の自覚を促し、後顧の憂いなく自主積極的に任務を遂行する気風の助長と士気の高揚に努める。反面、軍法による規律の強制と非違行為を厳しく罰する制度の必要性を認識する。戦況下の手続の効率化、公判時における軍事専門知識など軍事秘密保全上の要求なども軍隊固有の刑事法制を成立の背景を成す。

　罰則、軍法会議等の諸法規から成る軍法は軍人、軍属等、軍の要員を対象とするが、多くの国では内乱騒擾や戒厳令になると一般市民にも軍法が適用される。

　軍法会議の手続と処罰は民事の司法基準よりも厳しく、特に抗命、反乱、利敵行為、敵前逃亡など重大事犯は非公開の短期審理で死刑を宣告し、一審で終る。しかしながら通常の非違行為に対する軍法会議は公開、弁護容認及び上告制を基本原則とする。

　各国軍では帰隊遅延、職務怠慢、物品の忘失損傷など軽度の規律違反は軍法会議によらず、当該違反者の上司である指揮官が所定の基準に基づく行政処分を行なう。

● 自衛隊にない軍法会議と軍刑務所

　自衛隊では各国軍隊と同様に中隊長以上の各級指揮官は内部法規に定める権限と手続に基づき、部下隊員の懲戒免職、停職、減給、戒告等の行政処分を行なう。ただし特別裁判所の設置を禁ずる憲法 76 条に基づき、軍法会議制度は存在しない。したがって行政処分の範囲を超える隊員の非違行為は一般の司法裁判を受ける。

　また警務隊の司法警察権も制約されており、各国軍憲兵と異なり、営倉、軍刑務所など拘禁施設の開設運営も禁止されている。このため司法裁判所が隊員である被疑者を裁き、有罪判決確定者を司法刑務所で服役させる。

　各司令部の法務幕僚は指揮官に対する国内法規、国際法等の専門的助言及び隊員の法務教育等を行なうが、各国軍の法務将校と異なり、裁判の要員になる資格はない。

● 旧日本陸海軍の軍法会議

　1881 年（明 14）にフランスの制度に倣い、制定された陸海軍各刑法及び陸海軍各治罪法（軍法会議規定）の骨格は敗戦又は伴う軍隊解散までの約半世紀間、存続した。軍司令部、師団司令部、海軍省、鎮守府、艦隊司令部に設ける軍法会議は一般の下級裁判所に当る。これに対し上級裁判所に当る陸海軍各高等軍法会議（東京）は下級の軍法会議による死刑判決の再審、上告審及び将官が被告になる訴訟事項の第一審を取扱う。

これらの常設軍法会議の他に臨時に設ける特設軍法会議の規定もあった。例えば外地では占領地、駐屯地又は基地に合囲地軍法会議を設けた。なお反乱部隊と右翼分子が蜂起して多数の政府と軍の要人を殺傷した二・二六事件（1936）の際には緊急勅令（天皇の命令）に基づく特設軍法会議（東京陸軍軍法会議）が開かれた。
　反乱鎮圧後に戒厳令下で開いた特設軍法会議は軍人、民間人、合わせて122人の被告を僅か4ヶ月間の非公開裁判で審理して死刑17人等の重罪判決を下し、弁護も上告も認めなかった。
　陸海軍の軍人と民間人が合同して総理大臣、犬養　毅（いぬかいつよし）の暗殺に関わった五・一五事件（1932）では第1師団と海軍省が各軍所属の軍人の被告を裁くため、各別に軍法会議を開設した。この場合は戒厳令のない状況下であったから、東京地裁が民間人被告の審理を取扱った。明治憲法では天皇のもとに陸海軍、政治行政司法各機能が並列していたからである。
　軍法会議は憲兵将校・下士官（陸軍のみ）、法学の素養のある法務官（2次大戦中に文民を軍人に変更）を検察官と判士（判事）、軍人又は文民を弁護人に充てた。さらに裁判の特色により、歩兵、砲兵等の兵科将校も判事に任命された。また被告と判事の階級の釣合いを配慮し、例えば下士官の被告には大尉又は少佐、尉官であれば佐官を充てた。また事件の特色により、陸軍大臣（例えば二・二六事件）が軍法会議を主催した。

● 米軍の軍法会議
　開拓時代の米国は英国始め西欧の陪審制度を参考にして陸軍、海軍ごとの軍法会議を定めたが、これを1951年に全軍共通の法制に改めた。軍法会議は殺人、放火、異常性行為、強盗など軍法、民法双方に抵触する凶悪犯罪に加えて、命令違反、反抗、逃亡、利敵行為、警備の怠慢、重過失等、軍人固有の非違行為及び戦争法規違反等を取扱う。
　一般軍法会議：General courts-martial は反乱、逃亡など重大な非違行為を対象とし、最高司令官（大統領）以下、師団レベルの指揮官まで開廷権を有する。この場合、死刑始め全刑罰の判決を出すことができる。
　特別軍法会議：Special courts-martial は最高司令官以下、艦長、守備隊長、基地司令官まで開廷権がある。その法廷が下す判決は禁固半年、減給、降等1階級及び強制除隊を上限とする。
　簡易軍法会議：Summary courts-martial は中隊長以上の指揮官が開廷し、短期禁固、減給1ヶ月の60％及び降等1階級までの判決を下す。将校は全軍法会議、准尉は将校が被告でない一般、特別各軍法会議、下士官兵は自己の所属組織以外の下士官兵が被告になる一般、特別各軍法会議の陪審員を命ぜられる。
　旧日本軍の軍法会議の予審に類似の査問会議：Courts of inquiry は公判に先立ち、被疑事実を確認する。連邦憲法、第1条による軍上告審：Courts of Military Appeals は任期15年の文民判事3人から成る国防総省の機関であり、軍法会議の判決結果の適否を評価する。軍法会議の判決結果が不服であれば、これを連邦最高裁判所に上げる道も開かれている。

# 〔参謀と幕僚、幕僚機構〕
## General Staff, Unit Stafs, Staff Structure

●ラインとスタッフ…軍隊に及び一般企業に共通の組織の基本
　参謀本部に軍～軍団～師団～連隊～大隊～中隊～小隊～分隊～各兵から成る軍隊の指揮系統は俗にいうラインである。ライン上の各指揮官には補佐役であるスタッフが付いている。一般企業でも社長～部長～課長～係長～社員のラインに役員などのスタッフが付いて生産、営業などの実務を計画し、指導監督する。軍隊、一般企業とも健全なラインとスタッフが有効に活動して初めて組織は正常に機能を発揮する事ができる。

●幕僚、部隊付
　旧軍、自衛隊とも幕僚とは大隊長以上の指揮官を補佐する将校（幹部）を指す。総兵力が10人前後の班又は分隊では班長、分隊長1人で判断して部下隊員に命令を与える事できるので、専属の補佐役は不要である。ただし副班長又は副分隊長が補佐の役割を果たす。これに対し小隊、中隊になると専属の補佐役が必要になる。しかしながら中隊長、小隊長の補佐役の将校（幹部）、准尉、下士官（曹）は幕僚ではない。陸上自衛隊では中隊付幹部、付准尉、小隊陸曹などと呼ばれている。
　然るに連隊、大隊になると部隊幕僚という職務が存在する。旧軍では連隊、大隊の幕僚を参謀とは呼んでいなかった。これに対し参謀も幕僚の類いであるが、特別の資格要件を身に付けて師団司令部以上の指揮機構、中央部等に勤務する。自衛隊には制度用語として参謀はないが旧軍の参謀職に相当する特技及び職務は存在する。

●参謀、幕僚、副官
　君主や将軍に情報を提供し、あるいは意見を述べて戦略戦術上の判断を助ける軍師などの補佐役はすでに春秋戦国時代に存在した。7世紀の唐代には節度使の中に軍事機密の審議に参加する「行軍参謀」という職務が設けられていた。さらに10世紀の宗代には将軍の補佐役が幕を張った陣屋に参上した事から「幕僚」という用語が生まれている。
　明治初期に旧陸海軍は19世紀の西欧軍における将軍又は提督を補佐する幕僚制度（陸軍：General Staff、海軍：Flag Staff）を参考にして参謀職を定めた。18世紀にプロイセンが中央の考え方、すなわち軍司令官の意図及び教義を各軍団まで徹底させるために設けた参謀制度が西欧全体に普及したのである。
　旧陸海軍は19世紀の西欧の制度に基づく陸軍大学校、及び海軍大学校において中尉（海軍は大尉、少佐）から学生を試験により選抜して3年間（海軍は2年間）、戦略戦術及び司令部勤務に重点を置いた教育を施した。プロイセンの制度にならう陸軍は陸軍大学校卒業生に限り参謀職に任命して師団以上の司令部等に配置した。加えて参謀本部が参謀将校の補職、昇任などの人事管理を行なった。したがって師団長などの指揮官には配属を受けた参謀将校に対する人事権がなかった。これに対し、参謀職でない一般の将校は陸軍省の人事管理を受け、その直属部隊長は指揮下の将校に対し人事権を行使した。
　一方、英国の制度に倣う海軍では海軍省が参謀を含む全士官の人事管理を担当し、海

軍大学出身者以外の適任の士官にも参謀職に配置した。
　昭和になると陸軍の参謀将校は特権的地位を濫用して配属先の指揮官の意図に従わず、その指揮権を侵害する等、独断的な行動（通称、幕僚統帥）に出るという弊害を生じている。なお旧軍の参謀将校は陸軍では師団以上、海軍では艦隊以上の各上級司令部のほか陸海軍省、参謀本部、教育総監部、軍令部、大本営、陸海軍大学校など中央組織の要職に補職された。

●旧軍の司令部幕僚機構
　参謀総長は参謀本部、軍令部総長は軍令部に在って配下の参謀や幕僚を運用して最高司令官（天皇）の統帥を補佐した。陸軍の軍司令部、及び師団司令部の幕僚機構は参謀部、副官部及び各部から成る。師団司令部の参謀部は参謀長（大佐）、作戦、情報、後方各参謀（少佐、大尉）、各係から成り情報、作戦、兵站（後方）を所掌した。
　副官部は高級副官（中佐）、各副官（佐官、尉官）などから成り、行政事項を担当し、副官部の中の専属副官（少佐、尉官）は師団長（中将）の庶務担当将校を勤めた。
　連隊本部では連隊付中佐、副官（少佐又は大尉）、及び連隊旗手（少尉）、大隊本部は副官（尉官）がそれぞれ主要な幕僚であった。司令部、連隊本部など大隊本部には各指揮段階に応じた階級（師団は佐官、連大隊は尉官）の主計、衛生、獣医、兵器の各部将校が配置されていた。軍、師団より業務内容が簡素な連隊、大隊では副官が上級司令部の参謀部、副官部の各機能を兼ねた。旧陸軍の副官制度は17世紀にフランスから西欧各国に広まった幕僚機構の生き写しである。本来、副官を指す"Adjutant"はラテン語の"adjutance"補佐に由来する。中世以前の"Adjutant"は作戦計画の審議、命令の起案、伝達、文書の授受を担当した。
　17世紀から西欧各国軍に将官専属の副官部、"Adjutant General：AG"が出来た。然るに現代西欧軍のAGは自衛隊の総務部（課）に当る。将官付の専属副官（略称、副官）はフランス語の"aide-de-camp"、宿営地の補佐役に由来する。ロシア軍、中国軍などは参謀部、後勤部、各部という旧日本軍に類似の幕僚機構を採る。帝政ロシア軍と旧ソ連軍はプロイセン、ドイツの参謀制度を参考にして制度を整備し、その影響が後世に及んだからである。

●米陸軍の司令部及び本部の幕僚機構
　米陸軍の司令部機構では人事（G1）、情報（G2）、作戦（G3）、兵站（G4）、民事（G5）各部長から成る一般幕僚（General Staff）及び総務、法務、憲兵、通信電子、工兵、補給、武器、輸送、衛生等、行政及び技術の各課長、すなわち特別幕僚（Special Staff）が並列する。一般幕僚は幕僚長（Chief of Staff）の指導監督を受け、各所掌事項（例えばG1は総務、法務、憲兵、G4は補給、武器、輸送、衛生等）に関連する特別幕僚の活動の統制調整に任ずる。したがって一般幕僚は調整幕僚（Coordinating Staff）とも呼ばれている。
　幕僚長（Chief of Staff）は一般幕僚及び特別幕僚の活動を指導監督して直属上官である参謀総長ないしは指揮官（軍司令官、軍団長、師団長等）を補佐する。なお一般幕僚は幕僚長を直接補佐する役割を果たす。したがって参謀本部の一般幕僚はG3を例にと

れば"Deputy Chief of Staff, G3, Operations"と呼ばれている。これに対し、軍、軍団、師団各司令部のG3は"Assistant Chief of Staff, G3, Operations"である。

なお幕僚幹事（Secretary of General Staff, SGS）、副官、監察官、監理幕僚、宗教幕僚（Chaplain）、広報官などは指揮官直属の専属幕僚（Personal Staff）である。

旅団、連隊（機甲騎兵連隊）及び大隊の各本部には調整幕僚及び特別幕僚から成る部隊幕僚（Unit Staff又はStaff of Smaller Units）が存在する。司令部の一般幕僚に準ずる職務を行なう部隊幕僚はS1、S2、S3、S4及びS5と呼ばれている。旅団等の部隊本部では"Executive Officer"（副旅団長、副連隊長、副大隊長）が幕僚長の役割を果たす。（注：G3、S3を「ジースリー、エススリー」と呼ぶ。）

統合参謀本部（Joint Chief of Staff：JCS）、戦域軍（例えば太平洋軍）など統合軍司令部における一般幕僚は J−1、J−2、J−3、J−4及びJ−5と呼ばれている。なお空軍司令部のA1及び海軍司令部のN1は陸軍司令部のG1に相当する。米軍の司令部・本部幕僚機構は上級レベルから下級レベルまで一貫し、統合機能も考慮した機構を採る。

第1次大戦当時、米軍がフランス軍にならった一般幕僚機構はG1からG4までの4種類であった。ところが1950年代にG5（民事）、80年代以降にG6（通信電子・情報機能）、G7（演習計画）及びG8（編成、人的物的戦力管理）が付加されて一般幕僚機構は多様化した。そのうちG7、G8は戦域軍以上の司令部に配置されており、軍団以下の司令部には存在しない。さらに特別幕僚も従前の10種類前後から30種類以上に増えている。複雑多様化を辿る現代戦の様相に応える軍事力整備の要求が司令部幕僚機構が拡充される要因に他ならない。

●陸上自衛隊の司令部及び本部の幕僚機構

創設時から1970年代前半までの陸上自衛隊の陸上幕僚監部、方面総監部及び管区総監部（1964年に師団司令部と改称）の幕僚機構は米軍方式にならう部課並列制であった。

したがって一般幕僚機構は第1部（人事）、第2部（情報）、第3部（運用）及び第4部（後方）から成っていた。ただし陸上幕僚監部には第1部から第4部に加えて第5部（教育訓練）が存在した。

ところが70年代後半に陸上幕僚監部及び方面総監部の幕僚機構は部長の統制力を強化する狙いなどから従前の部課並列制を現在のような部課直列制に改編した。しかし師団司令部は部課直列制に改編されなかった。上級司令部の幕僚機構は改編に伴い、第1部から第5部までを人事部、調査部、防衛部、装備部及び教育訓練部、一般幕僚を総合幕僚、特別幕僚を専門幕僚とそれぞれ改称した。

この改編時に連隊（群）本部及び大隊本部の部隊幕僚機構は変らなかった。ただし従前の第1係（S1）～第4係（S4）を第1科～第4科と改称して現在に至っている。

●統合幕僚監部（統幕）の機構

統幕は統合幕僚長及び統合幕僚副長のもとに総務部、運用部、防衛計画部及び指揮通信システム部、首席後方補給官、首席法務官及び報道官が存在する。総務部は総務、人事教育各課、運用部は運用第1、第2各課、防衛計画部は防衛、計画各課、指揮通信システム部は指揮通信システム企画、指揮通信システム運用各課から成る。

＃ 第 6 章

## 人事・補充・教育制度

# 〔兵、兵士、将兵、軍人、武官〕
···soldier, private, officers and men, serviceman···

「兵」、「兵士」、「将兵」、「軍人」、「武官」は、いずれも中国から到来した軍事用語である。今も中国では兵（bing）、兵士（bingshi）、士兵（shibing、下士官兵）、官兵（guenbing、将兵）、軍人（junren）という用語が存在する。

旧陸海軍では「兵」、「軍人」及び「武官」（文官との対比概念）は法令始め制度上の用語であった。例えば「徴兵」、「志願兵」、「現役軍人」、「予備役軍人」、「軍人恩給」、「軍人勅諭」、「在郷軍人」、「傷痍軍人」、「駐在武官」などがが挙げられる。これに対し「兵士」（例えば出征兵士）及び「将兵」は制度用語でなく慣用語であった。

自衛隊の場合、旧軍及び各国軍の軍人に相当する職務は法制上、「自衛隊員」、「自衛官」あるいは「幹部自衛官」と呼ばれている。

●兵士…最下層の軍人

各国軍の軍人は将校（将官、佐官、尉官）、准尉・下士官（曹長、軍曹、伍長）及び兵（上等兵、兵）の三階層から成り、兵士は最下層の軍人（兵又は下士官兵）の通称である。ところが日本の社会、特にマスコミでは将校を含む全軍人と解釈しており、例えば「米大統領はイラクに3万人の兵士（筆者注、将兵又は軍隊を意味する。）を送った。」と報道する。

然るに古代中国から来た「士」は元々尊敬される社会的地位又は職業を指しており、現代の辞書は「官位、俸禄を有し人民の上に位する男」、「学問、道徳を見につけた立派な人」、「人徳の備わった尊敬に値する人」と定義する。確かに天下の士、紳士、武士、博士、修士あるいは学士には敬意を表する意味があり、高度の資格要件又は特殊技能が伴う職業には弁護士、会計士、鑑定士、建築士、整備士、航海士などが挙げられる。

ところが同じ「士」が付く職務でも兵士はイメージが非常に悪い。それはかつての中国の兵は強制的に徴集された卑しい身分の農民やならず者が主体を成し、国民が忌み嫌う戦争に従事して略奪暴行を働いたからである。ちなみに「良い鉄は釘にならず、良い人は兵にならず」という古い諺（ことわざ）もあった。然るに現代中国では軍人は名誉ある国民の勤めになり、人民解放軍創隊以来、最下級の兵は戦士と呼ばれている。

戦後の日本では人権尊重の原則から差別用語が禁止されて小使（こづかい）は用務員、土方（どかた）は土木建設作業員、門番は警備員に改められた。これに対し戦前には尊敬の意味が込められていた軍人と言う呼称が極めて少なくなり、将官、佐官を含む自衛官さえ兵士と呼ばれる場合が多い。

以下、日本及び西欧における兵、兵士、軍人などの定義、由来などを展望する。

●日本国語大辞典
★兵…・兵器、武具、武器　・いくさびと、兵士、軍人、軍勢又は軍隊
★兵士…・古くは「へいじ」と呼称　・徴集されて戦争に出る者（徴兵）　・軍隊で士官の指揮を受ける者　・つわもの、軍兵、兵卒、ひょうじ

＊日葡辞書：1603〜04（慶長8〜9）…"Feiji"
＊尋常小学読本：文部省1887（明治20）
　「吾等、今は小児なれども二十才に至る時は皆、兵士となりて…」
＊旧唐書・職官志…「兵士調習、戒装充備…」
＊令制…兵役に徴発された農民
★兵卒…・軍人、つわもの、戦士　・旧陸海軍で最下級の軍人
★兵隊…・兵士の組織　・兵士
★軍人…・戦争に従事する事を職務とする人　・いくさびと、軍士、兵士
　＊春秋左伝注－昭公二三年
　「（楚師火替）基軍人無二　後気勢」
　＊軍制綱領・陸軍省編（1875）
　「其軍人と称するは将校及び下士卒並びに会計、軍医、馬医、軍楽各部」

●古事類苑・兵事部六…・兵卒は兵、兵士、軍丁、軍兵等
　＊日本書紀…持統天皇の三年…「徴集される兵は兵士、当時、兵は騎兵と歩兵に分類」

　西欧の"soldier"（英）、"soldat"（仏）、"soldgt"（独）…ソルジャーは兵、兵士及び軍人を意味する制度用語及び慣用語であり、悪いイメージはない。IMADE（国際軍事国防用語辞典）によれば"soldier"は通常、陸軍の下士官兵、広い意味では将校を含む陸軍の全要員を指し、海軍の"sailor"（水兵）に当たる。英軍、米軍とも制度上、陸海空軍の現役軍人を"servicemen（women）"、退役軍人を"ex-servicemen（women）"と呼ぶ。

　soldierは3ないし7世紀のラテン語の金貨"solidum"、すなわち傭兵に支払った給料に由来する。

　退役軍人の制度用語及び慣用語は台湾（中華民国）では栄民（栄誉ある国民）、米国では"veteran"、（勇士、練達の士）、韓国では愛国同志である。これに対し日本では元自衛官の尊称、敬称はなく、慣習上、自衛隊OBと呼ばれている。

# 〔将、将軍、将帥…陸軍、空軍の将官〕
## general, generaux, marshal, marechal

●軍隊で最高の地位を占める将官

　現代各国の陸軍及び空軍の将校（officer）は将官、佐官、尉官の三階層を成す。そのうち将官は元帥、大将、中将、少将及び准将から成るのが一般的である。多くの陸軍では大将、中将は国軍の参謀総長、最高司令官、大部隊の総司令官又は軍司令官、軍団長、師団長、少将は軍団長、師団長、准将は旅団長を務める。旧ソ連軍、ロシア軍及び北朝鮮軍以外の各国軍では元帥は非常に少ないか、あるいはゼロである。

　旧日本陸軍の将官は大将、中将、少将から成り、元帥は天皇が顕著な功績の大将に付与した称号（例えば元帥陸軍大将、大山巌）であった。約80年にわたる日本陸海軍の歴史の中で元帥は31人（陸軍17人、海軍14人）に過ぎず、第2次大戦末期には陸軍4人、海軍5人を数えるのみ。ちなみに西郷隆盛は1872年（明治5）7月から約10ヶ月、階級としての元帥を務めたが、その後は元帥が称号になるに及んで陸軍大将になった。

　建軍以来、2世紀を超える米軍ではさらに少なく14人（陸軍9人、海軍4人、空軍1人）にとどまり、この半世紀間には新たな元帥は一人も出ていない。

　明治陸軍は19世紀の仏軍及びプロイセン軍の制度を参考にして将官の階級を定めたので准将がなかった。1）したがって第2次大戦中に敵軍であった英軍の"brigadier"及び米軍の"brigadier general"を便宜上、准将あるいは代将と和訳したのである。なお戦後に仏、独両軍は米英軍との連合作戦を考慮して准将、"general de brigade"（仏）、"brigadegeneral"（独）を新設した。

　旧軍隊内務令では皇族に殿下、将官（陸海軍）に閣下（例えば乃木希典閣下あるいは単に閣下）、佐官以下に殿という敬称を用いるように定めていた。旧軍時代には将官の社会的地位及び処遇は極めて高く若年将校の憧れの的であった。

　陸上自衛隊、航空自衛隊の将官は、それぞれ陸将、空将（大将、中将に相当）及び陸将補、空将補（少将に相当）から成り、これらの略称は将及び将補である。

　2005年時点の将は統合幕僚会議議長、陸上・航空各幕僚長、方面総監、航空方面隊司令、師団長、陸・空各幕僚監部の部長、将補は旅団長、航空団司令、上級司令部の部長、学校長などを務めている。

●古代中国から到来…将、将軍、将帥

　日本国語大辞典による「将軍」という用語は①一軍を統率し指揮する職、大将、将②一軍を統率し指揮して出征する臨時の職…鎮東将軍、征夷大将軍、征西将軍　③征夷大将軍の略称　④将官、特に大将の敬称という事である。さらに続日本紀（763）によると朝廷を守る近衛府の長官（左右各1人）が大将と呼ばれていた。

　古事類苑・兵事部によれば4世紀の歴史を記す崇神天皇紀に載る四道将軍に初めて「将軍」という用語が採用された。大宝律令（702）で一軍に大将軍1人、将軍2人及び副将軍4人を設けた。なお法令の解説書、令義解（りょうのぎげ）（718）では副将軍以上は「将帥（しょうすい）」と呼ばれていた。さらに養老律令制定時（720）から幕末まで征夷大将軍という武官の

職務が存在した。

元々将、将軍、将帥は古代中国の周、春秋、戦国に始まる。孫子の兵法の各所に見られる「将」は軍隊の指揮官及び天子を補佐する参謀総長を意味している。

現代の中国軍にも将軍（jiangiun）、将官（jiangguan）という用語があり、将官は一級上将、上将、中将、少将から成る。なお朝鮮戦争から10年間だけソ連軍の制度に倣った大元帥及び元帥が存在した。

● ゼネラル（general）、マーシャル（marshal）の源流はラテン語

将官を意味するゼネラルは幾分、発音及び記述の違いはあるが、欧米諸国軍、ロシア軍に共通の用語になっている。

ゼネラルはラテン語のGeneralis（ジェネラリス）に由来し、これが9～14世紀にフランスを経由して英語始め各国語に導入された。Gener（ジネル）は素姓、人種、種族、階層、身分などを表すラテン語のGenus（ジナス）に由来する。このGenusは国家社会の構成員全体に権限を及ぼす事から軍隊の総司令官の意味に変化したのである。

英国、フランス、ドイツ、ロシアで元帥あるいは将官を表すマーシャル（marshal）はラテン語のmariscalcusに始まる。これが9～14世紀にフランスでmareschalとなり、英国に伝わった。本来、馬丁（主人の馬を管理する使用人）を表すマーシャルは近世以降、軍司令官級の高級将校の意味に昇格したのである。

12世紀末に仏カペー朝で陸軍総司令官に当たるmarechal de France（フランス元帥）が制定された。この呼称は現代仏軍の元帥（称号）の元祖である。総司令官付参謀長に当たるmarechal de camp generalは各歩兵中隊の補給下士官、marechaux des logis及び騎兵隊司令官に命令を伝え、実行を監督する役割を果たした。1645年に英国のクロムウェルが創設した自前の軍、通称「ニューモデル軍」にはCaptain-General、Lieutenant-General、Sergeant-Major-Generalという将官ポストがあった。

19世紀以降における英陸軍の将官は元帥（Field Marshal）、大将（General）、中将（Lieutenant-General）、少将（Major-General）から成る。准将と訳されるBrigadierは旅団長職を務める大佐の臨時階級（positional rank）である。なお英空軍の将官は元帥（Marshal of the Royal Air Force）、大将（Air Chief Marshal）、中将（Air Marshal）少将（Air Vice Marshal）及び准将（Air Commodore）から成る。

# 〔提督…海軍の将官〕

admiral, amiral, flag officers

●幕末維新の頃に制定
「提督」は海軍の将官（元帥、大将、中将、少将、准将）の総称であり、陸軍、空軍の「将軍」に相当する。海将、海将補から成る海上自衛隊の将官は制度上、提督とは呼ばれない。ただし外国に行けば提督を指す"admiral"（アドミラル）と言う呼称が正式に通用する。各国海軍の提督は海軍総司令官、艦隊・海軍航空部隊の司令官、国防省、海軍総司令部等、中央組織の重要な役職を務める。

幕末に徳川幕府は提督と呼ぶ艦隊の司令官を任命し、1871年（明治4）に明治政府は海軍提督府（後の鎮守府）という海軍司令部を設け、中将又は少将を長官に充てた。

提督という呼称は14～18世紀の中国における武官の最高官位に由来する。中国の提督は明代には中央政府の陸海軍総司令官、清代には中央から地方に派遣されて各省の軍制を司るため高級官吏を指していた。現代中国海軍では提督は階級でなく、海軍の将官を表す一般軍事用語として存在し、制度用語は将官及び艦隊司令官である。

●admiral（アドミラル）…アラビア語に由来する数少ない西欧軍事用語
欧米の主要な軍事用語は殆どラテン語及び中世フランス語を源流とする。その中で提督を表すadmiral（英）、amiral（仏）だけはアラビア語に由来する特異な存在である。

6～8世紀に地中海域を制覇したイスラム帝国（サラセン）の海軍にはamir-al-ma（水の指揮官）、amir-al-bahr（海の指揮官）及びamir-al-muminin（忠実な指揮官）と言う艦隊司令官が存在した。これらの呼称はラテン語でamir-alisとなり、シチリア、ジェノア、スペインを経てフランスに入りamiralに変った。さらに1205年に英国でadmiraleと呼ばれるようになった。

英国のエドワード1世の時代に西欧で初めて"Admiral"と呼ばれる海軍の官職が登場した。すなわち1297年にウイリアム　ド・レイバーンが任命されたイングランド領海の長を意味する"Admirallus Maris Angliae"（Admiral of the Sea of England）という官職は後世の海軍大臣に類似の行政官兼外交代表である。14世紀以降、英国ではAdmiralが艦隊の総司令官を意味する官職兼階級の呼称になると同時に海軍大臣に相当する職名になった。17世紀後半、ジェームス2世に仕えて海軍制度改革に寄与したサミュエル・ベビーズの役職はSecretary of admiralty（海軍大臣）であった。なお最近まで英国の海軍省と海軍区司令部はAdmiraltyと呼ばれていた。

やがてAdmiralは戦闘行動中の艦隊指揮官の職名にもなり、fleet admiralは艦隊の総司令官、vice admiralは副司令官、rear admiralは艦隊の後続戦隊司令官を指す。vice admiralは14世紀以前の仏海軍のvis-amiral、vicamiralに由来し、visa, viceはラテン語及び中世仏語で代理又は後継の意味である。以上、3種類の指揮官名が後に大将、中将、少将と呼ぶ階級に変貌した。

1588年夏にイギリス、ドーバー両海峡で起きたスペイン、英両艦隊の交戦時にrear admiralという職務が初めて登場した。C. ハワード・エッフインガム公を総司令官、

フランシス・ドレーク郷を副司令官とする英艦隊主力はイギリス海峡において北上して来るスペイン無敵艦隊を迎え撃った。別にヘンリー・セイモア公指揮下の戦隊はドーバー海峡でカレー・ブローニュ沿岸（当時はスペイン支配地域）で英本土侵攻を準備中のスペイン軍を封じ込め、次いで東進して来る無敵艦隊と交戦した。この戦いでセイモア公は主力の後方に配備された戦隊の指揮官を意味する Rear Admiral という職務を与えられたのである。海戦の結果、英海軍は無敵艦隊に壊滅的打撃を被らせて大勝し、その後におけるスペインの衰退と英国の興隆に多大な影響を及ぼした。その後の帆船時代を通じ艦隊の後方戦隊の指揮官を指す rear admiral は 17 世紀に提督の階級になった。
　大将、中将、少将は提督の他に flag officer（陸軍の general officer）とも呼ばれている。それは 1864 年までの英海軍は将官が乗る艦が所在を示す旗（例えば大将は赤旗、中将は青旗、少将は白旗）を掲げたからである。

● commodore…起源は戦隊司令職の大佐
　海軍少将の下の commodore（コモドール）は陸軍の brigadier general、brigadier に相当する。ちなみに旧日本海軍はこの階級を設けなかったので准将以外に適訳がない。
　commodore は中世フランスで最上級の騎士を表す commandeur、16 世紀のオランダ海軍の kommandeur に由来すると言われている。1688 年にオランダ総督のオレンジ公が英国に来て王位に就いた。そのウイリアム 3 世がオランダから kommandeur と言う官職の海軍軍人を帯同したのが commodore の始まりである。その 7 年後の 1695 年に"London Gazette"誌上に初めて commodore という用語が登場している。この官職は提督（admiral）の定員を増やさずに戦隊（squadron）の指揮官を設ける狙いがあった。したがって、この官職には提督と同様に戦隊司令を勤める先任大佐（captain）及び提督に昇任の見込みのない戦隊の先任艦長を指していた。
　1806 年にこの官職は法制上の階級（legitimate rank）として認定された。第 2 次大戦中に英海軍は退役提督（中将及び少将）を戦時招集して commodore の階級を与え、潜水艦の脅威に対し護送船団を組む商船及び貨物船の統制官に任命した。しかしながら、この退役提督は後輩の中佐又は少佐が就く船団司令の指揮を受けた。

●南北戦争中に始まる米海軍の提督
　独立戦争以来、小規模の米海軍は提督を設ける余地がなく、また国民は特権階級型上級軍人の抬頭を好まなかった。したがって大佐が最上級で戦隊司令になると commodore という称号だけを与えられた。例えば 1853 年（嘉永 6）に浦賀に来た有名なマシュー G. ペリー大佐は commodore であった。なお本人が死去した 1858 年当時も提督はなかった。
　しかしながら南北戦争の勃発に伴い、連邦議会（北部）は海軍の膨張に対応し提督を新設した。そこで 1862 年に海軍司令官、デビッド G・フアラガット大佐が初の海軍少将に任命された。さらに大将、中将のポストが新設されて戦後の 1866 年にフアラガット少将が初の大将に就任した。1870 年にポーター中将がフアラガットの死去に伴い大将になったが、本人の死後、1915 年まで艦隊司令官、副司令官用の大将、中将は空席のまま置かれていた。

1899年に米西戦争とフイリピン遠征作戦の功労によりジョージ・デューイ少将は初の海軍元帥（Admiral of the Navy）に昇任し、1917年に死去するまでその地位にとどまった。第2次大戦末期の1944年にウイリアムD・ラーヘ、アーネストJ・キング、チェスターW・ニミッツ、ウイリアムF・ハルゼー各大将が元帥（Fleet Admiral）に昇任した。ただし、4人が故人となって以来、半世紀以上の間に一人も元帥に任命されていない。

　1862年に新設された少将に独立戦争の英雄、ジョン　ポール・ジョーンズ、同じくデビッド・ポータ、1812年戦争の功労者、ヨシア・バーネイ各大佐が故人ながら追認されて少将になった。しかしながら3人とも米海軍を出て外国海軍で少将として働いている。

　1862年に戦隊司令の大佐の称号から階級になったcomodoreは1899年に廃止後、第2次大戦中とベトナム戦争中に戦時階級として復活し1978年に永久階級になった。

　さらに80年代末期に陸軍、空軍、海兵隊の准将と同格のRear Admiral（lower half）と改称された。なおRear Admiral（upper half）は南北戦争当時、制定された少将である。地位が高く貴重品的存在の提督は米海軍の現役軍人37万人の中で300人に満たない。

# 〔将校・下士官（幹部・曹）〕
commissioned officer, non-commissioned officer

●軍隊は分業

複雑な軍隊機構は上下、左右の間に役割分担して軍隊本来の使命（基本的な任務）を遂行する。左右の役割分担は、陸軍（地上部隊）であれば歩兵、機甲、砲兵などの兵科（自衛隊の職種）及び計画、調整、連絡、管理、経理、警備、情報、教育等の職域並びに機関銃手、通信手、整備員、衛生救護員等の多数の特技による。これに対し上下の役割分担の機能には上級、中級、下級の指揮統制、指導監督及び実行にあたる機構がある。

上下、左右の役割分担は、企業、事業所、工場、役所等、一般社会の組織機構の基本原則（分業、上級・中級・下級の各管理職あるいは監督機能と実行機能）と共通する。

いずれにせよ制度の大部分は学理や哲学よりも長年月にわたる経験から次第に形成されてきた人類社会における管理、運用の原則である。本文は軍隊組織内の上下の役割分担のうち身分制度に目を向ける。このため特に日頃、素朴な疑問の対象になる将校及び下士官の本来の意味ないし違いの有無を紹介する。

●自衛隊の幹部

現代各国の軍隊組織は必ず将校（士官、自衛隊の幹部）、下士官（自衛隊の曹）、兵（自衛隊の士）の各身分をもって構成する。「将校」、（士官）、「下士官」、「兵」は、明治初期の建軍以来、旧日本陸海軍で使われてきた制度上の用語であった。現代の日本では将校等の旧軍用語は、制度用語ではなく軍事一般の用語である。

そこで外国の軍人には将校または士官を用いるのに対し自衛隊の該当身分は「幹部」と呼ばれるのは1950年秋に急遽創設された警察予備隊の特殊事情による。

当時の予備隊が軍隊でないという表面上の理由から定めた「幹部」という用語は保安隊（1952）、自衛隊（1954）を経て現在に引き継がれている。1950年代当時の幹部は警察制度の用語であり、警部以上の警察官を幹部と見做していた。このため当時の警察予備隊では警察士（現自衛隊の尉官）以上を幹部、これより下を警察士補（現陸海空曹）、警察士（現陸海空士）と呼んだのである。

●旧軍の将校（士官）、下士官

幕末維新の頃の先輩達は下記の英語、フランス語、ドイツ語から旧来の用語を参考にして将校（士官）、下士官と和訳した。
＊英語：officer または commissioned officer（将校、士官）
non-commissioned officer（陸軍下士官）、petty officer（海軍下士官）
＊フランス語：officier、sous-officier（下士官）、officier de marine（海軍士官）
＊ドイツ語：offizier、unter offizier

古代中国の周代以降の軍事制度上、100人、1000人規模の部隊の最高指揮官である将が戦場で「校」という木枠を組んだ定位置で指揮をしたことから「将校」という用語が生れた。現代中国軍では将校を一般用語、「軍官」を制度上の用語とする。

結論を先に述べれば将校も士官も本質的には同じであり、明治建軍から終戦後の軍隊解散までの約百年間に実務の場で適宜使い分けてきた。ただし厳密な定義及び表現（呼称）には各時期と陸軍、海軍により相当の違いがあって現代の日本人には判りにくい。
　1920年（大9）版の「大日本兵語辞典」（原田大尉著、陸軍省）の定義を紹介する。
　・士官：下級将校、同相当官　・将校：陸軍各兵科の高等官および海軍本科の高等官
　下級将校は陸軍では陸軍士官学校を卒業した兵科（歩兵、騎兵、砲兵等）の尉官（大尉、中尉、少尉）であり、下級将校相当官は各部（経理部、軍医部等）の尉官クラスを指す。

　当初、各部将校相当官は例えば2等主計、1等軍医と呼び、昭和10年代に主計中尉、軍医大尉と改称された。陸軍士官学校は、本来下級将校の養成組織という意味がある。
　海軍では本科の所属、すなわち海軍兵学校を卒業した戦闘兵科（砲術、水雷術、航海術等）と機関学校を卒業した機関科の各尉官が下級将校であり、軍医科、造兵科等の各科の尉官クラスは陸軍と同様に相当官であった。当時の士官の定義には佐官も将官も含まず、佐官を「上長官」と呼び、大正9年（海軍）と昭和12年（陸軍）に佐官と改称された。
　大正末期に下級将校を士官に替り、「尉官」と呼ぶ事になったが、士官学校、士官候補生、士官室、当直士官等、制度上の用語として士官は、最後まで多用された。
　任免に当り天皇の裁可が必要な武官、文官は高等官であり、武官（軍人）は、少尉から大将までが高等官（将校）であった。兵科、本科以外の各部、各科の軍人は、昭和10年代まで将校ではなく将校相当官と呼ばれていた。大正期の1等主計正は昭和期の主計大佐である。
　明治初期にフランス語等を参考にして「上等士官」、「下等士官」と訳し、後に「士官」と「下士官」（略称「下士」）に改めた。先述の兵語辞典では「幹部」を軍隊を指揮統率する主要な上長と定義する。要するに旧軍では将校、下士官を総称して幹部と呼んだのである。戦闘綱要、作戦要務令等の教範類には分隊長以上の指揮官の意味で幹部の用語を随所に用いている。
　1927年（昭2）に設けた中等学校及び大学の卒業者から採用される幹部候補生教育の修了者は、修学中の成績により甲種幹部候補生（少尉）と乙種幹部候補生（下士官）に区分された。
　士官と下士官の中間の准尉、准士官も西欧軍の制度に倣い、上級下士官の優遇策等の狙いで設けられた。陸軍では1937年（昭12）に特務曹長を准尉、海軍では1920年（大9）に兵曹長を准士官とそれぞれ改称している。

# 〔大佐…陸軍、空軍〕

colonel

● 旅団長、連隊長を務める上級将校

　現代各国の陸軍（海軍陸戦隊、海兵隊を含む）及び空軍の将校（officer）は将校、佐官、尉官の三階層を成す。そのうち佐官（field officers）は大佐、中佐及び少佐から成るのが一般的である。ただし中国軍と北朝鮮軍は大校（上級大佐）、上校（大佐）、中校（中佐）及び少校（少佐）の四階級制を採る。陸上自衛隊と航空自衛隊では各国軍及び旧日本陸軍の大佐に相当する階級を一等陸佐、一等空佐（いずれも略称は一佐）と呼ぶ。

　近現代における各国陸軍の大佐は上級司令部の参謀長、部長、課長等の主要な幕僚、学校長、副師団長、連隊長、などを務めて来た。英軍の空軍大佐の呼称であるグループキャプテン（group captain）は大佐の代表的な補職であり、飛行群司令を表す。

　第2次大戦後、各国陸軍では師団固有の戦術単位である歩兵連隊が旅団に替るに伴い、大佐が旅団長に補職される傾向が認められる。英陸軍では歩兵旅団長に補職される大佐はブリゲダ（brigadier）と呼ばれる。なお砲兵、機甲、機甲偵察、騎兵各連隊（いずれも3～4ヶ中隊編成）は歩兵大隊と同格と見做されている。したがって各連隊長には歩兵大隊長と同様に中佐を充てる。限りのある大佐の定員に加えて17世紀以来、砲兵連隊、騎兵連隊等の由緒ある名称を残す政策が背景を成す。

　19世紀以来、各国陸軍の歩兵師団は2ヶ旅団～4ヶ連隊（各3ないし4ヶ大隊）という4単位制を採っていた。ところが第1次大戦前に英陸軍は各国に先駆けて師団を3ヶ旅団（各4ヶ大隊）という3単位制に切り換えて師団固有の戦術単位である連隊を廃止して指揮結節を簡略にした。ただし伝統を尊ぶ考え方を反映し、旅団固有の戦闘単位である各大隊を例えば「グロスター連隊第1大隊」と呼び、現在に至っている。各兵科の連隊にはカラネル・オブ・レジメント（colonel of regiment）と呼ばれる名誉職の連隊長が存在し、その名誉連隊長の多くは皇族、貴族の元帥始め将官である。

● 値打ちのある階級

　旧日本陸軍では各国軍と同様に4単位制師団の旅団長に少将、歩兵、騎兵、砲兵の各連隊長に大佐を充てた。1937年になると従前の2ヶ旅団を省き、歩兵団司令部（歩兵団長は少将）と3ヶ歩兵連隊から成る3単位制師団が登場した。一方、組織の規模が歩兵、連隊などよりも相対的に小さい捜索（偵察）、戦車、工兵の各連隊長は大部分、中佐であった。

　陸軍省人事局を通じて大元帥陛下（天皇）の裁可を得て昇任及び補職される旧軍の大佐は将官に劣らず値打ちがあり、平時には参謀教育を行なう陸軍大学校の出身者でなければ殆ど大佐に栄進する事はできなかった。なお組織が急速に膨張し部隊の数も増えた第2次大戦中にも連隊長や高級参謀は若くても40歳前後であった。確かに革命戦争当時の米大陸軍、明治陸軍、朝鮮戦争当時の韓国軍、建国当座からアラブ軍と戦ったイスラエル軍など草創期の国家でしかも動乱に直面した軍隊では20代、30代の大佐と将官が輩出している。

これに対し国情が安定して制度も整った現代各国軍では官僚機構の中で秩序正しく昇任、補職などの人事管理を行なわざるを得ない。複雑高度化した軍事機構を管理運営し、戦時に大部隊を有効に指揮統制するという重責を果たす大佐になるためには若い頃から多くの実務経験（できれば実戦の体験）を重ね、高度の教育も受けて識見技能を培わなければならない。特に平時の軍隊では数階級も飛び越す抜擢昇任人事は不可能に近い。

　どこの軍隊も上に行く程、定員が少なくなるピラミッド型の階級構成を成しており、同じ年に任官した少尉の全員が大佐に昇任する訳には行かない。21世紀初頭における米軍の場合、現役将校中、大佐の比率は僅か5〜8％である。なお陸軍士官学校又は空軍士官学校を21〜22歳で卒業して少尉任官後、現役にとどまり大佐に昇任する機会を得るまでに少なくとも20年は必要である。しかも同じ任官年次の少尉100人のうち大佐に昇任するのは15人前後、将官には1〜2人に過ぎず、残りの85人は中尉から中佐までの間に順次、現役を退く事になる。さらに大佐は現役勤務30年（通常50代初期）又は大佐昇任から5年を過ぎて将官に昇任する可能性がない場合には自動的に退役になる。

　米軍では30年間、現役を務めれば翌日から最終基本給（月額）の75％に当たる恩給（pension）が支給される。恩給は日本の国家共済年金と異なり、現役期間中の積立は不要で全額、国庫からの支出による。2005年会計年度における米軍の大佐（26年勤務）の基本給は月額約8600ドルである。

　ちなみに1943年時点の日本陸軍における歩兵、騎兵等、兵科の大佐の定年は55歳、月額給与は370円（都知事は約400円）で広壮な邸宅に住む事ができた。

●西欧の大佐の語源はスペイン語
　1505年にスペインのフエルナンド5世は5ヶ中隊編成で1000〜1250人から成るコロネラス（colunelas, 英語の縦隊を意味するcolumns.）という後世の連隊に当たる戦闘部隊20個を新設した。各中隊は火縄銃隊、長槍隊（パイク）、矛槍隊（ハルバダ）及び抜刀隊の各能力を組み合わせて合理的に戦力を発揮する近代的な編制の走りである。その指揮官はカボ・ド・コロネラ（cabo-de-colunela）、すなわち縦隊長と呼ばれた。

　早い時期に仏軍はスペイン軍の編制と戦術を学び取った。この間に縦隊長の呼称であるcolunelaがcoronel, 次いでcolonelに替り、16〜17世紀に英軍に伝わって指揮官の職名から階級の呼称に変ったのである。

　16〜17世紀に仏軍と英軍に大佐の代行者を指す中佐（lietenant colonel）という階級が出来た。フランス語でlieuはplace（場所、配置、転じて「の代りに、in lieu of」）、tenantは占める事を意味する。

　ブルジョア革命時代の仏軍は大佐に当たる階級を旅団長（chef de brigade）と呼んでいたが、19世紀にコロネルを復活させた。英軍は第1次大戦終了後の軍縮政策上、将官を減らすため准将（brigadier general）を廃止してcolonel-commandantを設けたところが1928年にこれをbrigadierと改称し現在に至っている。

# 〔海軍大佐〕

Captain, Captain de Vaisseau

● 日本軍の階級呼称は合理的…陸海空ともに大佐（1佐）

1870年（明3）に兵部省が定めた陸海軍軍人の同格の階級呼称は共通であり、西欧軍の制度よりも誠に合理的であった。例えば陸海軍ともに大将、中将、少将、大佐、中佐、少佐、大尉、中尉、少尉と呼ぶ。

ただし発音が僅かに異なる部分があり、大尉の「大」は陸軍では「たい」、海軍では「だい」である。正式呼称は陸軍大佐、海軍大佐となるが、日常の勤務、社交等の場では大佐で通用する。

戦後に創設された陸海空自衛隊も旧軍の制度を参考にして、共通の階級呼称を用いている。正式には1等陸佐、1等海佐、1等空佐と呼ぶが、略称は1佐で足りる。

中国軍、中華民国軍（台湾）、韓国軍でも陸海空軍の同格の階級呼称は例えば「大校」、「大領」と共通である。

● Captain は海軍では大佐、陸軍では大尉

欧米では各軍の階級が同格でも呼称が異なる場合及び呼称が同じでも格が異なる場合が多い。前者の例を英軍及び米軍の制度によれば中将は陸軍が Lietenant-General、海軍が Vice-Admiral、少佐は陸軍が Major、海軍が Lietenant-Commander である。

後者の顕著な例には Captain が挙げられる。要するに Captain は海軍では上級士官の大佐、陸軍では、これより3階級も下の大尉になる。陸軍大佐（Colonel）は海軍大佐（Captain）と同格で 2000～5000 人の将兵を指揮する旅団長又は連隊長の資格がある。

これに対し陸軍大尉は通常 100～200 人の将兵を擁する中隊長に補職される。なお中隊は大隊、大隊は旅団又は連隊の下級部隊である。米軍では海兵隊及び空軍の大尉も Captain と呼んでいる。これに対し、英空軍大尉は Squadron Leader である。

海軍大佐（Captain）は航空母艦、巡洋艦等、大型艦の艦長、数隻の艦艇から成る戦隊の指揮官（司令）、上級司令部の幕僚等の要職を勤める資格がある。ただし陸軍大尉、海軍大佐とも平素の勤務環境では"Captain"と呼ばれている。

しかしながら文書や公式に場で特に陸海の区別を表す場合には例えば Captain. USN（米海軍大佐）、"Captain, United States Army"（米陸軍大尉）、Captain, USMCR（米海兵隊予備役大尉）と明示する。

● Captain の由来

ラテン語（3～7世紀）の caput（頭）、capitaneus（首領）は中世フランス語（14～17世紀）の capitaine を経て中世英語（12～16世紀）の captain に変化した。部族の長（酋長）を指す chieftain も caput, captaneus. captaine に由来する。

14世紀以降、西欧諸国の captaine は城塞の守備隊長、部隊指揮官、船主及び船長を指すようになった。14世紀に英軍では歩兵、徒歩砲兵の各中隊（company）及び騎兵、騎砲兵の各中隊（troop）の指揮官（後世の中隊長）に初めて captaine という職名を与

えている。ちなみに15世紀半ばから陸軍のcaptaineはcaptainという綴りになる。

1554年における英国の文献では戦闘艦艇（軍艦）の長をcaptaineと呼んでいたが、1747年にCaptainが海軍軍人の階級になった。当時の海軍規則は火砲20門以上を備えた軍艦（Post Ship）に3年以上の勤務経験のある士官にCaptainという階級を与え、これを陸軍のColonelと同格と明示した。

要するに1731年以来のPost Captain（Post Shipの艦長）を階級として定めたのである。この職務配置及び階級は1824年まで続いている。

●海軍中佐（Commander）・少佐（Lieutenant Commander）を新設

1748年に英政府委員会は全艦艇の長を、その船の大小、実階級を問わず、従来どおりCaptainという職名で呼ぶ制度を存続する事にした。

これに対し20門以下の火砲を備える軍艦の艦長の職務に就いているが、海軍少将（Rear Admiral）への昇任資格を持たない全CaptainはMaster and Commanderに指定された。次いで35年後の1794年にMasters and Commanderを短縮してCommander（中佐）という階級になった。

この階級は17世紀にウイリアム3世がオランダから導入したCommander and Masterという艦長配置に由来する。本来、指揮官を指すCommanderはラテン語のcommandare（命令権者）及び古代フランス語（9～14世紀）のcommandereが起源を成す。

従来、英海軍は艦長不在間の代行及び補佐をSenior Lieutenant（先任の尉官）に命じていた。1875年になるとLietenant Commanderと言う職務を定め、1914年に、この呼称の階級（少佐）を制定した。Commnander及びLietenant Commanderは大型艦の副長以外に小型艦艇の艦長にも補職された。

フランス海軍では18世紀以来の伝統を受けて全佐官をCaptaineと呼んでいる。ただし大佐はCaptaine de Vaisseau（大型艦の艦長）、中佐はCaptaine de Frigate（フリゲートの艦長）、少佐はCaptaine de Corvette（コルベットの艦長）である。スペイン等、各西欧諸国における海軍の佐官もフランス海軍と同じ呼称を用いている。

大尉：中尉：及び少尉は英海軍ではLietenant, Sub-Lietenant, Midshipmanに対し、米海軍ではLietenant, Lietenant-Junior Grade, Ensignである。なお米海軍兵学校（士官学校）では士官候補生をMidshipmanと呼んでいる。

1870年（明3）に兵部省（2年後の陸軍省、海軍省）は英海軍の制度を参考にして大佐始め海軍軍人の階級を定めたのである。

階級制度の発足から16年後の1886年（明19）に海軍当局は従前の6階級のうち中佐及び中尉を廃止して、大佐、少佐、大尉及び少尉から成る4階級制に改めたが、それは当時、交流の機会が増えた西欧海軍との階級の兼合いを考慮したからである。

ちなみに1880年代及び90年代における英海軍の佐官はCaptainとCommmanderの2階級制であった。

日本海軍は中佐、中尉廃止から11年後の1897年（明30）に拡大を辿る組織の内部における職務配置、昇任の管理等に不都合を感じて元の6階級制を復活した。

# 〔陸軍士官学校…近世～近代〕
### military academy, military college, military school

　陸軍士官学校（military academy, military college, military school）は選抜した青少年を数年間、教育して陸軍少尉に任官させる大学又は短大レベルの軍学校である。制度に幾分の違いはあるが、ほとんどすべての現代各国には陸軍士官学校が存在する。

　日本の陸軍士官学校は1874年（明治7）に東京・市ヶ谷で開校以来、第2次大戦末期の1945年（昭和20）までに卒業した士官候補生は37,000人を超えている。

　現代各国の陸軍士官学校は伝統を尊ぶ超一流校であり、創設と発展の由来、基本的な機能などを表す呼び方を用いており、以下はその一例である。
・英：Military Academy, Military College　・仏：Ecole Speciale Militaire
・台湾：陸軍軍官学校　・中国：陸軍初級指揮学院
・旧ソ連、ロシア：Voyennykh Uchilishcha（地上軍指揮学院）
　注：プロイセン、旧ソ連及びロシアでは指揮幕僚大学ないし参謀大学をドイツ語に直した場合、"akademie"、士官学校を "schule" と呼ぶ。

●連隊で士官候補生教育…近世ヨーロッパ
　洋の東西を問わず軍隊は指揮統制を容易にするため全体の機構は士官（将校）・下士官・兵、さらに士官は将官・佐官・尉官という三階層制（grade）を採り、各階層は3ないし4階級（Rank）から成る。若い尉官（少尉）は下士官の補佐を受け、平時に駐屯地で部隊の訓練と兵の教育を担当し、戦場では率先陣頭に立って部隊を指揮する。さらに将来、上級の士官が勤まるように軍務の間に軍事学の素養を培って行く。

　戦史（military history）が証明するとおり、士官の良否、特に判断力及び指揮統御の適否は軍隊の精強度を左右し、戦闘の成否に絶大な影響を与えるので昔から各国とも士官の選抜、教育訓練に真剣に取り組んで来た。したがって古代以来、君主は信頼の置ける武将、兵法家などに命じて子弟又は有為な青少年に武人（軍人）としての躾、武術などを帝王学として教育し、あるいは戦場体験をさせた。18世紀までの西欧では各連隊ごとに士官の後継者を教育する制度が慣用されていた。

　例えば連隊長は自分の子供又は親戚縁者から預かった12歳前後の少年を兵営や宿営地に住まわせて軍事の基本的な知識技能及び軍人の躾を教育し、戦闘様相を見学させた。このため隊付して軍事を習う良家の子弟はラテン語で御主人様、御曹司などを意味するカデ（cadet）と呼ばれていた。カデは従者を伴い実家の費用で連隊の施設で生活し、給与も職責もなく、少尉（ensign, cornet）に欠員が生ずると任官して正規軍人になった。ちなみにカデは英、仏、独語の士官候補生の語源である。これに対し兵から栄進した下士官は所属の連隊で長期勤務後、功績を認められて、かなりの年齢に達してから士官に抜擢された。下士官出身の士官はカデと異なり教育を受ける機会はなく、豊かな経験を活かし下級部隊指揮官として奉職した。

●士官教育組織の創設…17世紀以降

　戦闘の規模と軍事組織がともに拡大し戦術技術も複雑になるに伴い、各国では多数の有為な士官を効率的に早く教育する必要性が認識された。このため連隊ごとの徒弟制度方式では間に合わず、国家レベルの恒常的な教育組織が創設されたのである。西欧ではルネッサンス期（14〜16世紀）に複数のイタリア都市国家において系統的な教育を行なう士官学校が初めて創設された。兵器の操作、乗馬、製図、数学などを教育するイタリア都市国家の士官教育制度は欧州にしだいに広まった。16世紀末、ハプスブルグ王朝が創設した研修所（Ritterakademie und Kadetthaus、貴族学校及び士官候補生学舎）は少年に軍人倫理、起居動作等を教えた。これが1872年（明治7）に創設された日本の陸軍幼年学校の原点である。1617年にオランダのナサウ・ヨハン7世が開いたジーゲン（ケルンの東）の軍学校（Krieg und Rittershule）及び1618年にヘッセン領主が開いたカッセルの軍大学(military college)はすでに後世の士官学校に近い内容を整えていた。

　一方、14世紀のベトナム（安南）で世界最初の士官学校が創設されたという見方もある。

　18世紀になると築城、射撃等、軍事技術の進歩及び戦闘様相の激烈化に対応し、火砲の輸送と布置、陣地構築等の計画指導を担当した雇用技師を軍人に替える必要性が認識された。その結果、砲兵・工兵の少尉を育てる教育制度が先ずフランスで発達した。

　ルイ15世は1719年にラフエール砲兵学校、1749年にメジューレ工兵学校を創設した。1795年に王政が壊れて第1共和制になるとメス（メッツ）に砲兵、工兵各学校を統合した総合技術学校（Ecole Polytechnique エコール・ポリテクニク）が開かれた。

　米陸軍士官学校、ウエストポイントは独立戦争の頃、エコール・ポリテクニクを参考にした砲工学校として開校し1812年に全兵科士官学校になった。フランスでは1751年に歩兵・騎兵士官用の王立軍学校（Ecole Royale Militaire）が創設された。ナポレオンは8歳で同校に入学し、6年後に卒業して少尉に任官した。1788年に同校は王政崩壊に伴い廃校になったが、第1共和制末期の1802年に軍学校（Ecole Militaire）として復活した。さらに1808年にフオンテンブロからサンシールに移動して軍事専門学校（Ecole Speciale Militaire）と改称し1947年にコエキダンに移り現在に至っている。

　1741年に英国ではウーリッチに砲兵・工兵士官学校（Royal Military Academy）、次いで1799年にバキンガムシアに歩兵・騎兵士官学校（Royal Military Academy）が創設された。両校とも第2次大戦の始まる1939年に閉鎖したが1947年に復活するとともに合併してサンドハースト士官学校となり現在に至っている。

# 〔海軍兵学校〕

naval academy, naval school

　海軍兵学校（naval academy）又は海軍士官候補生学校（naval cadet school）は選抜した青少年を教育して海軍少尉に任官させる大学又は短大レベルの軍学校であり、現代各国の多くは陸軍、空軍各士官学校と共に海軍兵学校を維持運営する。

●日本の海軍兵学校
　日本の海軍兵学校は明治初期から57年間、存続し、1945年8月の第2次大戦の終戦に伴い閉校した。戦後は防衛大学校の海上要員課程及び海上自衛隊幹部候補生学校が幹部育成の役割を果す。近代の海洋発展国、オランダに習う海軍要員の教育は1855年（安政2）に幕府が開いた長崎海軍伝習所に始まる。1869年（明治2）に明治政府の兵部省（国防省に相当）は東京・築地に海軍操練所を開設し、翌年に海軍兵学寮、1876年（明治9）に海軍兵学校と改称した。1872年（明治5）に兵部省が廃止になり陸海軍省が新設された。その16年後の1888年（明21）に海軍省は海軍兵学校を広島県の江田島に移設し、終戦まで存続させた。一方、1875年（明治8）に東京・芝の海軍砲術生徒学舎は海軍士官学校と改称し、その翌年に海軍兵学校分校になった。
　本来、海軍兵学校（略称、海兵、通称、江田島）は艦艇の指揮、通信、操船、戦闘行動に任ずる兵科将校の育成組織であり、別に機関科将校用の海軍機関学校、主計科士官用の海軍経理学校、医科士官用の海軍軍医学校が存在した。
　戦前の青少年にとり憧れの的であった海兵の生徒は16〜18歳の優秀な中学生から競争試験により採用されて4年間の教育後、任官した。1876年から1945年までに卒業した少尉候補生は11,182人に達した。さらに第2次大戦末期の本土決戦に備えて大量に入校した15,129人は任官に至らずに終戦を迎えた。
　日本海海戦を勝利に導いた東郷提督始め多くの有為な海軍士官を送り出し、一流の海軍の建設に貢献した江田島の名はダートマス（英）、アナポリス（米）とともに世界三大兵学校の一つとして高く評価されている。

●現代各国の海軍兵学校
　各国の海軍兵学校の一例は次のとおりである。
・英：Britannia Royal Naval College　　通称、ダートマス（Dartmouth）
・米：United States Military Academy　　通称、アナポリス（Annapolis）
・仏：Ecole des Eleves − officier des Marine
・独：Marineoffizierchule
・台湾：海軍軍官学校
・中国：海軍大連艦艇学院、海軍広州艦艇学院、海軍潜艇学院、海軍後勤務学院等

●ダートマス
　近代における海軍士官教育制度は16世紀のポルトガルに始ると言われるが、本格的

な機構を整え、西欧各国の制度に影響を与えた最初の海軍兵学校は英国で創設された。16世紀の大航海時代以降の英国の艦船では船長（captain）が船上で士官要員を教育した。通常、士官要員は13歳から17歳まで実習員として教育を受け、船乗りにふさわしい能力を問う試験に合格すれば海軍少尉（Sub-Lietenant）に任官する事ができた。実習員には貴族、士族等、良家の子弟から採用されたので英国海軍士官の精神要素は紳士道を基本とする。当時、乗船勤務の実習員はミッドシップマン（Midshipman）と呼ばれていた。実習員は船の中央に位置して艦長から操船、砲術等の教育を受け、戦闘になると伝令、弾薬補給員として働いたからである。現在もダートマスとアナポリスでは士官候補生をミッドシップマンと呼ぶ。

　1729年に英本土南海岸のポーツマスに"Royal Naval Academy"という陸上で教育を行なう施設が開校し、候補生40人を受け入れた。1904年に"Royal Naval College"と改称して英本土南西部のダートマスに移転した。さらに第2次大戦後の1955年に"Britannia Royal Naval College"と改称して現在に至っている。19世紀におけるフランス、ドイツ、ロシアの海軍兵学校では英国の乗船実習重視型とは裏腹に数学、理科等の普通科目が主体であった。例えばフランスの士官候補生は2年間にわたる陸上施設における教育を終了後、沿岸航海を体験して少尉に任官した。各国とも航海術、機関の運転、砲の操作などの実技は身分の低い階層の仕事と見なしていたからである。


●アナポリス
　米国では19世紀初期に日本の長崎海軍伝習所に類似の"Philadelphia Naval School"）が開校した。しかしながら海軍兵学校はウエストポイント（陸軍士官学校）よりも開校が遅い。

　1845年にG．バンクロフト海軍長官はアナポリスに"US Naval Academy"を開き、英海軍兵学校を参考にして教育制度を整えた。現在のアナポリスはウエストポイントと同様に優秀な高校生から選んだ候補生を4年間、教育して少尉に任官させる。

　両校とも1学年の定員は平時、戦時ともに900人である。候補生は1～2学年の間に自分自身の軍人としての適性を判断して自主退学が認められる。これに対し、3～4学年の間に自己都合で退学すれば在校期間中の学生手当、授業料等の全額返納又は兵として常備軍への現役勤務を要求されるというペナルテイが来る。

# 〔英軍の買官制度…将校補完方式の元祖〕

Purchase of commission in the British Army of 19th Century

●現代軍の将校人事管理原則

　現代各国軍の将校（士官）は最下級階級の少尉任官に始まり、先任・後任序列、勤務年数、功績、識見技能等の評価により中尉、大尉、少佐へと順次、昇任して相応の職務を与えられる。そこで定年、又は予備役編入を迎えれば現役を退く。

　少尉の育成及び補完源は青少年の志願者から競争試験により選抜して数年間教育する士官学校又は幹部候補生学校が主流を成す。これに現役下士官兵又は予備役要員の選抜者を数ヶ月、教育する幹部候補生課程のほかに航空、通信電子等、技術の課程を併用する。

　戦時になると指揮官など重要職務の緊急補充のため下士官兵から将校への直接任用、数階級上位への選抜昇任も行なわれる。別に平時、戦時の別なく医学、法律、技術、行政等の専門家、学識経験者等の民間人や官吏を直接、将官、佐官又は尉官に直接任用する制度もある。このように幅広く国民を対象にして人材を登用する将校人事管理原則が形成される以前の西欧各国軍では買官制度が行なわれていた。

●昔の西欧軍では合理的な買官制度

　19世紀まで西欧各国軍には将校の階級を売買する制度が存在した。今の常識では腐敗行為と類する買官制度も近代初期には合理的な人事政策であった。中世以来世襲制を採ってきた軍人社会は閉鎖的で将校登用範囲が限られて有為な人材の取得が乏しくなる傾向にあった。その狭い道を広げるのに買官制度が有効という発想が生まれたのである。

　当時の軍隊は食料、被服装具、兵器、馬、従卒の雇用などは自前であり、財力なしに将校（士官）は勤まらない。そこで軍当局は世襲の軍人家庭以外の貴族や富裕な階層に将校の階級を売却したのである。

　特に中産階級は将校になれば自分や家族のステータスが上り、さらには軍人の地位を生かした事業の開拓や軍隊の力による権益の保護も期待することができた。一方、為政者や軍隊は軍人の階級を売って得た利益で国庫や軍資金を充実した。

　もとより軍人の資質よりも金銭の力が決め手の買官制度は弊害も避けられない。特に労働者、農民の子が危険で処遇も悪い徴兵の苦役に耐え、戦いになれば真先に殺される一方、金持の子弟が楽に将校になり栄進も重ねて行く姿は国民の不平不満を買った。

　さらに軍人不適の人物が安易に任官して実務や実戦の経験もなく教育訓練も積まずに高級将校になる制度は往々にして軍隊の質、特に指揮能力を低下させ、実戦で敗北を招く要因にもなった。したがってフランスでは市民革命に伴う軍隊改革時に買官制度を消滅し、英国でも19世紀半ばに法令により廃止した。

●英軍の買官制度

　英軍では王政復古が始まる1660年から1871年まで買官制度が存続した。市民革命の主役、オリバー・クロムエウルのような有力な郷士（country gentleman）に謀反の気

持ちを抱かせず、むしろ彼等を積極的に軍隊に取り込んで利用する道を開くという狙いがあった。

そこで法令に基づき連隊内部では少尉（歩兵…ensign、騎兵…cornet、竜騎兵…guidon）から大佐（colonel）まで買官が認められた。少尉任官、及び任官後の昇任の他、大尉、大佐を含む各階級への直接任用のいずれも購入可能であった。やがて買官制度の利用者が英陸軍現役将校の主流を占め、1830〜1859年になると全現役将校のうち、正規手順の栄進組が20％に対し買官組は80％に達した。

18世紀の例によれば連隊への上納金は少尉任官450ポンド、中尉昇任700ポンド、大尉昇任1800ポンドである。連隊の将校は上級者が別の連隊ポストの購入による転出あるいは退役に伴い、生じた空席に就くため、すでに出した上納金との差額を払って昇任する事ができた。

同時に下級者は連鎖反応的に空席を埋めて昇任し、退役者は連隊からの拠金を一時金として受けた。例えば退役する大尉に与える1800ポンドの一時金として中尉が1100ポンド、少尉が250ポンド、少尉任官者が450ポンドをそれぞれ拠出した。要するに中尉は大尉の代金1800ポンドと中尉昇任時の上納金700ポンドの差額1100ポンドを出せば空席を埋めて大尉になれた。

連隊の解散等による強制退役時には現階級を軍に売るか半額休職手当（half pay）を受けて別の連隊への再就職を待つ。また死亡者が生前に収めた上納金は国庫に回収され、その空席への昇任者は支払いを要求されない。1830年頃の大佐の公定価格6000ポンドに対し4万ポンドを支払った例もある。17世紀末の例では解散予定の臨時編成連隊では大佐が最高2000ポンドに対し恒久編成の親衛隊では大尉でも1万ポンドを越えた。

一般の月給が現役兵1〜2ポンド、最良の熟練工でも5〜6ポンドという時代の将校売買金額は大衆には高嶺の花。軍資金を管理する連隊長、中隊長及び中少尉は兵の給与、被服糧食費等のピンはね、地元勢力、納品業者との結託等により相当の役得があった。

少尉の年間雑収入は歩兵200ポンド、騎兵1000ポンドと言われている。したがって地方の有力者は土地の売却や抵当により資金を捻出して子弟に将校の階段を買いえたのである。このような事情から1830年頃には将校の25％が富裕貴族、50％以上が地主及び郷士の出身であった。

買官して13才で少尉、20才で中佐になり、直ぐに歩兵連隊長に就任した超特急の出世事例もあるが、これでは階級及び職務相応の実力は伴わない。このため陸軍省は大陸、インドなど各地の戦いには臨時雇用の外国人将校及び連隊生え抜きの下士官を大いに活用した。

19世紀初頭に陸軍総司令官、ヨーク公は買官任官年齢を16才以降、滞官年限を大尉まで2年、少佐まで6年と定めた。加えて13〜16才の少年を買官前の4年間、事前教育する学校を創設したが、これがサンドハースト士官学校の前身である。1871年（明4）に英軍の買官制度は終わった。幸いなことに幕末維新の日本陸軍は西欧の悪習を採用していない。

# 〔兵役制度〕

military service, service militaire

● 国民を軍務に従事させる国家行政機能

古代社会では緊急事態になると武器をもって戦える能力の男性を随時集めて軍隊を編成し、戦いが終れば貴族などの指導部以外は解散した。

これに対し現代の各国は軍人を国家社会から採る際の資格要件、勤務年限、手続き、権利義務等を厳密に定めた兵役制度に基づき常備軍を運営するのが通常の姿である。兵器が高度に発達しても、これを運用する能力のある軍人の頭数を揃えなければ軍隊は有効に戦力を発揮できない。このために現代国家では人的戦力を支える兵役制度が必要不可欠である。「大日本国語辞典」は国家の兵員充足に関する制度を「兵役制度」と定義する。

● 義務制と志願制

どこの国の軍隊でも地位役割の異なる将校（士官）、下士官、兵（自衛隊の幹部、曹士）の階層を組合せて組織的な活動をする。このため各国はピラミッド構成の底辺を成し、先ず数の多い兵、次いで下士官及び将校の採り方を基準に兵役制度を定めている。

兵役制度は国家の法的強制力が伴う義務制（obligations, conscription）及び本人の自由意思に基づく志願制（volunteer）に大別される。義務制は徴兵制（conscription、military draft）及び民兵制（militia）から成る。

徴兵制は本人の意思よりも国家の要求を優先して国民を軍人に採用し、所定の期間、専一軍務に従事させる。これに対し民兵制は国民を軍が必要な時に招集して限定期間、軍務に就かせるパートタイム型である。米国開拓時代の入植地におけるミニットマン、あるいは現代のスイス軍のような民兵制は徴兵制と同様に法的強制力が伴う。

志願制は希望者から軍人を選抜して徴兵制よりも長い期間、専一軍務に就かせる。

先進諸国では志願制下の軍務を職業の一種として取り扱うが、生命を賭して国防に当る軍人固有の権利義務及びステータスは一般の公務員やサラリーマンとは本質的に異なるものと見做している。

18世紀以前の西欧と中国のように各国や地方勢力を渡り歩いて戦争を職業とする外人が主体の傭兵（mercenary）は志願制の元祖である。しかしながら19世紀初期に、ナポレオンが国民を基盤にした兵役制度を採用して以来、先進諸国では傭兵制は次第に消滅した。

現代のフランスとスペインの外人部隊も中世時代の傭兵でなく志願制である。フランス革命、スペイン内乱など、国共内戦当時、蜂起した民衆の武装集団（levee enmasse）を志願制の一種という見方もある。現代の先進諸国の兵役制度ではこの種武装集団を民兵制の一環として整然と管理する。

● 各国の多くは依然徴兵制

日露戦争、第1次、第2次両大戦が実証したように徴兵制は戦時の大部隊編成に適し

ている。平時における即応体制の整備に必要な頭数の確保も容易であり、国民の国防意識の高揚及び軍事知識の普及の場としても有効な制度である。このためヨーロッパ、中東、アジア、中南米などの多くの国は依然、徴兵制を採用する。

　反面、徴兵制は個人の意思に反して基本的な権利と自由を制限する性格の兵役負担を公正にする処置は容易でない。したがって米国、英国、インド始め旧英連邦諸国などは希望者を選抜して軍務に充てる志願制を採用する。本来、志願制には素質優秀な軍務適任者を選ぶ狙いがあるが、その募集動向は国防費の多寡、政治経済情勢、国民の愛国心等に大きく左右される。

　したがって情勢が悪い場合には軍務適任者の頭数を揃えるのに苦労する。先に触れた志願制の国でも国家緊急事態の時には徴兵制を採る計画を準備している。ちなみに米国でも冷戦初期からベトナム戦争後まで20年以上も徴兵制を適用した。

　民兵制は地域警備、災害対処など膨大な人手が必要な状況下で軍隊の負担の軽減と戦力の補完に適する。イスラエル、台湾など重大な脅威に直面している中小国は民兵を大幅に活用する。19世紀当時、民兵に始まる米国の陸軍州兵は連邦軍の予備兼治安部隊に成長し、中国では人口の10％に当る膨大な民兵に予備戦力の役割を与えている。

　将校は志願者から選抜して特別な教育を施し所定の勤務年限まで職業軍人として現役勤務するのが通常の制度である。しかしながら台湾では志願の他に義務兵役の将校も採用する。

●常備兵役と予備兵役、現役と予備役

　スイスを除く各国は平時から戦闘部隊等から成る常備軍（regular force）を整えており、その軍人は現役（active）及び予備役（reserve）から成る。常備軍の部隊組織を現役兵で満たして置く体制は即応力維持のためには好ましい。ところが現実には各国とも国防費、志願制下の募集難、一般社会と軍事上の要求との兼ね合い、適齢人口の不足（例えばイスラエル）などの制約条件を平時に予備役要員を準備して戦時動員により常備軍を増強する。したがって戦時になると常備軍は何倍にも膨れ上がる。さらに予備役は戦時の臨時編成部隊や行動間の死傷者の補充要員でもある。台湾を例にとれば予備役制度は戦争、大災害等、様相の異なる事態に対応できるように厚い層を成している。

　すなわち軍務適齢の青少年（17〜23歳）を試験の成績とその年の兵力所要に応じ現役、補充兵役、国民兵役の順に配当する。補充兵役、国民兵役、それに2〜4年の現役修了者は40歳まで予備役に編入されて訓練招集と戦時招集に応える。なお将校、下士官は現役終了後、所定の年齢まで強制的に予備役に編入される。

　志願制の米国でも現役終了後は所定の期間予備役編入を義務付けており、別に常備軍予備と州兵に直接入る道もある。これに対し自衛隊は各国軍と異なり現役、予備役とも志願制を採っており民兵制はない。

# 〔民兵〕
## militia, militien

●軍隊の元祖は民兵

　吉野ヶ里、アテネ、スパルタなどの古代国家では外敵の脅威が迫ると男性の大部分が武器を執り戦場に赴いた。要するに軍隊の元祖は民兵に他ならない。古代から民兵を基盤とする軍事制度が何世紀も続き、その後、政治行政機構が確立されてから漸く常備軍が創設されたのである。民兵を指す"militia"（英）、"militien"（仏）は2世紀ラテン語の"miles"（軍務）及び"militis"（兵）に由来する。

　古代、中世における西欧の部族社会では自由人が自前の刀剣、盾、鎧で武装し騎馬で戦場に臨み、命をかけて君主に忠誠を尽くす習慣があった。米国の歴史学者によれば17世紀における北米植民地の民兵制度は12世紀のイングランド王、ヘンリー2世が定めた"Assize of Arms"に由来する。

　中世以降、社会の発展に伴い、武士、騎士など軍事専門の階層が形成されて君主直属の軍隊も常設された。その一方でフランス、イタリアの各都市は盗賊と外敵の脅威に備えるため市民の自衛組織を整えたが、これが近代西欧における民兵制の始まりである。

　現代の各国軍の民兵の呼称には創設の趣旨、大義名分などが反映されている。例えば英国の自由民から成る騎兵隊（Yeomanly）、フランス革命期の国民軍（Garde Nationale）、ドイツ、スイスの国民軍（Lands trum）などが挙げられる。

●現代各国の兵役制度と民兵

　現代各国の兵役制度は志願兵役と義務兵役、義務兵役は徴兵と民兵から成る。志願兵及び徴兵該当者は現役兵と呼ばれる常備軍の補充要員である。通常、軍の人事当局は心身ともに良質の青少年（18歳ないし22歳程度）を現役兵に優先採用して常備軍の定員を充足し、残りを常備軍の予備役に編入する。これに対し民兵は健康状態、家庭事情等から現役兵及び予備役要員を外れた徴兵該当者、現役勤務終了者又は一般市民から採用される。

　現役兵は兵舎（自衛隊の隊舎）に起居して終日、訓練及び勤務に従事しながら有事即応体制を採り、1ないし4年間の現役勤務を終って除隊後は予備役又は民兵を務める。

　これに対し民兵は一般社会人として生業を営み、所定の期間だけ入隊して教育訓練に従事し有事に招集されて部隊行動を採るパートタイムの兵役である。ただし民兵も採用直後の数週間、現役兵と同じ基本訓練、所定の任期中に定期訓練及び出動訓練を受ける。

　多くの国では民兵の平時行政管理、災害派遣及び治安行動を一般官公庁、教育訓練、編成、戦時動員及び作戦行動を軍隊が担当する。

　各国の軍隊は現役兵を充てる有事即応の常備軍（Regular Force）、予備役要員を補充して戦時動員に応える予備軍（Reserve Force）及び民兵部隊から成る。戦時動員後、予備軍は常備軍に準じ、攻撃、防御などの戦闘行動に起用される。これに対し民兵部隊は地域警備、治安維持、民間防衛、災害処対、後方支援等に任ずる。

　殆どの先進諸国は一人でも多くの人手が必要になる非常事態に備えて男性及び女性か

ら成る民兵制を維持運営する。なお各国とも戦略環境、特に脅威の特色及び国情を考慮して国家の財力、人的物的資源等を合理的に運営し国防力を維持するため常備軍、予備軍及び民兵部隊の兼合いに意を用いている。

大国に囲まれながら長期間、永世中立を保って来たスイスは民兵制により21万人の戦時動員兵力を維持する。このため軍専従員は4300人に過ぎず、20歳から35歳までの男性に基本訓練3ヶ月及び毎年3ないし4週間の定期訓練を義務付けている。

アラブ諸国からの脅威に直面しているイスラエルは全人口の30％に当る200万人規模の民兵が20万人から成る常備軍を支える態勢を採る。

大陸の脅威と対峙する台湾では義務、志願両兵役から外れた男性は40歳まで国民兵という民兵に服務する義務を負う。中華民国政府は常備軍、予備軍及び国民兵が結束して総力を挙げて戦う態勢、「全民防衛」を国是とする。

西側世界でも北アイルランド、バルカンなど社会情勢が不穏な地域では兵役該当者を除く16歳から50歳までの一般市民を義務制又は志願制により民兵として採用する。政情不安な東南アジア、中東、アフリカ、中南米諸国の多くは政府軍も警察力も頼りにならず、民兵が地域住民にとり唯一の信頼できる自衛力である。

●世界有数の巨大な民兵組織…中国

「民兵」という軍事用語は漢代に始まり律令制時代の日本語になったが、現代の中国でも制度上の用語として依然、使われている。古代、中世を通じ中国の民兵は各地に蟠居する地方勢力及び富裕な商人の私兵あるいは農村社会の自衛組織であった。

1912年に清朝を崩壊に導いた辛亥革命の頃に各軍閥は民兵を軍事力の補助手段として活用した。1930〜40年代の抗日戦争（日華事変）及び解放戦争（国共内戦）において民兵は中国共産党指導下の遊撃戦を展開し、その勝利に貢献している。冷戦時代になると中国の指導部は領域に進攻して来るソ連軍を迎え撃ち、これを殲滅する人民戦争の基幹戦力として民兵の拡充に努めた結果、世界有数の巨大な民兵組織が形成された。

1980年代以降、民兵は軍事の現代化政策に基づき改編されて基幹民兵と普通民兵から成る現在の機構が出来上った。中国人民武装力の一環を成す民兵は沿岸警備、地域警備、治安維持、災害対処、民間防衛、防空、後方支援の他、人民解放軍の予備戦力としての役割を果たす。基幹民兵（18〜28歳）は人民解放軍又は人民武装警察隊の現役勤務を除隊した軍人（除隊軍人）及び軍の現役兵にならずに約1ヶ月の基本訓練を受けた一般国民から成る。これに対し普通民兵（29〜35歳）は基幹民兵終了者、除隊軍人及び適格性を判定された軍務未経験者から成る。基幹民兵は第1類予備役、普通民兵は第2類予備役にそれぞれ登録される。普通民兵の要員は36歳に達した時点で自動的に除隊する。

民兵は県、市町村、企業、事業所ごとに連隊、大隊、中隊、小隊、班単位の編成を採り、人民武装部による指導監督及び訓練を受ける。その主要な装備は機関銃、火砲、迫撃砲、対戦車ミサイル、携帯地対空ミサイル、通信電子機器、化学防護器材等から成る。沿岸の漁民は舟艇で移動する海上民兵としての役割を果たす。2006年現在、民兵の総兵力は全人口の10％に近い1億人を超える。

●開拓時代の民兵…米陸軍州兵（Army National Guard）の元祖

17世紀の北米植民地は英本国の軍事力による庇護を期待できず、入植者は外敵、原住民、海賊などの脅威を防ぐため、おのずと銃を執らざるを得なかった。

1623年にバージニア植民地議会が民法により全男性に自衛の義務を課したのが民兵制の始まりである。18世紀になると全北米植民地の民兵は全人口の30％に当る50万人を超えている。英本国の圧制に抗して立上がった独立戦争前夜にマサチューセッツ地方議会の指導を受けた各入植地では予令後、一分以内に出動可能な"minuteman"から成る民兵中隊が編成された。25歳以下の青少年が主力を成し即応力に富むミニットマンは初期の米国における民兵の代名詞になった。

開戦劈頭の1775年におけるレキシントン、コンコードに戦いでミニットマン始め民兵は英国の正規軍を相手に健闘した。民兵の腔線付き猟銃（ライフル）は植民地の正規軍である大陸軍及び英軍の無腔線銃（マスケット）よりも射程と精度に勝っていた。このため遠距離から狙撃後、即座に姿を消す戦法を繰り返して英軍に重大な脅威を及ぼした。民兵は本来の性格上、生活根拠の入植地又は町村から遠く離れて長期間にわたり戦う作戦行動は殆ど不可能であった。さらに武器弾薬、被服装具、糧食は自己負担であり指揮官の適任者にも恵まれず、劣悪な環境条件下で士気が低下して規律が乱れ、脱走兵が続出する事態も稀ではなかった。したがって総司令官、ワシントン将軍は民兵に全面的に依存する事なく大陸軍の強化に努めたのである。

しかしながら独立戦争の目的達成に相応に寄与した民兵の価値は認められた。それ故に1789年に公布された米国憲法第2次修正条項は「良く組織された民兵は国防上、必要である。」と強調する。このような民兵の基本的な地位を定めた本条項は2世紀を過ぎた現在も依然、健在である。

19世紀を通じ、西欧型の軍事大国を嫌う米国政府は小規模な常備軍を維持する政策を採って来たので1812年戦争、メキシコ戦争、南北戦争及び米西戦争では民兵が陸軍の主力を成していた。米国の存立を揺るがせた南北戦争を戦った北軍200万人、南軍150万人の多くは無給の民兵であった。

1903年に民兵は"National Guard"（和訳では州兵）と改称されて陸軍の予備になった。この呼称は独立戦争以来の伝統に輝く第7ニューヨーク連隊の通称であり、その原語はフランスの国民軍に由来する。

現代の陸軍州兵は平時に州知事指揮下で災害対処と治安警備に任じ、戦時に大統領命令に基づき連邦軍予備としての役割を担う。1次、2次両大戦、朝鮮戦争、湾岸戦争等、各種の動乱時に陸軍州兵は相当の兵力を送っている。

最近ではメキシコ国境における麻薬密輸と密航対処のためにも州兵が出動した。

●近現代日本の民兵

戦国時代から幕末まで各地方には農民から成る私兵は各地に存在した。しかしながら明治8年から約25年間、北海道の警備と開拓に任じた陸軍屯田兵が旧軍史上、唯一の機能した民兵制であった。第2次大戦の終戦直前に米軍の本土侵攻に備え、15歳から65歳までの男性、17歳から40歳までの女性から成る国民義勇兵役が制定されたが、出

動の機会はなかった。
　沖縄作戦中に現地の軍から兵の階級を与えられて従軍した中学生の鉄血勤皇隊は当時の兵役制度を超えた義勇軍であった。明治以来、国防を御上(おかみ)に全面依存し、国民が武器の所持を禁止する日本では近い将来を見る限り民兵が編成される見通しはない。

# 〔傭兵〕

mercenary, mercenaire

● 外国に雇われる軍事プロ

　傭兵（mercenary：英語、mercenaire：仏語、傭兵：漢語、soldner：独語）を英米の代表的な現代用語辞典では次のように定義する。
　①対価を支払う国家社会のために戦う外国又は異民族の軍人（soldier）。
　②行動の適法性、一般に及ぼす影響度を考慮せず、金銭欲に駆られて働く軍隊と軍人。
　③忠誠心や友情がなく貪欲な輩。

　報酬及び雇用を意味するラテン語、merces, mercenarius が傭兵の語源である。各定義のうち①が傭兵の客観的な意味であるが、中世末期から近世初期の戦乱期における西欧（特にイタリア）では②③のような悪いイメージが生まれた。

● 現代の傭兵と契約履行の理念

　現代の傭兵は吝嗇ではなく、軍事プロの能力を実証しなければ勤まらない仕事に従事する。仮に傭兵が非道徳的ないし自己本位の行動に出れば、その要員を送り出した国家と民族は国際社会の信用を損ねることになる。したがって真の軍事プロは傭兵になれば祖国、自分の民族、種族の名誉にかけ、身命を賭して外国の軍隊に尽くす。
　個人又はグループが外国の政府又は軍当局と契約して当該外国の軍人として活動する傭兵には契約履行の理念も重視される。このため先方の国家と軍隊に認められるような軍人精神、素養、知識、経験、技量等の軍事的価値が傭兵にとり不可欠である。このような要件がそろっていれば、傭兵は一定期間、高額、厚遇で迎えられる。
　フランスの外人部隊：Legion etrangere、英国のグルカ歩兵：Gurkha Light Infantry は 19 世紀以来の伝統に輝く傭兵である。1831 年にアルジェリア植民地警備のため初めて編成されたフランスの外人部隊は全世界から志願者を募る。外人部隊は第 1 次、第 2 次各大戦、インドシナ、中央アフリカ等、危険な戦場で率先して果敢に戦い、実績を挙げ、世界的評価を得ている。1815 年に英国のインド統治時代に始まり第 2 次大戦、朝鮮戦争、フォークランド戦争の戦績を誇るネパールのグルカ兵は忠誠心厚く規律厳正で忍耐力、勇気及び戦闘力に勝る。現在、英軍はネパール政府と協定して組単位でグルカ兵を採用する。
　私的な契約行為に基づき外国軍の教育訓練、戦術の指導、戦闘行動などに参加する特技者、義勇軍及び軍事顧問団も傭兵の在り方に他ならない。1937 年から 1942 年まで中国国民党政権に雇われて日本軍と戦ったシェンノート少佐（当時、退役米陸軍航空隊士官）の志願飛行隊「フライング・タイガー」は特に有名である。隊員は当時としては超高額の月 750 ドルのほか 1 機撃墜ごとにボーナスを受けた。1942 年までに 250 機編成のシェンノート飛行隊は日本軍機 300 機を撃墜する実績を収めた。その頃に米国の対日参戦に伴い、傭兵飛行隊は中国駐屯の米陸軍第 14 航空軍に改編されてシェンノート少佐は少将に昇任した。

1970年頃以降、米国の予備役・退役軍人の個人又はグループが中南米、東南アジア、中東、アフリカの各所で兵器の操作、特殊戦、テロ対処などの顧問として活動している。

第2次大戦後、国共内戦に敗れて台湾に撤退した国府軍は旧日本陸軍の軍人を顧問団として雇い、白団（白色連隊）を編成して指揮官幕僚の教育等に当らせた。1949年10月に中共軍の金門島侵攻を破砕した国府軍の作戦計画の作成にも白団の根本博中将が指導したと言われる。一方、中部、南部アフリカ諸国では中世型の戦闘要員の傭兵が依然存在する。

● 古代に始まる傭兵制度

古代以来、国家社会が傭兵を採用する基本的な目的は次のとおりであった。
・国家社会固有の兵力の不足を補うか、あるいは戦時に兵力を増強する。
・同じく固有の軍隊にないか。又は不足気味の能力を外国人から起用する。
・市民が厭う軍務を外国人に肩代わりないしは補完させる。

古代エジプトの古王朝はリビアとヌビアの弓兵、新王朝はギリシアの装甲歩兵などを採用して多国籍軍団を編成した。紀元前4世紀、アテネでは度重なる戦争による人的損耗と親族同士の結婚による少子化の弊害から兵役有資格者の人口が減少して異民族の傭兵で補った。カルタゴは市民の兵役負担を軽減し、かつ軍事に長けた異民族を巧みに利用する狙いから傭兵を採用した。なおペルシア、マケドニアなど長距離遠征した軍は本国人では間に合わず、現地の兵で補わざるを得なかった。

最盛期まで市民軍を重視したローマも社会が退廃して軍務の希望者が少なくなり、末期にはゲルマン人の傭兵に頼るようになった。

古代中国では「良い鉄は釘にならず、良い人は兵にならず」と軍務を卑しむ社会の動向から辺境遊牧民等を戦列の兵に使う傾向があった。

中世ヨーロッパの封建体制下では戦いが小規模になり傭兵制度は一時後退した。ところが英仏百年戦争から傭兵は騎士に従う歩兵として復活し、戦場での略奪暴行を目当てにする多くの不埒者が志願した。さらに素質の悪い傭兵達は解雇されると群盗を働き、社会不安の元凶になった。

マキアベリ時代のイタリア半島で分立する各中小国家は外患対処と覇権争いのため傭兵を採用した。このため15世紀には需要が膨張して傭兵を連隊、単位で売り込む戦争事業家も登場した。また傭兵事業は短期戦よりも収益効率の良い長期戦を歓迎するようになった。そこで傭兵軍同士内諾のもとに損害を最小限にとどめて永く戦う八百長戦争が流行った。ところが16世紀初頭に決戦的態度で臨む仏シャルル8世軍の侵攻に遭い傭兵事業家は壊滅の憂き目にあったのである。

宗教問題から国際紛争に発展し、ドイツが戦場になった30年戦争では傭兵軍が軍事上、大きな影響力を与えた。特にチェコ出身のワレンシュタインは自己資金で軍隊を維持培養し、戦場の指揮も優れた西欧史上、最高の傭兵隊長であった。

# 〔フランス外人部隊〕

Legion etrangere

● 外人部隊の起源及び戦績

　フランス外人部隊（Legion etrangere legionaire）はフランス国籍のない志願者から採用された下士官兵から成るフランス陸軍の戦闘部隊である。

　1831年3月1日、ルイ・フイリップ王が植民地アルジェリアの治安維持のため現地人をもって編成した連隊が起源を成す。創設当時、外人部隊司令部をアルジェリア西部のシジベルアベスに設けたが、1961年のアルジェリア独立に伴い、マルセーユに近いオーベルニュに移転し現在に至っている。

　外人部隊は創設以来、1世紀半以上にわたりアルジェリアに限らず、フランス国内、国外の各地で戦って輝かしい戦績を記録し、フランス軍の中でも特に信頼性に富む部隊に成長した。さらに外人部隊独特の伝統を築き上げて世界的に有名になった。

　1834～39年のスペイン内乱の時、英国で募集した兵が主体を成す9600人の外人部隊は人的損耗が全兵力の半数を超えるまで健闘して治安を回復した。1863年4月30日にメキシコのカメロンハシェンダの戦いも重要な戦績の一つである。この時にナポレオン3世の命令により派遣された外人部隊の1ヶ中隊は僅か65人の兵をもって2000人を超えるメキシコ軍を相手に最後の3人になるまで戦った。後にフランス軍はカメロンハシェンダの戦いの日を外人部隊記念日にした。

　第1次大戦中に外人部隊は国境地域の各所でドイツ軍相手に健闘し、フランス陸軍の中で最も多くの表彰と勲章を受けている。第2次大戦の当初、外人部隊はノールウエなどで戦ったが、フランス本国がドイツ軍に占領されて以来、ドゴール将軍の自由フランス軍の一部としてリビア、ノルマンジなど各地で戦った。戦後もアルジェリア、インドシナ、朝鮮、スエズ、ザイール、チャド、ペルシア湾岸など各地の紛争に参加し健闘している。

　1950年代におけるアルジェリア、インドシナ各紛争の最盛期に外人部隊の総兵力は3万人を超えたが、紛争終結に伴い大幅に縮小された。現在は常備陸軍24万人のうち外人部隊は8500人、機甲、落下傘、工兵各1ヶ連隊、歩兵6ヶ連隊から成る。

● 要員の採用条件

　フランス国籍のない17歳以上、40歳未満の男性は人種、国籍、身分の別なく外人部隊の二等兵を志願する資格がある。このためフランスの主権が及ぶ地域の駐屯地と募集事務所は志願者を常時、受け付けている。

　年間約6000人の志願者のうち1200人が入隊し、約5ヶ月間に試験と教育課程を経て初めて部隊勤務が可能になる。

　オーベルニュの外人歩兵連隊が志願者に対し約3週間にわたる試験と評価を行なう。

　前歴を問わない外人部隊は誰でも入れる駆け込み寺というのは俗説に過ぎない。連隊の当局は素質が良く成長の余地と信頼性に富む戦闘員の採用に真剣に取組んでおり、志願者が抱くフランスへの忠誠心も確認する。もとより健康診断、体力検査、性格判断、

心理実験及び知能検査も厳格である。フランス語の完全な能力は入隊時の絶対的な要件でなく、初期の教育期間中に教官、助教の命令指示が判る程度で良い。

　未成年者を除く志願者は本国の官公庁が出す公文書の提出は不要であり、匿名の志願入隊も認められる。ただし当局は試験と評価の期間中に凶悪犯罪歴、戦争犯罪歴、フランスの友好国軍からの脱走歴、政治思想上の背景、外国の秘密工作員などを調べ、不利情報に該当する志願者を排除する。5年間の任期中の無許可離脱者はフランスの法律が及ぶ地域で発見され次第、逮捕処罰される。

　5ヶ年にわたる任期終了後、6ヶ月以上の任期を条件とする継続服務、フランスの市民権を取得して一般就職又は祖国への復帰のいずれかを選ぶ事ができる。

　最大勤務年限は通算25年であり、15年以上、勤務すれば終身恩給が来る。入隊後、5年間、勤める間に下士官への栄進は可能である。ただし将校志願者は5年間の下士官兵の任期満了後、先ずフランスの市民権を取得し、学歴、技能等、所定の資格要件があれば採用試験を受ける事ができる。

　要するに外人部隊の下士官兵から将校に辿り着く道は極めて厳しい。フランス軍の基本政策は外人部隊に純粋のフランス人将校を優先的に配置し、帰化人出身の将校をもって補うのを原則とする。1990年代における外人部隊将校の中で帰化人出身将校が占める比率は僅かに10％であった。歴代の外人部隊総司令官にはサンシール士官学校出身の将官が任命されている。


●正式入隊後の教育訓練

　カステロノドリの第4外人歩兵連隊は試験に合格し採用された兵の候補要員に約4ヶ月の基本教育を行なう。課目は外人部隊の歴史、火器の操作と射撃、地図判読、行軍宿営、陣地構築、路外走破、障害通過、爆破作業、衛生救護、歩兵の戦闘戦技等から成る。最後に120～150kmの連続移動及び戦闘行動が伴う演習が待ち受ける。

　4ヶ月間、外出を禁ずる過酷な訓練に耐え抜くのは容易でなく、毎回、相当数の兵が脱落する。卒業生の大部分は第2外人歩兵連隊（ニーミス）、第2外人落下傘連隊（コルシカ）、第1外人騎兵連隊（オランジュ）、第6外人戦闘工兵連隊（アビニオン）、第3外人歩兵連隊（仏領ガイアナ）、第5外人歩兵連隊（タヒチ、ムルロア）、第13小型旅団（ジブチ）、コモロ分遣隊（モザンビーク海峡コモロ島）及びチャド分遣隊（チャド）に赴任する。海外勤務予定者は3ないし6ヶ月の赴任準備期間が与えられる。

　フランス本国の外人部隊の主力は緊急展開時に第6軽機甲師団又は第11落下傘師団の指揮下に入る。

　外人部隊には第1次大戦後はロシア、スペイン、第2次大戦後はドイツ、東欧、英国、ラオス、カンボジアからの入隊が多かった。

　ところが80年代以降、テレビや冒険小説の影響を受けた日本の青年の志願者も増えている。

# 第 7 章
## 軍事原則

# 〔兵学、兵術〕
## military art, military science

　幕末維新の建軍期に"Science de Militaire"（仏）、"Kriegswissenschaft"（独）"military art・military science"が「兵学」、「兵術」、明治期に「軍事学」、第2次大戦後に「防衛学」と訳された。ただし戦いの手筋ないし定石を意味する兵術、兵法という概念は古代から存在した。ちなみに西欧では孫子の兵法を"Sunzi:The Art of War"と訳されている。

　旧陸海軍から自衛隊に至るまで兵学、兵術には特に専門用語としての定義はなく、軍事一般用語とみなされて来た。

　例えば陸海軍の初級将校養成機関には士官候補生に兵学を教育するという意味の呼称が採用されている。すなわち明治初期に創設された京都兵学校（やがて兵学所、陸軍兵学寮と改称）は陸軍士官学校、海軍兵学寮は海軍兵学校の原点である。

　1883年（明治16）に開校された参謀将校養成機関、陸軍大学校の教官の主力を成す兵学教官という職務は終戦時まで存在した。1936年（昭和11）頃における兵学教官の教育担当項目は戦術、戦史、軍令、軍制、動員、演習、教育、兵站、輸送、通信、築城学、経理学、兵器学、兵要地理等から成る。陸海軍は戦略、戦術を合わせて「兵術」と慣用的に呼んでいた。旧海軍軍人の見解によれば海軍における兵術思想は戦略、戦術上の考え方を意味するという事である。

●自衛隊における兵学、兵術

　防衛大学校教育科目の一部を成す防衛学は戦略戦術理論、戦争史、兵器学などを含む兵学であるが、敢えて防衛学と呼ぶ理由は他でもない。憲法の規定では軍隊でない自衛隊の立場から防衛行政が「軍」及び「兵」の付く用語を避けたからでる。

　ただし戦前の陸軍大学校及び海軍大学校に当る陸海空自衛隊の各幹部学校における教育及び研究の場では兵学、兵術という用語が用いられている。例えば海上自衛隊幹部学校には「波濤」という専門誌を発行する兵術同好会という組織が存在する。1960年代まで陸上、航空各幹部学校では当時の防衛研究所戦史室長、西浦進氏（元陸軍大佐）が指揮幕僚課程学生に対し、兵学理論の講義を行なった。

　西浦講師は講義を通じ、今後の自衛隊発展のために軍事を理論的、体系的に研究する兵学の重要性を強調した。同講師の所論によれば戦前の日本では軍部、一般の学会はともに兵術（実学）よりも、むしろ兵学（理論ないし考え方）の研究が欠落し、政治、外交、軍事の各政策の遂行上、重大な誤りを犯したという事である。さらにクラウゼビッツの戦争論の原語（例えば仏語版, Science de guerre）の解釈から西側諸国における兵学は戦争学（戦争を計画し実行する学問）と訳す方がむしろ正しいと見ている。

●旧ソ連、ロシアにおける兵学、兵術

　現代各国軍の中で旧ソ連軍は兵学、兵術の定義を最も明確に規定した。第1次大戦後に赤軍は敗戦国ながらプロイセン以来のドイツ参謀本部の軍事能力を高く評価して参謀

制度、軍事教義等を吸収して近代化を促進させたのである。旧ソ連の兵学、兵術は幕末維新当時、日本が西欧、特にドイツ、フランスから学んだものと相似形である。
「現代戦争辞典」(1991, Harper Collins) は兵学の項においてソ連の軍事理論を引用する。
『ソ連将校ハンドブックによる兵学は帝国主義勢力の侵略に抗するソ連始め社会主義諸国の武力闘争準備に関わる総合的な知識の体系であり、次の6要素から成る。
・兵術原則:Theory of Military Art…戦略、作戦術、戦術
・軍備整備:Force Posture…組織、人員、資材、動員・教育訓練: Military Pedagogy
・党政治工作:Party-Political Work　・軍事史:Military History
・軍事技術: Military-Technical Science』
　なおソ連軍用語辞典（1965, ソ連国防省出版部）による定義は次のとおりである。
★兵学（military science）
　武力闘争の特性、本質及び内容並びに軍隊の戦闘行動及び総合的な支援に伴う人的戦力、施設、手段に関する知識の体系である。
　兵学は武力闘争を律する法則の調査研究、兵学の基本構成である兵術の原則に関する疑問の解明、軍隊の組織、教育訓練及び補給の問題の解決に加えて戦史の経験の活用に努める。
　ソ連の兵学はマルクス・レーニン主義を基本とし唯物弁証法及び唯物史観に従い、各種科学の成果を活かして軍事分野の継続的な開発と進歩に努める。
★兵術（military art）
　軍の各兵科、各部門の全手段を広く利用する戦闘行動及び武力闘争に関する原則及び実行要領である。科学原理（scientific theory）としての兵術は兵学の主要な分野であり、総合的及び個別的に機能する戦略、作戦術及び戦術から成る。

　冷戦期にＮＡＴＯ諸国は主敵であるソ連軍の兵学を真剣に研究して有事即応態勢の充実に努めて来た。冷戦終結後のロシア軍は旧ソ連の軍事体制をほとんどそのまま受け継いでおり、兵学、兵術の考え方も基本的に変っていない。

# 〔戦略〕
## strategy, strategie

●軍事、一般社会の両面に通ずる「戦略」

　軍事用語を起源とする「戦略」は永い年月を経て政治、経済、商業、社会の各分野で広く使われるようになった。本来、strategy（戦略）は軍隊を指揮する将軍を指す古代ギリシャ語に始まる。stratos〈軍隊〉+ agein〈指揮〉=stratogos〈将軍〉、すなわち軍隊を指揮して勝利の道を考え出す将軍の役割から戦略という用語が生まれたのである。

　ちなみに欧米の英語辞典は戦略を軍事、一般の両面から次のように定義する。

★大規模な軍事行動を行なう学及び術、戦術（tactics）と対比される概念

★事業又は政治に使われる策略、謀略又は技法

★何等かの目的の達成に必要な計画又は技術

　現代の国防（national defense）は軍事力専一でなく、平時から政治、経済、社会、心理を含む国家の総合的な力を発揮しなければならない。特に第2次大戦後は平時に戦争を抑止する戦略が重要性を帯びて来た。

　以下は各国軍における戦略の定義である。

●米国防総省

★戦略：strategy

「平時、戦時を通じ勝利を追求し、敗北を招く余地（chances of defeat）を減少して政策に最大限に寄与するため政治、経済、心理各分野及び軍隊（military forces）の能力を育成し、これらを活用する学及び術（science and art）」

★国家安全保障戦略：national security strategy

「国家安全保障の目的達成上、国力発揮の手段（外交、経済、軍事、情報）の育成、適用及び調整を行なう学及び術、国家戦略又は大戦略（grand strategy）とも呼称」

★国家戦略：national strategy

「平時、戦時を通じ国家目的の達成上、軍隊（armed forces）の運用の他、政治力、経済力及び心理力を活用する学及び術」

★軍事戦略：military strategy

「国家政策（national policy）の目的達成上、軍事力の行使又は示威（threat of force）を行なうため軍隊を運用する学及び術」

★国家軍事戦略：national military strategy

「平時、戦時を通じ、国家目的の達成上、軍事力（military power）を配分して運用する学及び術」

★戦域戦略：theater strategy

「国家、連合組織（alliance）又は共同組織（coalition）の安全保障政策及び戦略の各目的の保障上（securing）、戦域における軍事力の行使、示威又は目的達成上、力を用いない行動に必要な総合戦略の構想及び行動要領の発展に関する学及び術」

●陸上自衛隊
★一般に戦術の上位にある概念で主として軍事力を運用する方策及び術をいう。
★戦争の発生を抑止するため、また、侵略事態が生起した場合、これを排除するため、国の防衛力を造成し、運用する方策を「防衛戦略」という。
★作戦目的を達成するため、大部隊を運用する方策を作戦戦略という。
★国家戦略：「国家目的の達成、特に国家の安全を保障するために国家の自然、政治、経済、心理、軍事等の力を組織し、運用しようとする方策」
★軍事戦略：「国家に対する外部からの侵略の発生を防止し、または生起した侵略を排除するために、国家の軍事力及びこれを支える自然、政治、経済、心理等の力を組織し、運用しようとする方策」
★作戦戦略：「侵略事態において、個々の作戦目的を達成するために、一定の軍事力を組織し、運用しようとする方策」

●ソ連軍
「武力紛争の現象及び法則に関する科学的知識の機構を組み立てるための最高レベルの兵術（military art）」
（注：旧ソ連、ロシアでは軍事学（military science）の主要な部分を成す兵術を戦略、作戦術及び戦術をもって構成する。）
　以下は防衛庁戦史編纂官、前原透氏の見解による旧軍の戦略概念である。

●旧日本軍
　江戸時代の儒学者、萩生徂徠の著作、「鈐録」に「戦略戦法」という表現が認められる。
　1871年（明治4）にフランス語の兵学書の和訳である「戦略小学」が陸軍兵学寮（陸軍士官学校の前身）の士官生徒用教科書として和訳された。1881年（明治14）に参謀本部が発行した「五国対照：兵学辞書」では仏語、独語の"strategie"を「戦略」と訳している。
　旧陸海軍の「戦略」は軍事専門用語であり、例えば統帥参考書（陸軍大学校）では師団を戦略単位と呼んでいた。なお参謀本部の実務上、良く使われた「政戦略の調整」は現在の国家戦略の概念に近い。

# 〔戦術〕
## tactics, tactique

● 軍事、一般社会の両面に通ずる戦術

「戦術」は戦場で敵を撃破ないし抗戦意思を放棄させて勝利を収めるため持てる戦力を効率的に発揮する術である。西欧語の戦術（tactics）は古代ギリシア語の tacticos に由来し、それには手配、整頓、組織作り（編成）などの意味がある。

戦術は戦略と同様に軍事、一般社会両面に通用する概念であり、米国のリーダースダイジェスト辞典（1969）は戦術を次のように定義する。

★陸軍、海軍を動かす学及び術。狭義には特に敵又は即時獲得すべき目標が存在する状況下で部隊を運用する術。戦略と対比される概念
★巧妙な管理（management）により所定の目的を達成する要領

● 戦いの本質と戦術の発展

古代の国家社会と民族は利害相反する相手を倒して生存を全うし、あるいは繁栄の道を求めるため戦いを繰り返して来た。自らの生存に関わる戦いの場において全知全能を傾け、持てる戦力を可能最大限に効率的に運用する手としての戦術が自然に生まれて発展を遂げて来たのである。

「孫子」は「兵は国の大事にして死生の地、存亡の道なり」と国の命運に関わる戦いの本質を説いている。このため古今東西のリーダーは敵に勝る戦術を創意工夫し、これを戦場で実行するために真剣にならざるを得なかった。

古代初期の軍隊では棍棒、刀剣、弓矢など簡素な兵器を携えた戦闘員の頭数（兵力）が戦力発揮の基本であった。したがって敵に勝る兵力を早く確実に戦場に集める指揮官の能力、すなわち集中が戦術の原型に他ならない。対戦する戦闘員の質が同じであれば兵力が多い方が有利という事である。ところが優れたリーダーは戦闘経験の学習から持てる兵力を可能最大限に活かす戦い方（原則）に気が付くようになった。ちなみに「孫子・謀攻編」では彼我の兵力差に応ずる戦術の基本原則を簡明に説いている。

・我が方は敵の10倍…包囲　・敵の5倍…正面攻撃　・敵の2倍…敵陣を分断
・彼我同等…健闘　・我が方は劣勢…後退　・勝算が危うい状況…戦闘を回避

古代ギリシアのテーベがスパルタに勝ち、覇権を握ったレクトウラの戦い（371BC）は劣勢な兵力でも卓抜な戦術により戦勝を獲得できる可能性を実証した。スパルタ王、クレオムブロタスは1万1千人を当時の戦術常識に従い横隊の隊形に並べた。さらに最強の兵を右翼に配備し、敵の左翼の兵を倒し総崩れに導くように配慮した。そこでスパルタ軍は優勢な兵力をもって、せいぜい6000人に過ぎないテーベ軍を撃破する自信に漲っていた。一方、テーベ軍の指揮官、エパミノンダスは左翼に1536人から成る精鋭をもって四角い密集隊形を組み、スパルタ軍の右翼に徹底的に戦力を集中した。同時に中央と右翼の隊は左翼の隊より幾分後方に下げ、ゆっくり前進させた。したがってスパルタ軍の中央と左翼の隊は、その正面のテーベ軍に牽制されて交戦中の右翼への増援を妨げられた。テーベ軍の左翼はスパルタ軍の右翼を壊滅状態に陥れ、右旋回して残り

の戦列を切り崩した。その結果、スパルタ軍は 2000 人以上を失ったのに対し、テーベ軍は僅かの損害を出すだけで圧勝したのである。

　産業革命以降、科学技術の発達に伴い、火器初め兵器の質、量及び運用の優劣が戦闘効率を左右するようになった。現代の正規戦では火力、機動力、防護力を効率的かつ総合的に運用する指揮統制能力が戦術の実行上、重要な役割を成している。その反面、天の利、地の利、人の利を活かし、劣勢な軍事技術で優勢な敵と戦うテロ、ゲリラなどの不正規戦の戦術も充分に生きている。以下は現代各国軍における戦術の定義である。

★ソ連軍…Tactika voyenanay
「陸海空の戦闘行動の準備及び実行に関する戦闘法則の研究開発を行なうために兵術の原理及びその実行に関する専門分野。戦術は戦略と作戦術（operational art）に従属し、特に作戦術の目的達成に寄与。」

★米国防大学…military tactics
「部隊の配置及び機動を含む戦闘隊形（military formation）の運用要領。また戦闘開始以降における戦闘行動（battle）及び交戦（engagement）の要領」

★防衛研究所国防関係用語集（1976）…戦術
「作戦及び戦闘において状況に即し、任務達成に最も有利なように部隊を運用（部隊の配備、移動、戦闘力の行使）する術。」

●旧軍
　日本最初の陸軍郷（陸軍大臣）、大村益次郎は兵術講義の中の部隊運用で「戦術」という用語を用いている。なお明治期の陸軍士官学校、及び海軍兵学校は初めて戦略と戦術の概念を明確に分けた。例えば「戦術学教程」（陸士・明治 36）では「戦術は軍隊の交戦法にして戦闘に関し軍隊を操縦指揮する術をいう」と定義している。

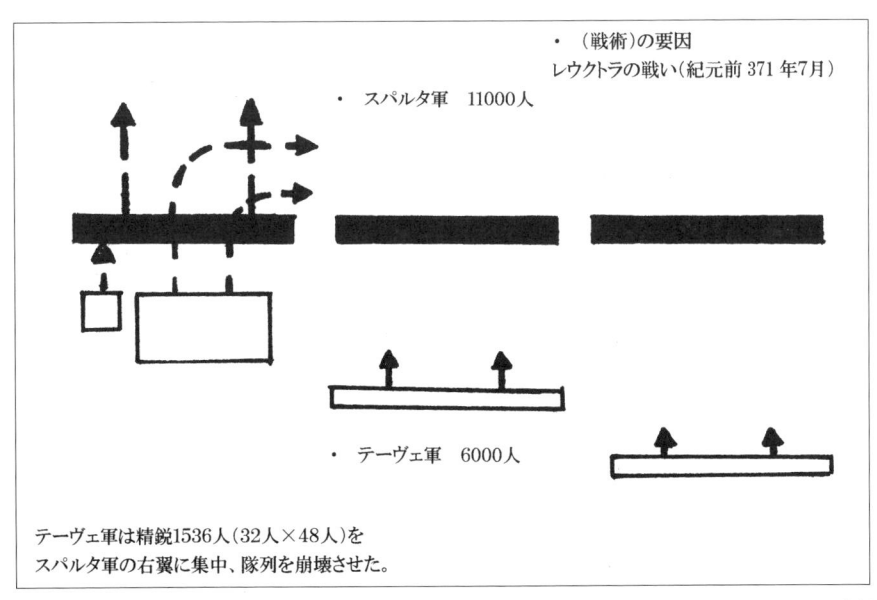

・（戦術）の要因
レウクトラの戦い（紀元前 371 年 7 月）
・スパルタ軍　11000人
・テーヴェ軍　6000人

テーヴェ軍は精鋭1536人（32人×48人）を
スパルタ軍の右翼に集中、隊列を崩壊させた。

# 〔戦務…旧日本海軍用語〕

旧日本海軍は有事に敵国海軍との艦隊決戦に備えて戦略、戦術及びこれを支える戦務から成る基本教義を明治期に制定した。この教義による戦略は「敵と離隔してわが兵力を運用する兵術」、戦術は「敵と接触してわが兵力を運用する兵術」、そして戦務は「戦略・戦術の計画、実行及び支援するすべての方策」であった。旧海軍の用語集は戦務を「軍隊を指揮統率し軍隊の行動生存を経理し、補給を実施する等作戦実施に必要な諸要務及び警戒、航行・命令等の作成発布、報告の調整等の手続き諸要務の総称である。」と定義する。

ただし明治期から昭和期までの半世紀間に戦務の内容に相当の変化が認められる。

●明治期の海戦要務令に記述された戦務の範囲

1901年（明治34）に旧海軍は艦隊運用の基本教範、「海戦要務令」を公布して爾後、明治期に1回、大正期と昭和期に各2回、通算5回、改訂し第2次大戦に臨んだ。

1910年（明治43）の第1回の改訂版は初版の第1部、戦時要務を戦務と改称して記述内容も拡充された。以下は初回改訂版の第1部 戦務の主要な項目である。

　第1章　令達、第2章　報告及通報、第3章　令達、報告及通報ノ記載法
　第4章　令達、報告及通報ノ伝達法　1.通則、2.口頭通信、3.筆記通信、
　4.信号、5.電信、第5章　記録　1.機密作戦付機密事変日誌、2.戦時日誌付
　事変日誌、第6章　出師前ノ要務、第7章　航行、第8章　停泊、第9章　警戒、
　第10章　捜索及偵察、第11章　封鎖、第12章　陸軍輸送船隊ノ海上護衛、
　第13章　補給、第14章　人員補欠、第15章　工作

初回の改訂版は日露戦争の教訓に加えて海軍大学校教官、秋山真之中佐（後に中将）の起案による講義録、「海軍戦務」を多分に参考にした。秋山中佐は大尉の頃に米英両国に留学して西側の兵学に触れた成果を活かし、教義の開発と海軍大学教育の改善及び戦略戦術思想の確立に寄与している。

●変化を辿る戦務の範囲

1926年（大正15）に入校した海軍大学校学生（26期甲種）の教育科目に見る戦務は局地防備、艦務（艦上勤務）、出師準備計画、運輸計画、通信計画、無線電信、暗号及び衛生から成っていた。これに対し実松譲元大佐の著書、「海軍大学校：戦略・戦術道場の功罪」による海軍末期における「海戦要務令」の構成は次のとおりである。

　第1編　戦務、第2節　令達、第2節　報告及通報、第3節　令達報告及通報ノ作成
　第2編　戦闘、艦隊・戦隊・駆逐戦隊・潜水戦隊・航空隊の戦闘など

実松大佐は本改訂版の発行時期は不明としているが、潜水艦と航空機が登場する点から見て昭和期の作品に違いない。なお本改訂版による戦務は命令の起案、記述、報告通

報等、幕僚業務にとどまり、大正末期の海軍大学校教育科目の戦務の範囲よりも狭くなっている。

「海戦要務令」の改訂ごとに戦務の記述事項のうち演習、防備、艦務、捜索、補給等は別の教範に移されたようである。なお本要務令自体が最高度の秘密扱いのため、その閲覧は軍令部、海軍大学の少数の関係者に限られていた。したがって一般士官への普及が妨げられ、さらには終戦に伴う海軍の解散時に重要な資料が処分あるいは散逸して改訂の趣旨などが明らかでない。

第2次大戦後の1954年（昭和29）に旧海軍大学校に当る海上自衛隊幹部学校が創設された。その翌年の4月に始まる上級幹部教育用の第1期本科課程（後の幹部高級課程）の教程細目は次のとおりであった。
- 戦略…戦争論、海軍力、近代戦、各国の戦略、戦争指導等
- 戦術…戦闘の原則、水上戦、対潜戦、潜水艦戦、海上護衛作戦、機雷戦、港湾防備、航空戦、防空戦、陸上作戦、統連合作戦、電波戦、情報
- 軍政…国防と軍事、治安、法学、政治学、財政経済、国際法、組織、人事・教育・補給・施設・医務・財務・法務・警務・占領各行政
- 統率…統帥機構、統率術、心理学
- ロジスチック（筆者注、原文どおり）…戦力構造、経済動員、軍事力の造成、要求の決定、軍事力の維持・調達、軍事力の配分、ロジスチックの組織・計画、軍事費
- 戦務…文書の記述要領、情勢判断と命令の作成、幕僚組織・機能

●ロジスティックス（logistics）とは訳せない戦務の本質

創設期の海上自衛隊は旧海軍の佐官クラスを中上級幹部に登用した。したがって海上自衛隊幹部学校の教育計画などにも戦務を含む旧海軍末期の考え方が導入されている。

先に挙げた教程細目の戦務の内容は昭和期の「海戦要務令」と同様に幕僚業務にとどまり、明治期に戦務の重要な部分と言われたロジスティックスが別項目になっている。

その後の海上自衛隊では戦務は「指揮、幕僚勤務」、ロジスティックスは「後方」（通称ロジ）と呼ばれるようになった。戦略、戦術を支える全要素を網羅した戦務という明治海軍の教義は秋山提督の卓抜な発想であり、これに匹敵する概念は各国の兵学兵術には見当らない。

俗に戦務の原語と言われるロジスティックス（logistics）は「兵站」と訳されて来た伝統的な西欧兵学の概念である。要するに兵站（補給、輸送、衛生）は明治・大正期における戦務の一部を成しているが、決して戦務の全体像ではない。

ところが1960年代後半に陸上自衛隊幹部学校では人事、兵站、行政等から成る米軍のコンバット・サービスサポート（combat service support）を「戦務支援」と直訳して一時的ながら教範用語に採用した。しかしながら旧海軍における戦務の意義を知る多くの幹部から異論が続出して数年後に廃止になり、「後方支援」と改められて現在に至っている。

# 〔戦いの原則〕

The Principls of War

●戦いの原理原則…原理と教義
　碁将棋の定石や手筋、商売などと同様に戦争にも持てる力を効率的に発揮して勝利に導く法則がある。旧軍以来、日本では軍事の定石や手筋を「原理原則」、あるいは原理を含めて「原則」と慣用的に呼んで来た。すでに1950年代に陸上自衛隊の幹部学校は旧軍及び各国軍の考え方を研究して原則を次のように定義した。
　「作戦又は戦闘を有利に導くため、必要にして普遍性のあるやり方をいい、古来幾多の戦史、戦例から帰納された基本的なもので、応用、活用の余地が大なるものである。」

　原理原則は原理（theory：セオリー）と教義（doctrine：ドクトリン）に大別される。
　原理は人類社会が始って以来、古今東西を問わず、共通の認識に基づいて普遍的に通用する法則であり、今後、兵器技術が進歩しても変らない。例えば戦場で勝利を収める決め手になる「敵に勝る兵力の集中」、「敵軍が油断している時期、場所を狙う奇襲撃」などは異論を唱える余地のない原理である。
　これに対し教義は政治、経済、社会、心理の各要因、国防目的、予想戦場の気象地形条件、脅威の特色、兵器技術等により異なり、時代とともに変化する。例えば編制、作戦思想、戦術戦法、火力、機動、指揮統制、兵站等の要領は明瞭に教義である。
　教義の創意案出とその実行にあたり原理の説く基本的な考え方を可能最大限に具現するに努める。例えば集中の原理の実現上、火力と機動力を最大限に発揮させる編成装備、指揮統制及び兵站の在り方を具体化する。
　現代軍は教義を運用教範（field manuals）にまとめて軍備の整備、統連合作戦、戦闘行動、教育訓練、後方支援等の基準として全軍に普及するに努めている。どの運用教範の構成も原理は僅かにとどまり、その大部分が教義から成る。
　現代戦下では情勢の変化、軍事技術の進歩などが影響して既存の教範に定める教義が実情に即さない状況に直面する。このため指揮官には状況に即した判断力及び柔軟性に富む教義の応用能力が必要である。然るに応用能力の質は戦いの原理に対する理解度に左右される。

●戦いの原則…原理の要約
　米軍、自衛隊の現行教範に載る「戦いの原則」（The Principles of War）は古今東西に存在する原理の要約であり、本質的に軍事秘密事項ではない。
　米陸軍基本教範、「FM100-5.OPERATIONS：作戦」は戦いの原則を次のように説明する。「戦いの9原則は戦略、作戦、戦術各レベルの戦いに関する一般的な基準である。米陸軍はTR10-5訓練規定、1921年版に初めて戦いの原則を記述した。それ以来、9原則の一部は訂正されたが、大部分は現行FM100-5に継承されている。
①目標（Objective）：すべての軍事行動は明確かつ決定的な意義を有し、達成可能な目標を追及する

②攻勢（Offensive）：主動性（initiative）の獲得、維持及び拡大に努める。
③集中（Mass）：敵に対し圧倒的に優勢な戦闘力を決定的な時期、場所に集中し、最大限に発揮する。
④戦闘力の節約（Economy of Force）：全戦闘力を可能最大限に有効適切かつ無駄なく運用する。このため２義的意義にとどまる正面には必要最小限の戦闘力を充てる。
⑤機動（Maneuver）：柔軟性に富む戦闘力の運用により敵を不利な状態に陥れる。
⑥指揮の統一（Unity of Command）
　すべての目標の追及に当り、指揮を統一し、努力を統合するに努める。
⑦警戒（Security）：敵に対し予期しない利点を絶対に与えてはならない。
⑧奇襲（Surprise）：敵が対応不可能な時期、場所ないしは要領により敵を打撃する。
⑨簡明（Simplicity）：単純明快な計画及び簡明な命令文を作成し伝達して関係者の理解を容易にする。」

　陸上自衛隊の教義も戦勝を獲得するための基本となる原則として目標、主動、集中、経済、統一、機動、奇襲、保全、簡明から成る９項目を記述する。
　1951年に米陸軍基本教範、「FM100-5.FIELD SERVICE REGULATION」の翻訳版、「作戦原則」の内容が導入されて1960年制定の野外令に受け継がれた。その後、野外令の改訂時に作戦原則の表現を次のように改めて現在に至っている。
「目的」⇨「目標」、「攻撃」⇨「主動」、「兵力集中」⇨「集中」
「戦闘力の節約」⇨「経済」、指揮の統一」⇨「統一」、「警戒」⇨「保全」

●フラーの創造による戦いの原則…原理原則を大衆に理解させる努力
　古代から名だたる武将は父祖や先輩の実戦経験談、自らの体験、学習などから戦いの原理を肌で感じ取り戦術戦法に反映させた。近代以降の西欧では軍隊教育と部隊運用を効率化する狙いから原理原則を体系化し、教範として将兵に普及するに努めて来た。
　第１次大戦２年目の1915年に英陸軍のJ.F.Cフラー大佐は戦いの原則を起案した。その狙いは兵役に就く大衆が支える近代装備軍の急速な戦力化にあり、このため原理原則を多勢の将兵に容易に理解させるために意を用いたのである。
　大戦後の1920年に英軍、次いで米軍の各基本教範が戦いの原則を採用した。
　この頃から仏軍、ソ連軍の各教範にも戦いの原則に類似の簡明な表現が登場している。
　例えば中国軍の「新10大軍事原則：1974年制定」は目標、主動、攻勢、殲滅（せんめつ）、協同、集中、変化、奇襲、速戦、士気から成る。
　明治維新の頃に旧日本陸軍はフランス及びプロイセン（ドイツ）の兵学兵術を学び、部隊の運用原則を組み立てた。その後、日清戦争及び日露戦争の経験及び独自の考え方を反映させた「陣中要務令」(1924)、次いで「戦闘綱要」(1929)及び「作戦要務令」(1938)を制定した。
　作戦要務令は綱領において「有形無形の戦闘力の集中発揮」、「軍紀」(軍隊の規律)、「攻撃精神」(主動)、「意表」(奇襲)など古来からの原理を端的に表している。

# 〔作戦、軍事行動〕

operations, military operations

「作戦」は戦略、戦術と同様に旧陸海軍から自衛隊に受け継がれて来た基本的な軍事用語である。幕末の頃、西欧兵学の一環として導入された"operations"が作戦の語源と言われている。

"operations"は欧米では軍事に限らず、行動、運営、作業、機械の操作、外科手術など広い意味に使われており、中世フランス語の"deed"（行為）に由来する。明治以来、作戦という用語は軍隊だけでなく一般社会でも「策を練る。策を実行する。」と言う意味で選挙運動、営業、あるいはスポーツ、碁、将棋などの勝負の世界でも使われている。

旧陸海軍では作戦を「部隊運用の計画及び戦闘の実行」と認識し、疑義を挟む余地は殆どなかった。このため用語の解では作戦を「師団以上の部隊の某期間にわたる対敵行動の総称」と簡明に定義を述べるにとどまっていた。

しかしながら現代の軍事は複雑化して作戦の実体も従前のように単純明快に割り切れない傾向にある。このため各国軍では用語集等で作戦の意味を具体的に説明し、誤解ないし混乱を避けるに努めている。

●旧ソ連軍、ロシア軍
作戦：OPERATSIA
「野戦軍又は統合組織が所命の目的を達成するために作成した統合計画に基づき、各部隊及び艦隊が行なう目標、時期、場所が充分に調整された総合的な核打撃及び戦闘行動である。」

●米国防総省、NATO
作戦：operations
1. 軍事行動（military action）、すなわち戦略、戦術、支援（service）、訓練、演習又は軍事上の行政任務（administrative military mission）を遂行する行動
2. 戦闘（battle）又は会戦（campaign）の目的達成上、必要な移動（movement）、補給、攻撃、防御、機動（maneuver）を含む一連の戦闘（combat）の実行経過

●米陸軍
軍事行動：military operations
1. 平時における対麻薬、防災、災害救助、民生支援等を含む部隊行動
2. 紛争事態（crisis）における対テロ、国際平和維持活動、襲撃、自衛戦闘、示威（戦力の誇示）を含む部隊行動
3. 戦時における戦争行為であり、攻撃、防御を含む本格的な戦闘

米軍は平時及び紛争事態における部隊行動をMOOTW：Military Operations Other Than War（戦争以外の軍事行動、ムートウ）、略してOOTWと呼ぶ。MOOTWは武

力行使をしない軍事行動及び対テロ、施設警備のように武力行使の規模ないし手段が限られた軍事行動である。一方、敵軍に対し交戦権を行使する戦争行為としての軍事行動は作戦・戦闘行動（battle）が主体になる。

●陸上自衛隊
　作戦、operation（米軍用語）
1. 一般に防衛目的を達成するための行動をいい、戦闘をも含めて使用する。（2. 3の意義を区別するため、努めて「作戦・戦闘」と表現する。）
2. 諸兵連合部隊が、直接侵略事態、間接侵略事態等において、与えられた任務を遂行するための数正面または一正面における一連の行動をいい、一ないし数次の戦闘を主体として行なわれる。
3. 情報、通信、人事、兵站と並列する作戦・戦闘の機能をいう。

●統合幕僚会議（1970年代）
★作戦
1. 広義には軍隊（自衛隊）が、与えられた任務達成のために遂行するあらゆる軍事行動（防衛行動）をいう。
2. 狭義には、あらゆる目的を達成するまでの一連の戦闘行動をいい、捜索、攻撃、防御、移動、機動等およびこれに必要な後方活動を含む。
★自衛隊の行動
　自衛隊法に定める自衛隊の行動とは、防衛出動、防衛出動待機、命令による治安出動、要請による治安出動、災害派遣、領空侵犯による処置をいう。

●現代日本（特にマスコミ）における直訳、誤訳
　往々にして"military Operation"を直訳して「軍事作戦」というが、それは「軍事行動」あるいは「作戦・戦闘（行動）」の方が妥当である。すなわち「作戦」と言えば軍事そのものを指す。

# 〔攻勢、防勢〕

offense, strategic defense

●攻勢、防勢及び攻撃、防御の違い

　幕末維新以降、定着した慣用的な軍事用語、攻勢、防勢（守勢）及び攻撃、防御の定義は同じでない。すなわち攻撃、防御は戦略目的又は作戦目的を達成するため採るべき基本的な戦術行動である。これに対し攻勢、防勢は国家戦略、軍事戦略又は作戦を計画準備して実行する態度を指す。旧軍以来、参謀本部などの実務の場では攻勢戦略、攻勢作戦、防勢戦略、防勢作戦（守勢）…「統帥参考・兵語の解」という用語が頻繁に使われて来た。

　英語では攻勢、防勢及び攻撃、防御を次のように表現する。

　・攻勢：offense, strategic offense
　・防勢：defense, strategic defense
　・攻撃：attack
　・防御：defense, tactical defense

　英語始め西欧の言語では防勢、防御とも"defense"になり、したがって防御の場合には敢えて"tactical defense"と呼ばざるを得ない。

　現代各国軍の教義では攻勢、防勢を次のように定義する。

●陸上自衛隊

　陸上自衛隊の用語集は作戦ないし作戦行動の視点から攻勢、防勢を次のように定義しており、その内容は旧軍の統帥綱領、統帥参考、作戦要務令等を参考にしている。

★攻勢作戦

　攻勢は敵を求めて、これを撃破しようとする積極可動的な形態をいう。この形態をもって行なう作戦を「攻勢作戦」という。

★防勢・防勢作戦

　防勢は敵の攻撃を破砕する待ち受け的な形態をいう。この形態をもって行なう作戦を「防勢作戦」という。

●米陸軍

★攻勢作戦：offensive operations

　攻勢作戦（offensive operations）は敵部隊の撃破を主要な目的とするが、状況により次の目的を達成するために行なわれる。

　　・緊要地形（重要な地形）の確保
　　・敵が確保中の緊要地形又は人的物的手段（resource）の奪取
　　・欺騙陽動
　　・情報の解明
　　・敵を現在位置に拘束

　攻勢作戦は次の戦術行動から成り、その選択は状況による。

- 接敵移動
- 調整攻撃：deliberately attack（周到な準備を整えて総合戦闘力を発揮する攻撃）
- 応急攻撃：hastely attack（短時間の準備により当面、利用可能な戦力を発揮する迅速な攻撃）
- 戦果拡張：exploitation
- 追撃：pursuit
- 限定目標を達成する攻撃（例えば威力偵察、偽騙陽動）

攻勢の狙いは「戦いの原則」の一環を成す主動性の獲得、維持及び拡張にある。攻撃は火力の協力を得て部隊が機動する攻勢的行動（offensive action）を特色とする。

★防勢作戦：defensive operations

防勢作戦は敵の攻撃の挫折ないし破砕を主要な目的とするが、状況により次の一ないし複数の目的を追及する場合もある。

- 時間の余裕の獲得
- 別の正面に兵力を集中するために一正面の兵力を節約
- 将来の攻勢作戦に有利な条件を作為するため敵に疲労困憊(こんぱい)を強要
- 政治上、戦略上又は戦術上、重要な目標の確保

●旧ソ連軍、ロシア軍
★攻勢：offensive, NASTUPLENIYE

攻勢は決定的な勝利を収める事ができる基本的な戦闘行動（combat operation）から成る。このため敵部隊を撃破して防御陣地を迅速に奪取し、重要な地域又は目標を占領する。攻勢の目的は次の手段方法により達成される。

- 核兵器及び通常兵器による敵の大量破壊兵器及び主力部隊の撃破
- 地上部隊による高速かつダイナミックな縦深攻撃
- 航空戦力と連携する空中機動部隊による敵の翼側又は背後を狙う大胆な機動

★攻勢作戦：offensive operation, NASTUPA-TELNAYA OPERATSIYA

統合戦略構想ないしは作戦構想の達成上、目標、時期及び地域を調整した総合的な核打撃及び方面軍又は軍による果敢な行動である。攻勢作戦は敵の核攻撃手段の撃破、敵主力部隊の破砕及び戦略上又は作戦上、重要な地域の確保を一般的な目的とする。

★防勢作戦 defensive operation, OBRONI-TELNAYA OPERATIYA

防勢作戦は目下準備中又はすでに発動された敵の攻勢作戦を破砕するための一連の戦闘行動である。状況により時間の余裕の獲得及び攻撃に有利な条件の作為のためにも行なわれる。

現代戦下の攻勢作戦は核兵器始め全兵器による打撃、有力な火力の伴う大規模な機動及び果敢な逆襲を特色とする。

●戦略攻勢・防勢

米国防大学資料は戦略攻勢・防勢を次のように定義する。

★戦略攻勢：strategic offense

敵の戦争遂行能力を低下又は撃破し、敵を破綻に導くのを主要な目的とする国家の構想及びこれを実行する軍事力（concepts and force）である。
★戦略防勢：strategic defense
敵の攻撃に対し、国民及び生産基盤の防護を主要な目的とする国家の構想及び軍事力である。

●攻勢、防勢及び攻撃、防御の関係
　敵を待ち受ける防勢作戦の場合、籠城のように防御（旧軍用語の専守防御）に終始すれば遠からず戦力が枯渇して落城の運命を辿る。このような専守防御の弊害を避けるため、敵を火力により打撃して損害を強要し、時には陣地内部に準備した予備隊による逆襲（実質的に攻撃）を敢行しなければならない。なお一地固守の防御は敵の大部隊を拘束し、友軍の増援部隊あるいは予備隊による反撃を有利にする。西南戦争における熊本城の防御は、このような役割を果たしている。
　どこの国でも国防（防衛）は基本的に防勢戦略であり、したがってデイフエンスと呼ばれている。しかしながら発展を遂げる軍事科学技術が、攻撃を益々有利にする現代戦の傾向から防御専一の国防は成り立たない。ちなみにイスラエルの国防政策は脅威を発見次第、領域外に積極的に進攻し、これを破砕する考え方で臨んでいる。

# 〔攻撃：基本的戦術行動〕
attack, attaque

● 攻撃の原則

戦闘一般の目的は敵を撃破して、その企図を破砕するにある。このため戦闘部隊が採るべき基本的戦術行動は接敵移動、攻撃、防御、遅滞行動及び後退行動から成る。

その中でも軍隊を進撃させて戦場の敵を捕捉撃破する攻撃のみが勝利を収めるため決定的な役割を果たす。これに対し防御、遅滞・後退行動は将来、予期される攻撃を有利にする条件の作為などに用いる。攻撃は集中、奇襲の各原則の適用及び主動性の獲得維持が容易であるのに対し、防御に終始すれば消極退嬰に陥り、主動性を失う。

攻撃の一般原則は古今東西共通の原理（theory）に他ならないが、その実行要領である教義（doctrine）は各国軍により異なり、しかも時代とともに変化する。例えば第1次大戦初期のフランス軍及び旧日本陸軍の教義は攻撃を過度に強調した。

歩兵部隊、機甲部隊を含む機動に任ずる部隊の戦闘行動には攻撃（前進）、防御（停止、待受け）の区別がある。一方、海戦、空戦では海空戦力の特色から戦闘行動は攻撃専一になり、部隊が一地にとどまり敵を待ち受けるという防御は有り得ない。

● 旧日本陸軍…精神力と攻撃を強調

旧軍は明治期における西欧軍の戦術原則の影響、日露戦争において劣勢な兵力にも関わらず積極果敢な行動に出て勝利を収めた幾多の戦訓の認識及び短期決戦を狙う戦略から攻撃を過度に強調した。以下は作戦要務令（昭13）の攻撃に関連する条項である。

★綱領第一、軍の主眼、戦闘一般の目的

「軍の主とする所は戦闘なり故に百事皆戦闘を以て基準とすべし而して戦闘一般の目的は敵を圧倒殱滅して迅速に勝捷を獲得するに在り」

★綱領第六、攻撃精神

「軍隊は常に攻撃精神充溢し志気旺盛ならざるべからず」「………勝敗の数は必ずしも兵力の多寡に依らず精練にして且攻撃精神に富める軍隊は克く寡を以て衆を破ることを得るものなればなり」

★第二部、第一、攻防何れに依るべきや

「戦闘に方り攻防何れに出ずべきやは主として任務に基き決すべきものなりといえども攻撃は敵の戦闘力を破摧し之を圧倒殱滅するため唯一の手段なるを以て状況真に止むを得ざる場合の外常に攻撃を決行すべし敵の兵力著しく優勢なるか若しくは敵の為一時機先を制せられる場合に於いても尚手段を尽くして攻撃を断行し戦勢を有利ならしめるを要す」「状況真に止むを得ず防御を為しあるときといえども機を見て攻撃を敢行し敵に決定的打撃を与ふるを要す」

一流国文学者の協力を得て表現を練った作戦要務令の中でも名文と言われる綱領は旧軍青年将校の間に普及し、大東亜戦争中の部隊運用の考え方に多大な影響を及ぼした。

攻撃重視の教義は素質が劣等な軍隊を相手にした中国大陸の戦いでは確かに役立っている。しかしながら本格的な近代装備を整え、総合戦力を発揮する軍隊相手の南方戦域

では不用意な攻撃により多大な損害を生ずるという重大な問題点を露呈した。例えばガダルカナル飛行場奪回のため攻撃を繰り返した第2師団の歩兵第4連隊始め各部隊は米軍の濃密な火力を浴びて壊滅的攻撃を被り作戦は不成功に終わっている。

●陸上自衛隊
　第2次大戦後に創設された陸上自衛隊は旧軍作戦要務令、近現代戦史、米軍教範等を参考にして攻撃の教義を作成した。以下はその要点…「攻撃は、行動の自由を保持して主動的に我が意思を敵に強要し、緊要な時期と場所において物心両面にわたる戦闘力を計画的に集中することができるので、決定的な成果を獲得するための最良の戦術行動である。」「攻撃は敵部隊の撃滅及び地域の獲得を図る場合の他、遅滞、牽制、抑留、欺騙または攪乱等の限定した目的を達成しようとする場合がある。」

●米陸軍…調整された戦力の発揮を重視
　第2次大戦以来、米軍は本格的な攻撃の場合、歩兵、機甲、砲兵、航空を含む各種の戦闘手段を充分に調整し、総合的な戦力発揮を重視して来た。しかしながらベトナム戦争以降、テロ・ゲリラの対処に適した特殊戦下の攻撃に関する教義の進展も著しい。
　運用教範、FM100-5（1993）による攻撃の原則は次のとおりである。…「攻撃の目的は敵を撃破、撃滅または無力化するにある。各種形態の攻撃に応ずる計画の作成、調整及び準備の要領は幾分異なるが、攻撃全般を通ずる基本原則は変らない。通常、攻撃は接敵移動後に生起するが、防御、戦果拡張及び追撃の状況下で始まる場合もある。攻撃の形態は期待効果及び要領により応急攻撃（hastely attack）、周密攻撃（delibelately attack）、擾乱攻撃、逆襲、襲撃、欺騙及び示威（demonstrations）に区分される。」

●旧ソ連軍、ロシア軍…統合作戦下の攻撃
　現在のロシア軍に継承された旧ソ連軍の攻撃の原則は陸海空、防空各戦力を合せた統合機構の機能発揮を重視する。以下はその要旨…「攻撃は敵の人員装備を殲滅するため迅速な機動と火力打撃を連携させる陸海空軍部隊による最も重要な戦術行動のである。地上部隊は核兵器及び通常兵器による打撃の直後に攻撃を発動して終局的に敵部隊を撃破し、その防御地域及び防御組織を占領する、航空部隊は地上部隊の近距離に在る敵を射撃し、あるいは爆撃により撃破する。航空攻撃中における来襲敵機の殲滅は戦闘機による。魚雷・ミサイル攻撃は最適位置を占める艦艇又は航空機が担当する。」

　幾多の戦例に見る個々の作戦戦闘は攻撃、防御等、各種の戦術行動が併用される様相を呈している。なお防御、遅滞行動又は後退行動に任ずる部隊による逆襲の形態は攻撃そのものである。

## 現代軍の防勢作戦：軍団レベル

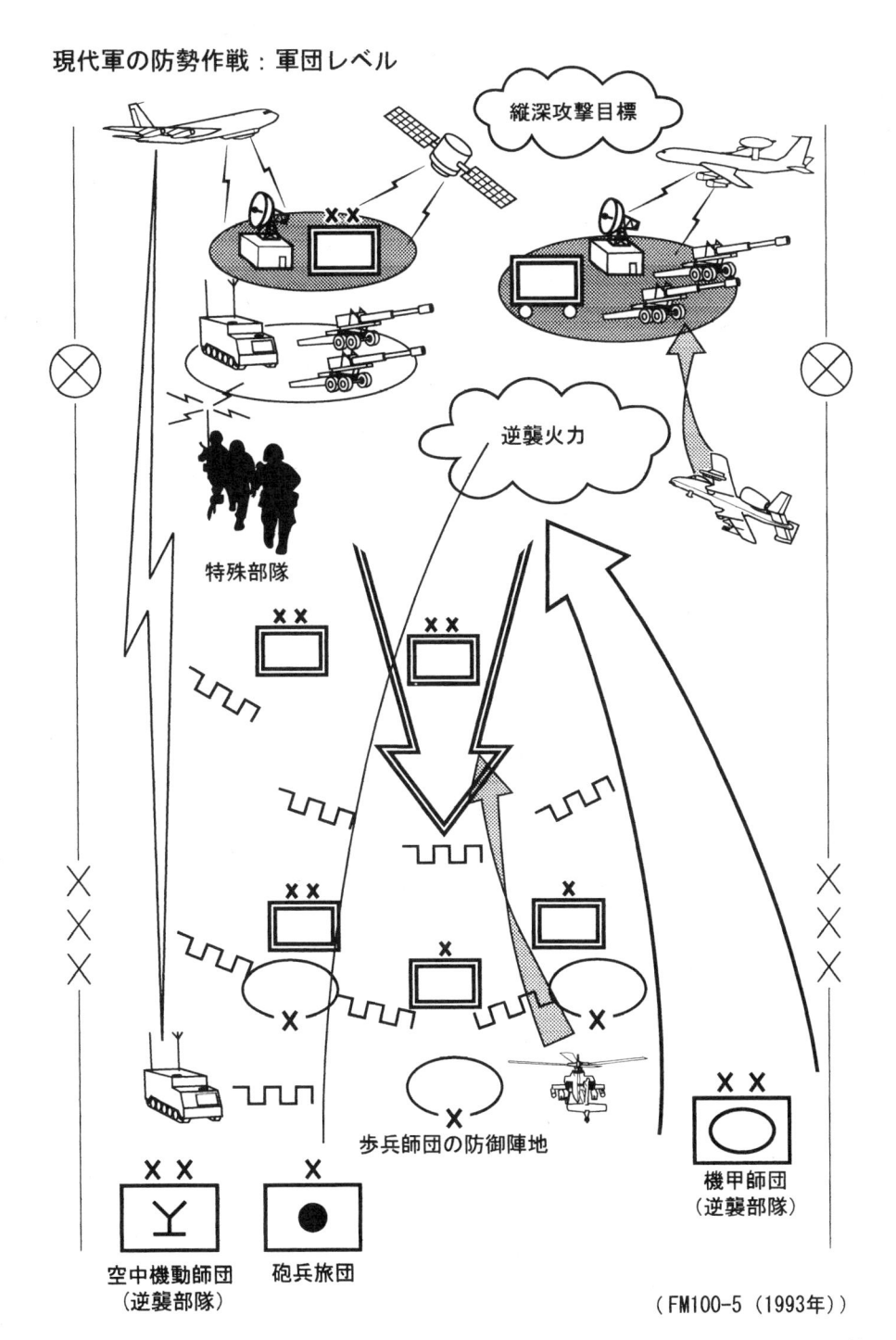

縦深攻撃目標

特殊部隊

逆襲火力

歩兵師団の防御陣地

空中機動師団（逆襲部隊）

砲兵旅団

機甲師団（逆襲部隊）

（FM100-5（1993年））

# 〔防御：基本的戦術行動〕
## defense, defence

●防御の原則

　戦闘（battle, combat）は作戦において戦闘力を行使する状態を指す。防御は準備した地域において来攻する敵と交戦する戦術行動に他ならない。これに対し攻勢（offense）及び防勢（defense）は戦術行動でなく、作戦を実行する態度である。防勢、防御とも同じ表現にならざるを得ない。このため英語では時として防御を"tactical defense"、防勢を"strategic defense"と呼ぶ。

　クラウゼビッツの戦争論は「敵を待ち受ける防御は攻撃よりも効率的な戦力発揮が可能」と述べているが、防御専一では敵を撃破し、重要地域を占領するという戦いの目的を達成する事ができない。さらに防御が永く続くと部隊は心理的に落ち込んで行動の自由を失い、形勢を不利にする恐れもある。とは言え、現実の戦いは攻撃専一という訳には行かず、例えば下記の状況に直面する部隊は防御を選ぶ方が望ましい。

★戦場への兵力の集中あるいは増援部隊の来着までの間に準備の余裕を得る。
★先遣隊又は警戒部隊が主力の戦場への進出を掩護する。
★作戦部隊の主力が一部をもって攻撃準備間に火力により敵の戦力を減殺（げんさい）して前進の遅滞に努める。
★主力が主作戦又は決戦正面に兵力を集中するため支作戦正面ないしは重要度の薄い正面の兵力を節約する。
★主力部隊の翼側、後方地域等の警戒掩護に当たる。
★敵に対し、我が方の企図、行動及び能力を欺騙（ぎへん）して攻撃に有利な状況を作為する。

●旧日本軍

　作戦要務令の第二部は「状況真に止むを得ざる場合の外常に攻撃を決行すべし」と攻撃を過度に奨励した。ただし防御を全面否定した訳ではなく、同じ第二部には次のような防御の基本原則が記述されている。

★防御の主眼…「防御の主眼は地形の利用、工事の施設、戦闘準備の周到等物質的利益に依り兵力の劣勢を補いかつ火力及び逆襲を併用して敵の攻撃を破摧するに在り」
★受動を避け主動なれ…「防者はややもすれば全く受動に陥り行動の自由を失うに至り易し故に各級指揮官は特に堅確なる意志を以て勉めて主動的に企図を遂行し苟くも罅隙（かげき）を発見せば機を失せず之を利用するを要す之が為要すれば配備を変更し又既に築設したる工事も之を棄つるに躊躇（ちゅうちょ）すべからず」

　第2次大戦中に日本軍は太平洋方面の硫黄島、ペリリュー、沖縄、雲南方面の拉孟（らもう）、騰越（とうえつ）で周到な防御準備と巧妙な戦闘の実行により劣勢な戦力を活かして良く戦い、優勢な敵に多大な損害を強要した。

●陸上自衛隊
　第2次大戦後に創設された陸上自衛隊は旧軍作戦要務令、米軍教範「作戦原則」及び硫黄島等の戦訓など参考にし、現代戦の趨勢を検討して防御の教義を作成した。以下はその要点…「防御の主眼は陣地による阻止火力及び機動打撃（筆者注：逆襲）によって敵の攻撃を破砕するにある。防御は、自ら選定した地域において敵の攻撃を待ち受け、地形の利用及び事前の準備によって勢力の劣勢を補い、空地からの敵の攻撃に対しても強靭な戦闘を遂行し得る反面、ややもすれば受動に陥り、戦闘力を分散して行動の自由を失いやすい。このため防御においては、その利点を最大限に活用して効果的に敵戦闘力を減殺するとともに、あらゆる手段を尽くして主動性を奪回するように努めることが必要である。」

●攻防の兵力比三対一は俗説
　攻撃対防御の兵力比は三対一と言われるが、それは俗説に過ぎず、古今東西の兵学理論及び各国軍の戦術教義としては認められていない。本来、戦争は決して単純でなく多種多様な要因が背景を成して勝敗を左右するからである。
　ただし明治建軍の頃にプロイセンのメッケル参謀少佐が創設間もない陸軍大学校の参謀要員の教育に用いた図上戦術には攻撃側3ヶ師団、防御側1ヶ師団（どの師団も1ないし2万人）という状況が多かった。このような兵力比を前提にした基本想定は第2次大戦に至るまでの約60年間、陸軍大学校と陸軍士官学校の戦術教育に使われた。さらに戦後に創設された陸上自衛隊幹部学校（旧軍の陸軍大学校に相当）の学生教育にも反映されている。確かにプロイセンの時代における西欧各国軍の師団は編成装備がほぼ同等であったから、兵力比ないし師団の数イコール戦力比という常識が通用した。ところが20世紀になると火力、機動力、防護力を発揮する兵器装備が高度に発達して兵力比や師団数だけでは戦力の判定が不可能になった。ちなみに朝鮮戦争当時の米軍1ヶ師団（約1.5万人）の戦力は中国軍3ないし5ヶ師団（3ないし5万人）に匹敵した。
　幾多の戦例は攻防の兵力比三対一が絶対的な要件でないという真理を証明しており、時には優勢な兵力で防御を採る場合もある。例えば第4次中東戦争（1973.10）においてスエズ運河を渡河直後のエジプト軍の歩兵師団（約1.5万人）は反撃して来るイスラエル軍の機甲旅団（戦車100両、約4000人）に濃密な対戦車火力を集中し壊滅な打撃を被らせた。なお長篠の戦いにおいて織田信長は敢えて優勢な兵力で防御を選択した。
　中国の兵法書、孫子の異本は複数存在しており、それぞれ攻撃と防御の選択上の判断に関し、異なった解釈がある。先ず古文の武経本、平津本の軍形第四は「守れば即ち足らず、攻むれば即ち余りあり」、1972年に出土した近文の竹簡本の形篇第四では「守は即ち足らざればなり、攻は即ち余り有ればなり」とそれぞれ説いている。
　戦いの帰趨には兵力の多寡（たか）にとどまらず地理的条件、兵器の量と質、指揮官の性格と能力、部隊の士気と練度、情報、兵站など各種の要因が影響を及ぼす。孫子の古文及び、近文の説く各原理は幾多の戦例を通じて実証されており、いずれも正しい。

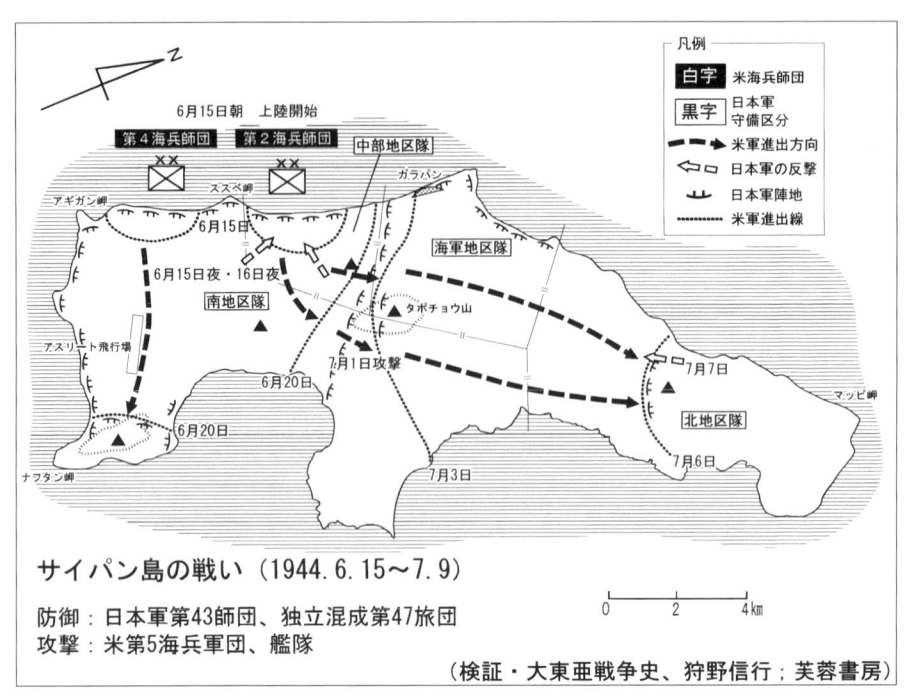

**サイパン島の戦い（1944.6.15〜7.9）**

防御：日本軍第43師団、独立混成第47旅団
攻撃：米第5海兵軍団、艦隊

（検証・大東亜戦争史、狩野信行；芙蓉書房）

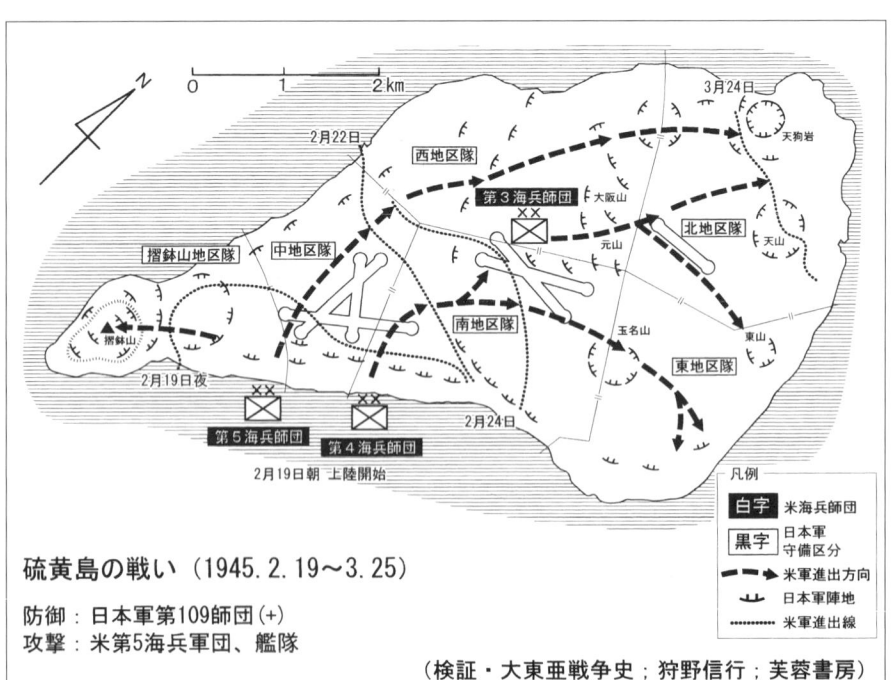

**硫黄島の戦い（1945.2.19〜3.25）**

防御：日本軍第109師団(+)
攻撃：米第5海兵軍団、艦隊

（検証・大東亜戦争史；狩野信行；芙蓉書房）

# 〔電子戦〕

## Electronic Warfare

●敵の戦力を無力化する電子戦

　14〜15世紀に火器が登場して以来、火力が敵戦力を撃破又は無力化する主要な手段であった。要するに在来の作戦・戦闘は火力により敵の人員、装備、施設を加害（殺傷、破壊、機能低下）して戦いの目的を達成した。ところが20世紀以降、電磁波により敵の戦力、特に兵器システムの機能を低下又は無力化する電子戦が作戦・戦闘遂行上の有力な手段になった。

　ちなみに自衛隊では「電子戦」を敵の通信電子活動の探知・逆用、その効果の低下ないし無力し、友軍の通信電子活動の自由を確保する作戦・戦闘行動と見ている。今や高度技術の航空機、艦船、戦車、火砲、ミサイルも電子戦能力を失えば廃品同然になる。

　すでにイスラエル軍のレバノン進攻作戦（1978, 3）、米軍のリビア爆撃（1986, 3-4）、湾岸戦争、アフガン作戦及びイラク戦争では電子戦能力の優劣が戦いの成り行きを大きく左右した。

●殺傷破壊力も加わる電子戦

　1970年代から西側各国の軍事用語に"Electronic Warfare"が初めて登場した。ただし当時の電子戦の定義は「敵の電子機器の標定及び制圧」と極めて単純であった。ところが90年代以降、情報活動や電子妨害にとどまらず、エネルギ（ビーム）の放射による殺傷破壊力も加わり次のように複雑多様化する傾向にある。

★米国防総省（JP1-02, 2005）：electronic warfare（EW）

　電磁波及び指向性エネルギを活用して電磁波帯域を支配し、あるいは敵を攻撃する軍事行動である。電子戦は電子攻撃、電子防護及び電子戦支援から成る。

1. 電子攻撃：electronic attack（EA）

　電磁波エネルギ、指向性エネルギ又は対レーダ兵器により敵の人員、施設又は装備を攻撃し、その戦闘能力を低下し、あるいは無力化させる。その手段は次のとおり。

　1) 電波妨害（ジャミング）、電磁波帯域の欺騙等により敵の電磁波の有効利用を阻止又は減退する活動である。

　2) 電磁波又は指向性エネルギを主要な破壊手段として用いる兵器の運用（レーザ兵器、RF兵器、粒子ビーム兵器）である。

2. 電子防護：electronic protection（EP）

　パッシブ、アクティブ両手段により友軍又は敵軍の電子戦運用に対し、わが方の人員、施設又は装備を防護する活動である。

3. 電子戦支援：elctronic warfare support（ES）

　作戦部隊指揮官が当面の脅威の認識及び標定並びに作戦計画の作成及び実行のため人為的又は自然界の電磁エネルギ放射源を探知、識別、又は把握する活動である。

　これらの活動は脅威の回避、標定及び追尾を含む電子戦の作戦・戦闘上の決心に必要な情報資料を提供する。そのデータは信号情報の作成、電子攻撃又は撃破を狙う攻撃の

ための目標情報の提供及び計測・兆候情報の作成に用いる。
4. エネルギ指向兵器、ビーム兵器：directed energy weapon
電磁波エネルギ又は微粒子を収束したビームにより殺傷破壊する兵器である。
5. 信号情報：signals intelligence（SIGINT）
  1）通信情報、電子情報及び外国の機器が発信する信号情報を含む情報の総称である。
  2）通信情報資料、電子情報資料び外国の機器情報資料から作成した情報である。
6. 通信情報：communication intelligence
外国の通信連絡から知り得た技術情報資料及び技術情報である。
7. 計測・兆候情報：measurement and signature intelligence（MASINT）
特定の固定、移動両目標源から技術的手段により探知、標定、追跡、識別及び記録された情報である。本情報の収集能力を有する手段はレーダ、レーザ各器材の他、光学、赤外線、音響、放射線、無線、分光放射、振動各探知機器から成る。さらに気体、液体、固体各材料の分析も役立つ手法である。

★電子戦の分類（西欧軍）
1. 攻撃的電子戦：electronic countermeasure（ECM）
妨害電波、欺瞞電波の発信、電波妨害材料（チャフ、囮火球など）の散布等により敵のレーダ、通信電子機器等を無力化する。
2. 防御的電子戦：electronic counter-countermeasure（ECCM）
敵の攻撃的電子戦能力を破砕又は無力化する活動である。それは敵の妨害電波及び欺瞞電波を無力化するための信号処理機能、使用周波数、暗号、呼出符号等の機敏な変更による妨害又は傍受の回避、電波管制、暗号の利用、囮判別技術等から成る。
3. 通信電子情報活動：electronic signal monitoring（ESM）
敵のレーダ、無線機器等の使用周波数の探知、電波発信源の標定、交信内容の傍受、暗号解読等、通信電子関連の情報資料を収集し情報を作成する。

●電波の軍事利用に伴う電子戦の誕生
すでに日露戦争において無線電信の利用と電子戦の走りが認められる。1904年3月8日、日本海軍は巡洋艦2隻をもって旅順港内のロシア艦隊に砲火を浴せかけた。この時に湾の近くに配備された射弾観測用の駆逐艦は無線電信で目標情報を沖合の巡洋戦隊に伝達した。これに対しロシア軍の通信隊は電信機で連続的に妨害電波を送り、その結果、日本軍は射撃指揮通信が不能になり戦闘の打切りを余儀なくされた。
第2次大戦中の1943年7月に連合国空軍はハンブルグ爆撃時にドイツ軍高射砲隊の射撃用レーダ攪乱のため銀箔の細い帯（チャフ）を初めて散布した。当時のレーダ波長の2分の1に当る長さのチャフは数ヶ月間は有効であった。その後、ドイツ軍はレーダ波長の変更等の対抗手段（ECCM）を生み出した。
1960年代のベトナム戦争で共産軍は当時としては驚異的な精度のソ連製SAMシステムをハノイ周辺に配備して多数の米空軍機を撃墜した。これに対し米空軍はレーダ及びミサイルのシーカを無力化する囮目標の発射と妨害電波により航空機の損害軽減に努めた。

# 〔特殊作戦〕
## Special Operations

●米国防総省の定義

　50年代の米陸軍用語、特殊戦ないし特殊戦争（special warfare）は60年代以降に特殊作戦（special operations）と改められた。国防総省統合用語辞典（JP1-02, 2005）は特殊作戦を次のように定義する。…『敵性、反体制又は政治的に微妙な環境条件において広範囲にわたる通常戦力の部隊が要求されない条件下の遂行上で軍事力を運用して軍事、外交、情報ないしは経済目標を達成する作戦である。本作戦は非公然性、秘密性ないしは隠密性を具備する能力が要求される場合が多い。』

　なお特殊作戦は「特殊戦」と言う短縮した表現を用いる場合がある。

●特殊部隊と一般部隊

　国防総省の直属部隊には米特殊戦軍（US Special Operations Command）が存在する。

　特殊戦軍は1982年に従来、各軍に分属する特殊部隊を合わせて新設した統合作戦部隊機構である。特殊作戦、特殊戦は現代各軍のの軍事教義として一般化した。例えば韓国軍に特戦旅団、中華民国軍（台湾）に特殊作戦部隊が存在する。

　一般部隊とは軍、軍団、師団、旅団などの編成を採り、攻撃、防御等、一般作戦下の戦術行動を行なう野戦部隊である。通常、一般部隊は所命の作戦地域において総合戦闘力を発揮して地域の占領確保、敵戦力の撃破、警戒監視等に任ずる。これに対し特殊部隊は一般部隊よりも規模が小さく軽装備で中隊、小隊、班、分隊ごとに分散して遊撃戦（ゲリラ戦）、襲撃、破壊、テロ対処、直接行動などを行なう。

●西側諸国における従前からの認識

　現代戦争辞典（The Dictionary of Modern War, 1991, Harper Collins, NY）は英国始め西側世界の一般的な認識としての特殊作戦を次のように説明する。…『米国における特殊作戦の定義は次の2種類の要素から成る。

①コマンドウ作戦（commando operations）

　本作戦は敵支配地域内の目標に対し少ない兵力と装備をもって異常な戦術（unorthdox tactics）を実行して絶大な成果を収める能力のある部隊が担当する。コマンドウ作戦ないし特殊作戦は通常、奇襲が成功の決め手を成す。このため隠密偵察、襲撃、サボタージュ、テロ活動、対テロ活動、心理戦（宣伝活動）及び暗殺を実行する。

②外国領域内における反乱・対反乱活動の支援（insurgency and counterinsurgency）

　反乱・対反乱活動は限られた期間に特定の戦略・戦術目的の達成を狙う戦闘行動を主体とするコマンドウ作戦とは異質である。その意味で米国の軍事用語、特殊作戦には思想の混乱が認められる。

　反乱活動は通常、敵国内において既存の反米政権の転覆を狙う友好組織を支援する。

　すなわち外国における反乱と革命を助長する戦略上の布石である。これに対し、対反乱活動は通常、友好国内で親米政権の転覆を狙う反体制側と戦う親米勢力ないしは友好

組織を支援する。
　反乱・対反乱活動にはコマンドウ作戦型の戦闘行動の他、政治・社会・広報宣伝活動も必要である。米軍のレンジャ、デルタフォース、SEALS、英軍のSAS、SBS、ロシア軍のスペツナズ、イスラエル軍のSAYARETMATKALのようなエリート部隊が通常、コマンドウ作戦を実行する。
　米陸軍の特殊部隊（通称、グリンベレ）は反乱・対反乱活動の状況下で現地武装勢力に協力するため特別の編成装備と訓練を施した専門部隊である。』
　ちなみに英軍は第2次大戦中に陸軍内部に創設し、現在、海兵隊の一組織を成す特殊作戦専門部隊をコマンドウと呼ぶ。しかしながらNATO軍では特殊作戦という用語の方が広く定着している。米軍、NATO軍に限らず、今では各国の軍隊あるいは警察等、治安機関が特殊作戦専門部隊を保有する。

●一般作戦と異なる特殊作戦の原則
　以下は米軍特殊部隊の教育資料における特殊作戦と一般作戦の基本的な相違点に触れる事項の紹介である。
　通常、特殊作戦は国家最高指揮権（国軍総司令官（大統領）、国防長官、統合参謀本部議長）の決定に基づいて発動される。当然、国家最高指揮権は特殊部隊指揮官に対し作戦の目的、手段、行動範囲、指揮実行上の判断基準を明示する。特殊作戦の計画と実行にあたり政治的、法的考慮事項が一般作戦の場合以上に多大な影響を与える。
　密入国、隠密偵察、協力者の買収、要人の暗殺、麻薬取引、反乱分子の資金、武器弾薬の供給などは特殊作戦の効率化と目的の達成上、不可欠な手法である。このような非公然かつ非合法な活動（covert operations）が露見すれば為政者は内外から厳しい批判を浴びて政治的に窮地に陥るから厳重な秘密保全対策が必要である。
　それ故に特殊部隊要員の人選と作戦行動への起用、特定の作戦に対する予行演習なども外部に漏れぬように注意する。例えば英軍のSASは所属する要員の個人名、住所等を関係者以外に知らせない。隊員の行動が知れると作戦計画が漏れたり敵性分子等から報復に遭う恐れもある。
　コマンドウ型部隊による特殊作戦の顕著な成功事例としては1976年6月のイスラエル軍特殊部隊によるエンテベ空港人質救出作戦、1997年1月のペルー特殊部隊による日本大使館救援作戦が挙げられる。
　なお2004年以降におけるイラクの治安情勢は反乱・対反乱活動が重なる複雑な様相と見る事ができる。

# 〔奇襲〕
## surprise

●奇襲と集中…戦勝の決め手になる基本的な戦いの原則
　戦力に勝る敵軍の不意を衝き、限られた手持ちの戦力を可能最大限に効率的に発揮して勝利を収める「奇襲」は「集中」とともに重要な戦いの原則である。
　一般的に見れば戦場で対決する両軍の地理的条件、将兵の士気と訓練の練度、兵器の量と質などが同等であれば兵力の多い方が有利である。したがって古代における戦術は相手に勝る兵力（戦闘員の人数）を戦場に集中する努力に始まった。ところで兵力の少ない軍が兵力に勝る軍と正面から対決すれば勝ち目はない。このため企図心旺盛な劣勢軍の指揮官は敵軍の寝込みを襲い、あるいは戦列の整わない時期に先制攻撃をかけた。
　時代が進むと戦例の研究が盛んになり兵器技術も進歩して、時期、場所、要領等、各種の条件を生かした奇襲戦法が実行されて来た。例えば相手側の予想を上回る膨大な兵力の集中、画期的な兵器の運用なども歴然たる奇襲である。

●兵学に見る奇襲の原則
　古今東西における兵学書や軍隊の教範類は必ず奇襲の原則に触れている。とりわけ古代中国の春秋戦国時代に孫子が説いた奇襲の本質は現代戦争にも十二分に通用する。
★孫子
・始計編…兵は詭道なり
　我が方に能力があっても敵側にないように見せかける。遠ざかると見せかけて近付き、近付くと見せかけて遠ざかる。強い敵との戦いを避け、防備の弱い敵の意表を衝く。
・兵勢編…戦いは奇をもって勝つ
　敵と正面対決時には正規戦の戦法を採り、少ない兵力で敵を破る時には奇襲による。奇襲が得意な将軍の戦い方は天地のように終りなく、大河のように尽きる事がない。
・虚実編…守らざるところを攻める。虚を衝く。
　我が軍は敵が援軍を送れない地域を前進し、敵の予想できない方向に出撃する。我が軍は敵の虚を衝いて進撃し、彼らが対応できないようにする。
・軍争編…迂をもって直となす。兵は詐をもって立つ。奇襲計画の作成には的確な情報を必要とし、すべての作戦行動の基本は敵を欺騙する事である。
★クラウゼビッツの戦争論
「奇襲は戦闘力の質に関わる重要な要素であり、奇襲を実行すれば敵の行動を攪乱する事ができる。軍隊の迅速な運用は奇襲を達成する最良の方策である。」
★旧ソ連軍・ロシア軍の用語
　旧ソ連軍・ロシア軍の教範類は現代各国軍のなかで最も理論的かつ体系的に奇襲の原則を記述している。
「奇襲は作戦及び戦闘を成功に導く兵術（military art）の原則の一つである。奇襲を実行すれば短期間に敵軍に多大の損害を強要して混乱に導き、組織的に抵抗する意思を奪う事ができる。奇襲は次の各手段により達成される。①多彩な戦闘行動、②敵軍を我

が方の意図に沿わせるように欺瞞、③我が方の作戦計画を秘匿(ひとく)、④決定的な行動及び巧妙な機動、⑤核兵器による不意急襲、⑥敵にとり馴染みのない手段の活用。奇襲は戦略、作戦、戦術各レベルに適用される。」

★旧軍作戦要務令…敵の意表に出づ

　日本陸軍は極東ソ連軍始め仮想敵に対し、優越した戦力の整備は不可能という認識から潜入、伏撃、夜間攻撃等の奇襲戦法を重視した。

「敵の意表に出づるは機を制し勝を得るの要道なり故に旺盛なる企図心と追随を許さざる創意と神速なる機動とを以て敵に臨み常に主動の位置に立ち全軍相戒めて厳に我が軍の企図を秘匿し困難なる地形及天候をも克服し疾風迅雷敵をして之に対応するの策なからしむること緊要なり」

★陸上自衛隊…戦いの原則

　第2次大戦後、創設された陸上自衛隊は作戦要務令始め旧軍の資料、米軍教範、現代戦の趨勢等を分析し、奇襲の原則を確立した。

「奇襲は敵の意表に出てその均衡を崩し、戦勝を獲得するため、極めて重要である。敵の予期しない時期・場所・方法等で打撃すること及び敵に対応のいとまを与えないことは、奇襲成功の要件である。奇襲は適切な情報活動、秘匿・欺騙(ぎへん)、戦略・戦術の創造、迅速機敏な行動、地形・気象の克服により達成される。」

●アジアにおける奇襲の成功戦例

　洋の東西を問わず、戦略、戦術各局面における奇襲の成功戦例は極めて多く、ここでは日本を含むアジアの部分を取り上げる。

　一の谷の戦いで源義経は少ない兵力の騎馬隊で断崖を下り、優勢な平家軍の背後を不意急襲して混乱に陥れ、圧勝した。

　戦国時代に織田信長は桶狭間の戦い（1560）において少ない兵力で風雨を冒し、折から休息中の今川義元の大軍を刀剣で急襲して決定的な勝利を収めた。ところが、その15年後の長篠では敢えて優勢な兵力をもって防御配備を採り、当時の常識を超える大量の鉄砲を集中し、突撃して来る武田の騎馬隊に壊滅的な打撃を被らせた。

　いみじくも信長は相対戦闘力と兵器技術の異なる条件下に適応する奇襲を実行したのである。各種戦術行動の中でも特に奇襲は「兵に常勢なく、常形なし」という孫子の原則が成功要件になる。要するに形が決っていて、相手に悟られる戦法、あるいは同じ手筋の再使用では奇襲は成り立たない。

　日本海軍航空隊による真珠湾攻撃（1941.12.8）、北朝鮮軍による韓国侵攻（1950.6.25）はいずれも大方の気の緩む休日を選んだ奇襲であった。第2次大戦末期における広島長崎原爆投下は画期的技術の兵器による奇襲と言える。

　毛沢東及びホーゲンザップによる人民戦争は欺騙、陽動、伏撃、襲撃などの奇襲戦法を多用し戦争目的を達成した。

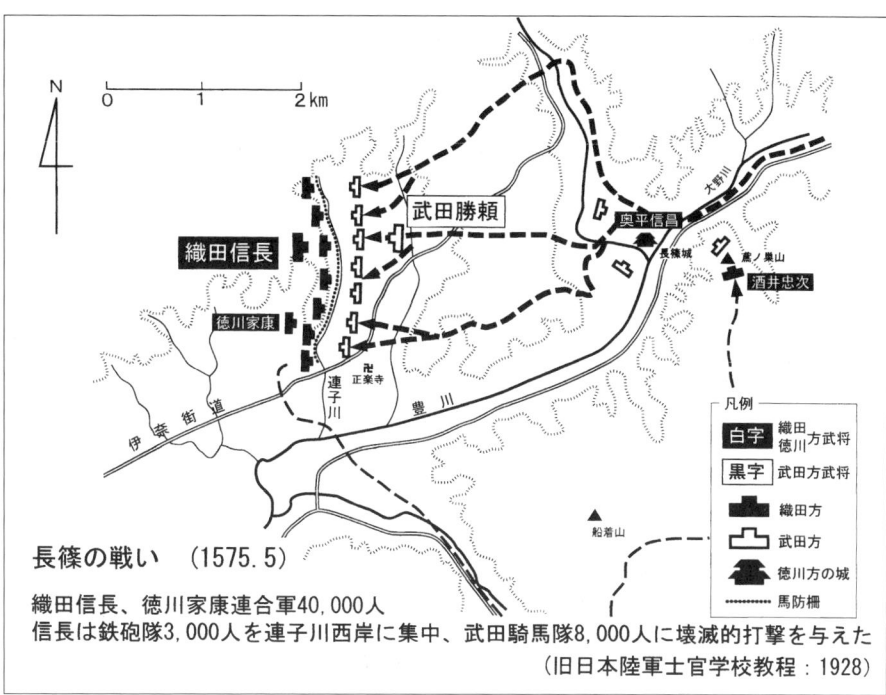

## 長篠の戦い （1575.5）

織田信長、徳川家康連合軍40,000人
信長は鉄砲隊3,000人を連子川西岸に集中、武田騎馬隊8,000人に壊滅的打撃を与えた
（旧日本陸軍士官学校教程：1928）

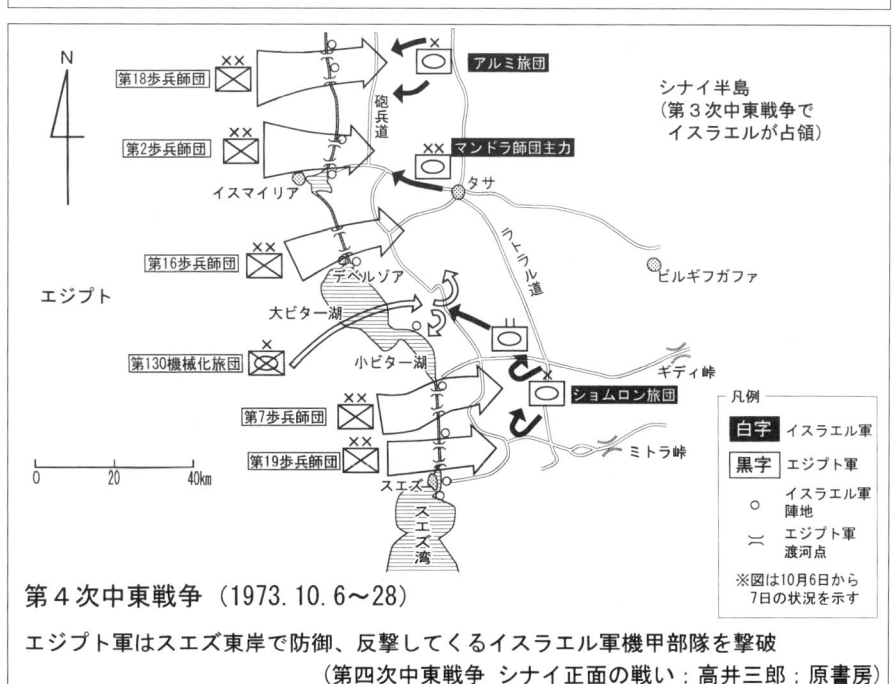

## 第4次中東戦争 （1973.10.6～28）

エジプト軍はスエズ東岸で防御、反撃してくるイスラエル軍機甲部隊を撃破
（第四次中東戦争 シナイ正面の戦い；高井三郎；原書房）

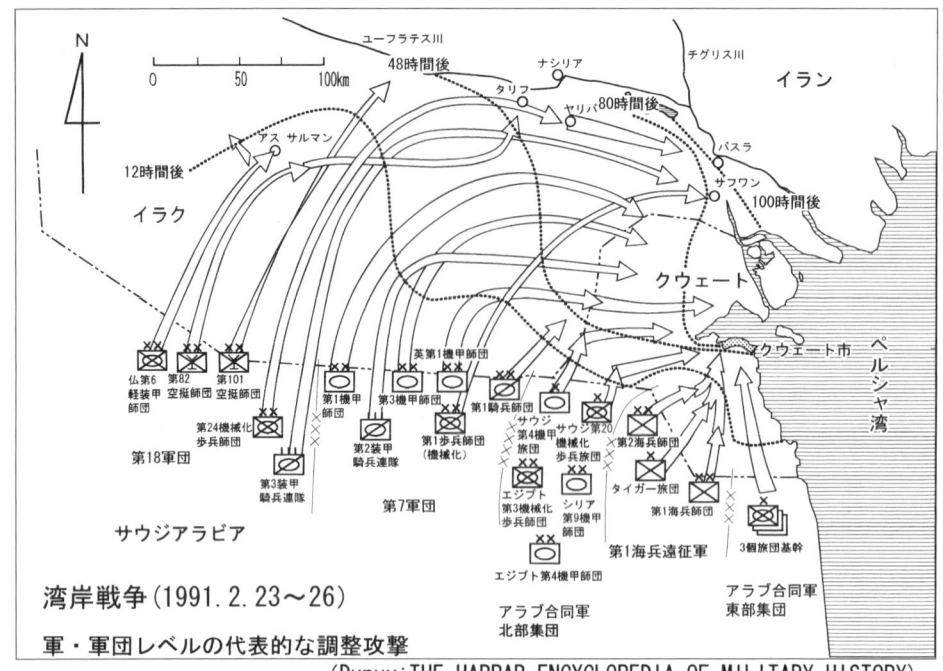

湾岸戦争（1991.2.23〜26）
軍・軍団レベルの代表的な調整攻撃

(Dupuy：THE HARPAR ENCYCLOPEDIA OF MILITARY HISTORY)

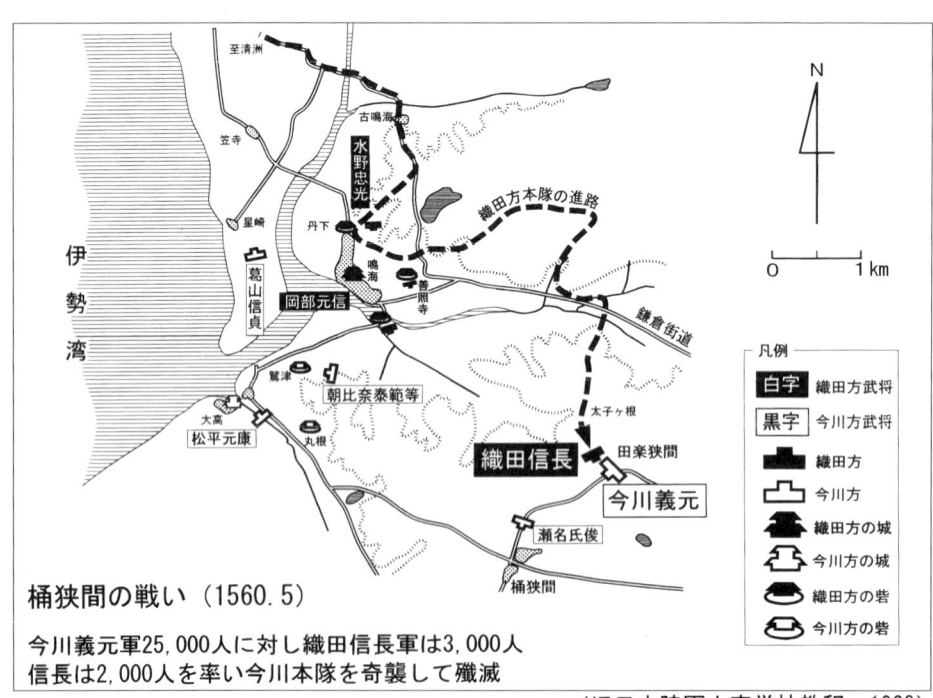

桶狭間の戦い（1560.5）
今川義元軍25,000人に対し織田信長軍は3,000人
信長は2,000人を率い今川本隊を奇襲して殲滅

（旧日本陸軍士官学校教程：1928）

# 第8章

## 統連合

# 〔戦域〕

theater, theater of war

●軍事行動の舞台となる地理的範囲

　戦域（theater）は軍事行動の舞台になる広大な地理的範囲を指し、それには軍隊の作戦準備地域、移動経路、攻撃目標、防御地域等が含まれる。各作戦部隊は戦域において戦闘行動を実行する戦場になる作戦地域（area of operations）を指定される。

　近代以前の戦域は陸地とその隣接海域を含む平面にとどまっていたが、第2次大戦以降、軍事技術、特に航空機、潜水艦の発達に伴い、陸地と海面の上空（空域）及び海中にも広がって立体化した。20世紀後半になると戦略兵器、長距離機動力及びC4ISRシステムが高度に発達するに伴い強大な戦力を持つ米軍及び旧ソ連軍の戦域は地球上の全域を占めるようになった。近い将来の戦域は宇宙に広がるものと予期される。

●グスタフ国王に始まる戦域の概念

　演技を行なう空間を指すテアトロン（theatron）という古代ギリシア語が劇場及び戦域の語源である。これが後にラテン語で人間の活動の場所を指すテアトラム（theatrum）に変化した。

　17世紀初頭にスウェーデンのカールグスタフ国王は現代の"theater of war"と同じ意味のテアトルム・ベリ（theatrum belli）という軍事用語を初めて用いている。三十年戦争中にグスタフ国王は中欧一帯を広く行動して各地の戦場で戦うに及んで、このような戦争の地域概念を認識したのである。さらにルイ14世時代におけるフランス軍は戦争戦域、テアトル・デラ・ゲール（theatre de la guerre）という用語を生み出した。

　その基本的な考え方がドイツ、ロシア、英国など欧州諸国に渡り現在に至っている。

●米軍、NATO軍

★戦域（theater）：各統合軍司令官（combatant commander）が軍事行動上の責任を持つ地理的範囲である。

★戦争戦域（theater of war）：戦争行為が直接行なわれるか、又は可能性のある陸地、海域及び空域を含む地域である。その範囲は国防長官又は同戦域を担当する統合軍司令官が指定する。通常、戦争戦域には特定の統合軍司令官が責任を持つ全地域を含まない。状況により複数の作戦戦域（theater of operation）が戦争戦域に含まれる。

★作戦戦域（theater of operations）：所定の戦闘行動の実行又は支援に必要な戦争戦域内部の一地域であり、同戦域に責任を持つ統合軍司令官がその範囲を指定する。

　同じ戦争戦域の内部に複数の作戦戦域を定める場合、通常、各作戦戦域は地理的に離隔した地域に設け、それぞれ異なる敵に対応する。作戦戦域は通常、相当、広い地域に及び、長期間にわたる作戦行動が行なわれる。

　20世紀後半における米軍は戦域を国外に設けてきた。しかしながら国際テロの脅威が増大して以降、北米も戦域の対称にしている。

●旧ソ連軍（ロシア軍）
★戦争戦域（teatr voyny）：大陸の一部（連接の海域と直上空域を含む）を成す戦争戦域は敵性行動が予期される地域（例えば欧州）である。通常、戦争戦域の内部には複数の作戦地域が存在する。
★作戦地域（tear voyennykh detystviy）：作戦地域は戦時に戦争計画に基づき、戦略任務の遂行に当たる一国の軍隊（又は連合軍）が存在する島（諸島）を含む地域及び連接の海空域から成る。通常、作戦戦域は地上、海上又は大陸間に存在し、複数にわたる場合には政治、軍事、経済の重要度を考慮して主作戦地域と二次作戦地域に区分される

19世紀以来旧ソ連（ロシア）は戦域をユーラシア大陸を基本に描いて来たが、冷戦期には米州を含む広大な地理的範囲を対象にするようになった。

●統合作戦の舞台
　先に触れたカールグスタフ国王が転戦した北ドイツの戦域は平面構造で専ら陸軍が戦う舞台であった。これに対し、現代の戦域は立体構造を成し、広大な地理的範囲にわたり陸海空軍の戦力を組織的に発揮する統合作戦の舞台になった。
　すでに第2次大戦末期にソ連軍はザバイカル軍管区以東の陸海空軍部隊をもって極東戦域軍を編成し、千島、サハリン、満州及び北朝鮮に侵攻した。一方、日本陸軍の編成上、総軍と呼ぶ支那派遣軍（中国大陸）、関東軍（満州）、南方軍（東南アジア）は現代の認識では広い地域を担当する戦域軍であった。しかしながら明治以来の軍制、軍令の原則上、陸軍、海軍が並列の関係にあり、各総軍とも統合機構に欠けていた。
　現代中国軍の総参謀部は西側の統合軍参謀本部に相当する。戦時になると総参謀部の計画に基づき、モンゴル、東北、東海、南海、チベット、新疆、ウイグル各方面の脅威に備え、各地域の軍管区を基盤に戦区と呼ぶ戦域を編成する。各戦区は脅威の特色と地理的条件に応じ陸海空軍及び第2砲兵（戦略ミサイル軍）の増援を受ける。平時に関わらず東南正面には台湾、南海諸島を念頭に置いた南京戦区が編成されたと言われる。
　1970年代以降、米国は世界全域を平時から複数の戦域に区分し、それぞれ統合軍を置く体制を採って来た。2001年時点では米本土、中南米、欧州、中東、太平洋に各戦域軍が配備されている。

# 〔統合軍〕

## Unified Command

　統合軍は米軍の編成原則に基づき平時から常設される大規模な統合組織であり、通常、複数の軍種から成る。大統領、国防長官、統合参謀本部議長等から成る国家最高指揮機関、NCA（The National Command Authority）は統合軍を指揮する。

　統合軍は複数の地域別又は機能別に編成された各組織から成る。統合参謀本部、JCS（The Joint Chiefs of Staff）は統合参謀本部議長、陸海空軍各参謀総長及び海兵隊司令官から成り、NCAの計画作成及び指揮の実行を補佐する。

　以前には米本国軍（CONARC）、戦略空軍（SAC）、空輸軍（MAC）など単一軍種から成る特定軍（specified command）が存在したが、現在では消滅する傾向にある。

　米国防総省は統合軍関連用語を次のように定義する。

●統合軍：Unified Command
　陸海空軍各省（Military Department）のうち複数の省が差し出す組織から成る部隊機構（command）である。統合軍は一指揮官のもとで広範囲かつ継続的な性格の任務を遂行する。
　大統領は統合参謀本部議長の補佐を得て国防長官を通じ、統合軍の編成及び任務の指定を行なう。統合軍は特定軍と区別する意味から"unifiied combatant command"と呼ばれる。

● combatant command
　統合軍及び特定軍を指し、その定義は統合軍の場合と同じである。（訳注、作戦・戦闘行動を計画準備して実行する大部隊である。）

● combatant commander
　大統領が任命する統合軍及び特定軍の各総司令官（commander in chief）である。

●統合軍計画：Unifiied Command Plan（UCP）
　UCPは大統領の承認を受けた統合作戦計画文書である。その内容は全統合軍総司令官に与える指針、基本的任務、権限、部隊機構及び担当地域（area of responsibility）又は担当機能から成る。

●統合：Joint
　複数の軍種から成る組織及び各軍種共同が共同の行動を採る状態を意味する一般軍事用語である。（訳注、例えば"joint operation"は統合作戦、"Joint Task Force"は統合支隊、"Joint Staff College"は統合幕僚大学である。）

●地域別統合軍：geograhical command
　地域別統合軍は地球上の広大な範囲にわたる戦域（theater）を担当する部隊機構であり、次の5ヶ組織から成る。

★北方軍：Northern Command（NORTH　COM）
　北米大陸、北極の一部、グリーンランドの西半部を担当し、防空、沿岸警備、対テロを含む米本土の防衛に任ずる。

★欧州軍：European Command（EUCOM）
　欧州の他、ロシアとアフリカの大部分を担当する。欧州連合軍の一環を成す米欧州軍は11万人から成る。総司令官は欧州連合軍総司令官（SACEUR）及びNATO先任司令官を兼ねている。
★南方軍：Southern Command（SOUTH COM）
　中南米及び南極の一部を担当する南方軍は軍人800人と軍属325人から成る。
★中央軍：Central Command（CENTCOM）
　アフリカ東部、中東、中央アジアを担当する中央軍は基幹要員1000人から成り、作戦上の要求に応じ所要の戦力を受入れる。2006年現在、アフガン、イラクに15万人以上の地上部隊を展開する。
★太平洋軍：Pacific Command（PACOM）
　日本始めアジア全域及び北極の一部の他、南極大陸の大部分を含む担当地域は地球全域の50％に達し、総兵力は30万人を超える。
●機能別統合軍：functional component command
★戦略軍：Strategic Command（STRATCOM）
　戦域軍の任務を次のとおりである。
＊ミサイル防衛の全般にわたる監督指導、全統合軍及び北米防空軍（NORAD）が行なうミサイル防衛の支援
＊ハッカー攻撃・防御、電子戦、保全、心理戦及び偽瞞行動を含む情報戦を総括
＊上記各行動に必要なC4ISRの運営
　戦略軍は司令部をネブラスカ州オフタット空軍基地に置き、原潜、空軍宇宙軍（AFSPEC）、空軍戦闘軍（AC）、偵察・情報衛星及び北米防空軍を運用する。
★米本国統合軍：Joint Force Command（JFCOM）
　米本国統合軍は米本国における改編業務、部隊実験、統合訓練演習、各統合軍に対する増援等を行なう。陸軍本国軍、海兵大西洋軍、大西洋艦隊及び空軍戦闘軍は100万人を超える常備役、予備役各要員を提供する。
★特殊戦軍：Special Operation Command（SOCOM）
　特殊戦軍は陸海空軍の特殊部隊、約4万人を運用して世界各地における不正規戦、直接行動、民事活動、心理戦、対テロ等を行なう。1987年以来、特殊戦軍は各地域別統合軍の支援に当っている。
★輸送軍：Transportation Command（TRNSCOM）
　輸送軍は空軍機動軍（AMC）、海軍輸送軍及び陸軍交通管理軍（MTMC）を運用して大量の人員貨物を世界各地に輸送する。

# 〔統合、統合作戦〕

joint, joint operations

●意外と複雑な統合関係用語

　現代各国軍の基本的な教義、統合関係用語は意外と複雑であり、確定した姿になるまでに紆余曲折する道を辿っている。

　1990年代における米国防総省・NATO用語では「統合（joint）」、「統合作戦（joint operations）」を次のように定義する。…「統合は同じ国軍所属の複数の軍種が参加する活動（activities）、作戦行動（operations）、組織等を指す。なお2個の軍種から成る作戦実行組織は例えば陸海軍統合（Joint Army-Navy）と呼ばれる。」

　第2次大戦当時、米英軍は現在の統合に相当する機能を"combined"と呼んでいたが、今ではNATO用語の"joint"を慣用する。なお現在でも米国防総省は"combined"を連合作戦及び諸兵協同の双方の意味に用いている。……「"combined"は複数の連合国に所属する複数の軍隊（forces）又は機関（agencies）の関係を指す。（複数の国がそれぞれ単一の軍種を差し出して編成される部隊は例えば"combined navies"と呼ばれる。）」、「"combined force"は複数の連合国（allied nations）が差し出す組織から成る軍隊（military force）である。」、「"combined arms team"は単一の軍種に所属する複数の兵科部隊等を完全に一体化した組織である。（訳注、例えば戦闘団は歩兵、機甲、砲兵、工兵、兵站各部隊を単一の指揮組織に入れた連隊規模の戦闘実行チームである。）」。

　1970年代以降、米国防総省では時として"unified"を"joint"の意味に用いており、例えば統合軍は"unified command"、"unified combatant command"と呼ばれる。

　ちなみに"joint and combined operations"は統連合作戦（統合作戦及び連合作戦）と訳されている。

　1950年代以来、米軍の統合作戦教義を参考にした自衛隊の用語集は「協同」及び「統合」を次のように定義する。

★統合用語教範（50年代）

＊協同（coorporation, consert）…「①二個以上の自衛隊の部隊が参加する状況下で単一の指揮関係を設けずに相互に協同して行なう作戦　②単一自衛隊内の指揮関係のない部隊が単一の指揮官を設けずに行なう作戦。」

＊統合作戦（joint operation）…「二個以上の各自衛隊が参加し、単一の指揮下で行なわれる作戦。」

★航空自衛隊術語の解（90年代）

＊協同…「ある特定の共通目的達成のため、指揮関係のない二個以上の部隊が、相互に協力すること、またはその状態をいう。」

＊統合（joint）…「同一国家に属する異なる軍種（各自衛隊）またはそれらの部隊等が、特定の目的達成のために協力することまたはその状態をいう。」

★陸上自衛隊用語集（70年代）

＊統合（joint）…「陸上・海上・航空自衛隊またはそれらの部隊が、一指揮官のもとにまたは協同関係において、ある特定の目的達成のために協力することをいう。」

協同、統合はともに異なる軍種の部隊が共通の目的達成上、協力し合う作戦戦闘行動に他ならない。その基本的な違いは関係部隊に及ぶ統一された指揮組織の有無にある。
　旧日本陸海軍はマレー・比島上陸作戦及び硫黄島、沖縄などの島嶼防御では局地の部隊が協同体制下で行動したが、指揮を一元化する統合まで考え方が及ばなかった。したがって50年代当時、旧軍出身の自衛隊の中上級幹部は米軍の統合作戦教義に多大な関心を寄せたのである。

●兵器技術の進歩が統合作戦原則の開発を促進
　特色の異なる陸海空軍の各戦力を調整して効率的に発揮すれば、我が方は少ない損害で敵に大打撃を与え、速やかに戦争を獲得する道を開く事ができる。地上部隊が船で水面を移動し、あるいは船上で敵と戦う陸海協同の原形は春秋戦国や源平の時代に始まる。
　20世紀になると兵器と技術が未曾有の進歩を遂げて戦闘手段の多様化と戦場の広大化をもたらし、先進諸国軍ではおのずと各軍種協同の必要性が認識された。そこで各軍種の協同行動の効率化を図るため、次の各分野にわたる統合教義の開発と発展を促進させて現在に至っている。
＊空地作戦下の戦術行動　＊防空作戦（対空、対ミサイル防衛）＊空中機動作戦
＊着上陸作戦　＊対着上陸作戦　＊警備行動　＊特殊作戦　＊戦力核打撃

●国防機構の統合化
　第2次大戦後、欧米、ソ連等、各国は国防体制の軍制部門を統合化する狙いから陸海空軍省の機構を吸収合併し、国防省を創設した。さらに各国は従前の各軍参謀本部に替る統合参謀本部を新設して統帥機構の一元化を図っている。
　ただし軍隊が巨大な米国は陸海空軍各省の上に国防総省を置き、陸空軍参謀総長、海軍作戦部長及び海兵隊総司令官の上に統合参謀本部議長を設けた。同様に軍隊が巨大な中国及びロシアでは海軍司令部と空軍司令部が海軍省と空軍省の役割を果たす。
　米国、英国、フランス、ロシア、中国、韓国などは通信、情報、戦闘、後方支援各部隊も統合機構にして即応体制を採っている。さらに参謀教育、研究開発、調達各分野も統合化に向かう傾向にある。
　第2次大戦当時の米統合軍は臨時編成であったが、1947年の国家安全保障法に基づき恒常的な編成が認められた。2006年時点の統合軍は1987年の国防総省再編成法を根拠とする。

# 〔連合戦争〕
## coalition warfare

●連合の類語

　西側の定義によれば連合戦争（coalition warfare）は複数の国家が共通の利害に基づく目的の達成上、協同して実行する戦争行為である。

　当面、この原語の定訳がなく、本文では「連合戦争」という仮の訳を用いる。

　ところで複数の国家が協同する体制を一口に連合というが、その形態は一様でなく米国防総省は連合とその類語を次のように定義する。

- coalition：複数の国家が協同動作を採るための臨時の取り決め（ad hoc arrangement）
- alliance：複数の国家が共通の利害（interests）の実現上、広範囲かつ長期にわたる視点から締結する正式の協定（すなわち条約）
- multinational：複数の国家又は連合（coalition）を構成する複数の軍隊相互の関係

　英軍用語による永続的、一時的各連合の定義は次のとおりである。
- alliance：通常、一般に条約（treaty）と呼ぶ正式の協定に基づく複数の国家、民族又は政治グループ間の協力体制
- allied：alliance を採った状態（連合体制）、例えば Allied Rapid Reaction Corps,
- coalition：正式な条約でなく協定に基づく一時的な連合（alliance）

　米国のリーダースダイジェスト辞典（1977）は連合関連の類語を次のように定義する。
- alliance：共通の利害に基づいて特に国際的な規模にわたる国家集団
- league：狭い範囲の関心事に基づいて固く結合する集団、例えば球団
- federation：主権を表明する代表を中央機構に送り出す自治組織から成る集団
- union：federation よりもさらに結合が固い自治組織から成る集団
- confederation, confederacy：外交の権限は中央に帰属するが、各々広範囲な自治権を認められた組織の集団
- coalition and fusion：競合する利害の一致した複数の国家による一時的な結束

　要するに同じ連合でも"coalition"は複数の国家による当面の利害に基づく一時的な結合であり、"alliance"などに比し、永続性に乏しい。

　明治以来、"alliance"は連合、"League"は連盟（例えば国際連盟）、"union"は連邦、同盟などと訳されて来た。

●多様な構造

　西側では連合戦争の本質を次のように見ている。……「通常、連合戦争は主権を有する各国が正式に取り交わした幅広い政治上の連合（alliance）又は連盟（league）を実行上の根拠を成す。ただし連合、連盟などの政治的根拠がなく各国が当面の脅威をともに認識して連合戦争を行なう場合もある。このような状況下の戦争には連合国（allied nation）の他、革命軍、ゲリラ組織等、政治目的を抱く武装勢力も参加する。」

　湾岸戦争（1991）は現代における連合戦争の多様な構造を浮き彫りにした。当時、米国政府が"Coalition Force"と呼んで組織は"Allied Force"と"Joint Arab Force"から成っていた。すなわち米国、英国、ドイツ、イタリア等、NATO諸国は既存の軍事協定を根拠にして参戦した。したがってNATOの陸海空軍は"Allied Force"と呼ばれていた。これに対し、平素、軍事同盟がないクウエート、サウジアラビア等、湾岸諸国、エジプト、シリアを含むアラブ・イスラム諸国は、それぞれ対イラク作戦のため"Joint Arab Force"（アラブ統合軍）という野戦軍を編成した。臨時編成ながらアラブ統合軍はサウジアラビア軍の将官が指揮を採った。

　米中央軍（西南アジア戦域を担当する米統合軍）の総司令官はNATO軍差出しの連合軍を指揮するとともにアラブ統合軍の行動を統制した。

　当時、日本の報道では"Coalition Force"を「多国籍軍」と呼んでいた。しかしながら米国始め戦争当時国は"muliti national force"という用語を用いていなかった。

●連合戦争と国民戦争

　古代ギリシアではアテネ、スパルタなど都市国家の集団が互いに争う連合戦争の原型と言うべき"Social War"、"War of Allies"が存在した。近代以降の国際紛争は規模が拡大して国家群相互又は国家群対一国が対立抗争する連合戦争が主流になる傾向をたどっている。例えば第1次、第2次両大戦、朝鮮、ベトナム、湾岸各戦争、アラブ・イスラエル紛争はいずれも連合戦争であった。

　近現代の国際社会では各地域において歴史、宗教、文化、民族、政治、経済各要因が複雑に絡み合う。特にエネルギ、水、食料など重要資源の支配をめぐる深刻な利害対立が複数の国家が関わる戦争に発展する。利害が対立する一国対一国間の紛争は歴史学上、国民戦争と呼ばれていた。20世紀初頭までの代表的な国民戦争には普仏戦争、第一次阿片戦争、ボーア戦争、米西戦争、日清戦争、日露戦争が挙げられる。第1次大戦後も国民戦争が消滅した訳でなく、30年代にはノモンハン事件、エチオピア遠征、ソ連・フィンランド戦争などが起きている。さらに第2次大戦後のインド・パキスタン戦争、中印戦争、フォークランド戦争、イラン・イラク戦争も国民戦争であった。20世紀における国民戦争は比較的、短期に終っているがイラン・イラク戦争は長期化して10年間も続いた。時として複数の国家が軍事介入して国民戦争、内戦あるいは局地紛争が連合戦争に発展する場合もある。北清事変、朝鮮、ベトナム各戦争、バルカン紛争、アフガンテロ戦争はその代表的な戦例である。

# 〔多国籍軍、連合軍〕

multinational force, coalition force, allied force

●多国籍軍、連合軍の定義
　米国防総省用語辞典（2005）は「一時的な連合」、「連合」、「多国籍」、「多国籍軍」及び「多国籍作戦行動」を次のように定義する。
* 一時的な連合、coalition：複数の国家が協同動作（common action）を採るための臨時の取り決め（adhoc arrangement）
* 連合、alliance：複数の国家が共通の利害（interests）の実現上、広範囲かつ長期にわたる視点から締結する正式の協定（すなわち条約）
* 多国籍、multinational：複数の国家又は一時的な連合（coalition）を構成する複数の軍隊相互の関係
* 多国籍軍、multinational force：特定の目的の達成上、組織された連合（alliance）又は一時的な連合（coalition）を形成する各国の軍事組織（military elements）をもって構成する軍隊（force）（訳注："allied force"及び"coalition force"の双方を指している。なお1998年版の国防総省用語辞典に載る"coalition force"の定義は本用語（2005）に吸収された。）
* 多国籍作戦行動、multinational operation：通常、一時的な連合（coalition）又は連合（alliance）の枠内における複数の軍隊（force）による軍事行動（military action）に関する総合的な定義（collective term）

　オックスフォード英語大辞典は"coalition"を「複数の組織が一体化した状態であり、"union"、"combination"、"fusion"と同義語」と定義する。
　日本では"coalition"の定訳がなく、国語辞典では「多国籍軍」、「連合軍」とも同じ意味と解釈している。
* 多国籍軍：複数の国によって組織された軍隊、例として1991年における湾岸戦争では21ヶ国で形成された。
* 連合軍：二つ以上の軍隊。または、所属する組織の異なる二つ以上の軍隊が共通の目的のために連合した軍。

●多国籍軍、連合軍の経緯
　湾岸戦争当時の米国メディアによれば中世にエルサレムなどに派遣された十字軍が西欧史上、代表的な"coalition force"であったと言われている。
　1792年に西欧で"military coalition"という正式の用語が初めて登場した。それはオーストリアとプロイセンが連合し、ルイ王朝を倒して市民革命を実現したフランスの強大な軍事力に対抗する体制を指していた。
　19世紀以来、西欧諸国では"allied force"を慣用している。明治時代の日本陸海軍は、これを連合軍と訳し、連合作戦を次のように定義した。……「2以上の連合国の部隊が共通目的達成のために行なう作戦。それには統一指揮関係にあるものと協同関係にあるものとがある。」

1900年（明治33）に清国の首都、北京において外人排斥武力闘争、義和団事件が起きた。その時に北京に派遣された日本を含む各国の軍隊は"Allied Expeditonary Force"（連合遠征軍）という組織を臨時編成して自国の居留民、大使館等を警備した。

　第1次、第2次両世界大戦は戦争当時国が極めて多く、史上空前の規模の連合軍が編成された。第1次大戦（1914-1918）はオーストリア・ハンガリ、ドイツ、トルコを主体とする同盟（alliance）と英国、フランス、ロシア（後に米国が参戦）が中心を成す協商（entente）との戦いであった。

　第2次大戦（1939-45）は日本、ドイツ、イタリアから成る枢軸陣営（axis power）と米国、英国、ソ連、中国などが参画する反枢軸陣営（antiaxis power）が対決した。その反枢軸陣営を構成する各国軍隊の正式呼称は連合軍（Allied Force）であった。

　第2次大戦後の6年間、日本は連合軍（Allied Force）の占領下に置かれ、米軍のマッカーサ元帥が就任した連合軍最高司令官は"Supreme Commander for the Allied Powers)と呼ばれていた。

　朝鮮戦争（1950-53）及びベトナム戦争（1956-75）は東西両陣営がそれぞれ編成した連合軍が対決する戦いであった。1982年にレバノンの首都、ベイルートにおいてフランス軍、イタリア軍及び米軍は"Multinational Peacekeeping Force"（多国籍平和維持軍）という部隊を編成して治安維持活動を行なった。米国防総省が"multinational"を使い始めたのは、この頃である。

　1991年の湾岸戦争において米国政府はイラク軍を駆逐してクウエートを回復するため参戦した36ヶ国の部隊から成る軍を"coalition force"と呼称した。しかるに当時の日本のマスコミなどは、これを多国籍軍で訳していた。

　ところで2003年のイラク戦争になると米国政府は各国から派遣された部隊から成る組織を"multinational force"と呼ぶようになった。それは先に触れたとおり湾岸戦争後に国防総省用語の定義が改訂された事による。

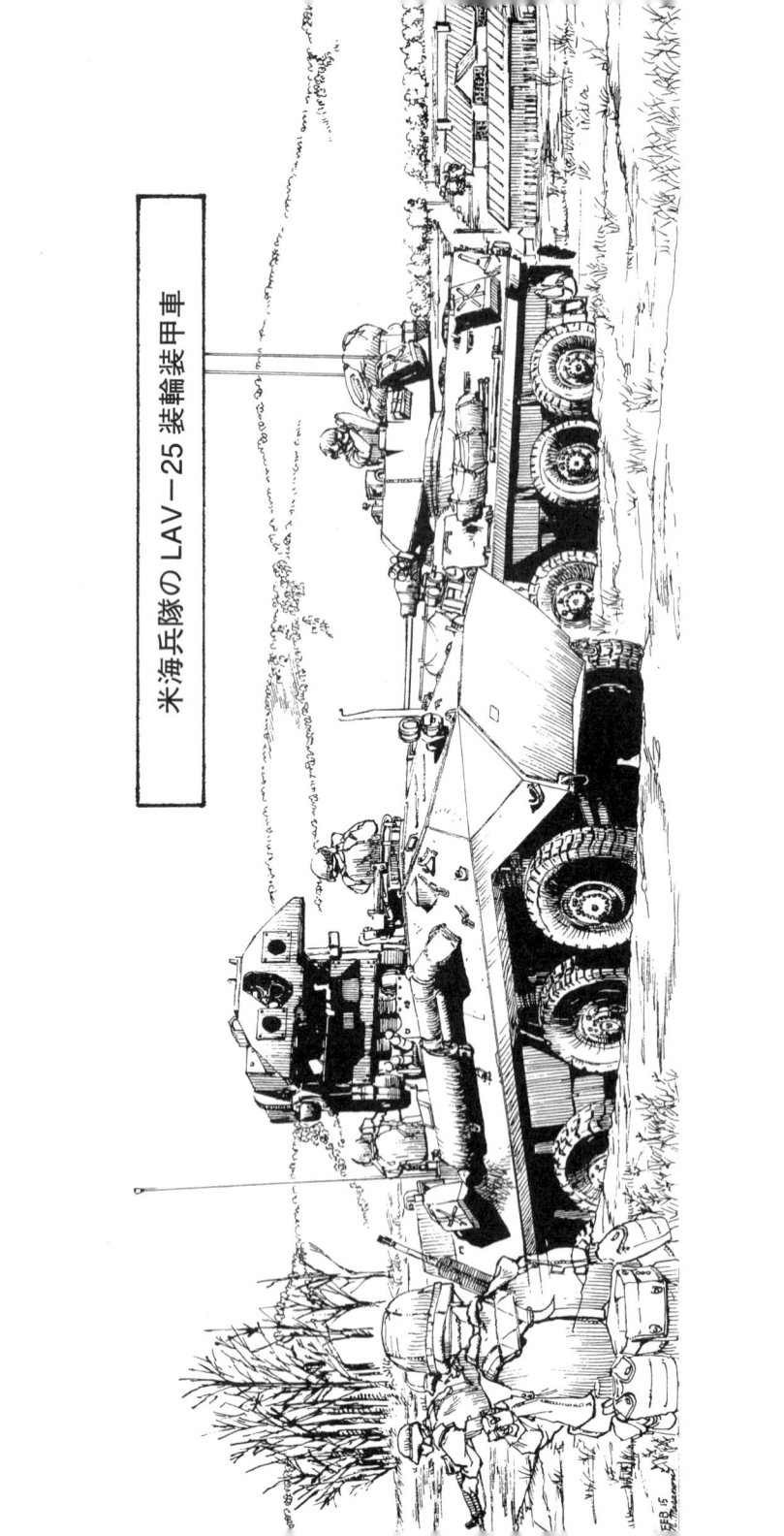

米海兵隊のLAV−25 装輪装甲車

# 第 9 章
## 兵科、兵種

# 〔兵科、兵種…旧陸海軍、職種…陸上自衛隊〕
## branches, arms, corps

　陸軍の兵科（branches）は先ず武器を手に徒歩で戦う歩兵、次に馬の飼育が成功して移動効率の良い騎兵、物体を投射する技術の開発により砲兵という順序に出来上った。
　歩兵、騎兵及び砲兵から成る戦闘兵科（combat arms）は古今東西にわたり共通の存在である。
　中世以前には築城、道路の構築、架橋等に任ずる工兵作業及び宿営地を開設し、糧食を補給する後方支援には民間の労力を活用した。それが近世以降、軍人をもって構成する軍隊固有の組織、支援兵科が出来たのである。
　本来、兵科は戦闘技能及び基本的役割を与えられた将兵（軍人）を指し、これらの将兵をもって歩兵連隊などの兵科部隊を編成する。近代軍の師団、旅団及び歩兵連隊は歩兵、騎兵（機甲）、工兵等、各兵科部隊を集成して総合戦闘力を発揮する組織を採る。
　さらに現代の各兵科部隊は特技（military occupational speciality）の教育を受けた将兵を充当する。例えば歩兵中隊の構成員は軽火器、重火器、野外通信、装輪車操縦、装輪車整備、歩兵運用、補給等、何等かの特技を保有する。
　一方、海軍の兵科は操船、航海、機関、信号（通信）、戦闘（砲術）、主計（補給、会計）など艦船上における各人の役割を表す職域（陸軍では特技）として形成された。

●兵科・兵種…旧陸軍
　旧陸軍では兵科は戦闘手段を最も有効に発揮し軍隊自体の維持・管理・移動等を容易にするため職種別に分けた陸軍武官（軍人）の区分を指した。明治建軍期に西欧の制度に習い、兵科を定めた。1937年頃（昭和12）の陸軍武官は憲兵・歩兵・騎兵・砲兵・工兵・航空兵・輜重兵の各兵科と経理部・軍医部・軍楽部等の各部に区分され、大佐以下はいずれかの兵科又は部に所属した。将校は各兵科将校と各部将校から成っていた。
　1940年（昭和15）になると軍の機構の複雑化に伴い憲兵科を除く各兵科を廃止したが、人事の混乱を防ぐため、兵種（後述）に準ずる区分により人事業務を行なった。この時に憲兵科を除く兵科廃止に伴い、従前の陸軍歩兵大佐、陸軍砲兵大尉は陸軍大佐、陸軍大尉と呼ばれるようになった。
　兵種は徴兵令（昭和2以降、兵役法）に基づき、兵役該当者を各兵科に充当するための陸軍兵の種類であり、軍隊の機構の複雑化に伴い、多様化した。
　1945年（昭和20、終戦時）における兵種は歩兵、騎兵、戦車兵、野砲兵、山砲兵、野戦重砲兵、重砲兵、情報兵、気球兵、工兵、鉄道兵、船舶兵、通信兵、飛行兵、高射兵、迫撃兵、輜重兵、兵技兵、航技兵及び衛生兵を含む。人事当局は兵（兵長、上等兵、一等兵、二等兵）の場合、徴兵検査後、各人の体力、健康状態、技能及び補充要求を考慮して兵種を指定した。士官候補生は各部隊への所属時に兵種を指定された。

●兵科・兵種…旧海軍
　明治建軍期に旧海軍は英海軍の制度を参考にして兵科・兵種を制定し、機構の複雑多様化に伴い、第2次大戦の終戦までに何回も改正を重ねて来た。1942年（昭和17）改正に伴う兵種は兵科（水兵、飛行兵、整備兵、機関兵、工作兵）、軍楽科（軍楽兵）、看護科（看護兵）、主計科（主計兵）、技術科（技術兵）に区分された。要するに海軍の兵科は艦船及び航空機の運用、操作及び維持整備に直接必要な職域を指している。
　当初、海軍の将校（士官）は海軍兵学校を卒業した兵科将校、海軍機関学校を卒業した機関科将校及び将校相当官をもって構成した。将校相当官は軍医科、薬剤科、歯科医科、法務科、造船科、造機科、水路科、主計科、看護科（衛生科）及び軍楽科に所属する士官から成っていた。1942年（昭和17）に造兵科、造機科、造兵科、水路科を統合して技術科を新設した。1938年（昭和13）に機関科将校の将官、1942年（昭和17）に大佐以下の機関科将校を、それぞれ兵科将校に転換し、機関科将校は廃止された。

●職種…陸上自衛隊
　1952年秋（昭和27）に警察予備隊を保安隊と改称した頃に職種（旧陸軍の兵科、各部に相当）が法制化された。
　現行陸上自衛隊の職種の構成は次のとおりである。
★戦闘職種…普通科、機甲科、特科（野戦特科、高射特科）
★戦闘支援職種…施設科、航空科、通信科、化学科
★後方支援職種…武器科、需品科、輸送科、衛生科、警務科、会計科、音楽科

　支援職種に準ずる職域は総務、監理、監察、法務、広報、戦史、留守業務、戦没者の取り扱う等から成る。保安隊は米陸軍の兵科を参考にして職種を定めたので、60年代まで総務科、法務科、監察科という職種が存在した。1980年代に情報専門部隊を集成する情報科の創設が検討された。

# 〔歩兵、騎兵、砲兵：西欧の語源〕

infantry, cavalry, artillery

現代の陸軍（army）ないし地上軍（land force, ground force）の兵科（自衛隊の職種）のうち歩兵、騎兵、砲兵は伝統的な戦闘実行手段である。

幕末維新の頃、ヨーロッパから導入された歩兵、騎兵、砲兵の総合戦力を発揮する兵術は三兵戦術と呼ばれていた。歩兵が装甲車、ヘリコプタに乗り、騎兵が戦車に替り、砲兵がミサイルを装備する現代陸軍においても三兵戦術の基本原則は変らない。以下、幕末維新の頃に到来した西欧の原語の由来である。

● infantry: 歩兵（普通科）

中世イタリア語の fante（子供）が fanteria, fantaccinio と変遷して 16 世紀にフランスに入り fanterie, infanterie となり、英国で infantry、ドイツで infanterie と呼ばれるようになった。騎士は自らの領地内から採用した子供あるいは小姓を身の回りの世話をする従者（retainer）として戦場に随行させた。分厚い鉄の鎧兜で完全武装すると体重が百キロを超える騎士は従者の手助けで馬に乗る。従者は徒歩で主人に随行し、刀剣を手に敵兵と渡り合い、不幸にも落馬して倒れた主人の身を守った。

一方、15 世紀にフランスの常備軍に採用後、訓練を受けた農民出身の歩兵がスイスの教官から子供（infant）と呼ばれた事が infantry の由来とも言われる。要するに迅速かつ効率的に乗馬で移動する騎兵は大人と評価されたのに対し、徒歩に頼り前進が捗(はかど)らない歩兵は子供と見なされたのである。

英陸軍では制度上、永らく歩兵を infantry でなく foot（徒歩部隊）と総称し、各連隊は装備する兵器又は任務の呼称（archers, grenadier, fusilier, rifle, guard など）、あるいは連隊の編成地名（Norfolk Regiment, Essex Regiment など）を付して呼ばれていた。1758 年に編成された 43rd Regiment of Foot – The Light Infantry は初めて infantry と呼ばれた連隊である。当時、多くの連隊は警戒監視、偵察など軽易な戦闘行動に任ずる軽歩兵中隊（light infantry company）を有していた。18 世紀末になると英陸軍当局は欧州戦場とは異なる北米大陸の気象地形条件と原住民の戦術戦法に合うような編成装備、戦術の必要性を認識するに及んで軽歩兵連隊を新設した。

独立戦争中における米大陸軍（Continental Army）の歩兵連隊の呼称は多分に北米移民の故国である英国の影響を受けていた。例えば全歩兵連隊を rifle regiments と総称し、各歩兵連隊は例えば 1st New York Regiment（編成地）、David Brewer's Regiment（指揮官名）、Commander-In-Chief's Guard（総司令官警護）などと呼ばれていた。米国独立後の 1784 年に初めて infantry と言う歩兵連隊、3rd Infantry Regiment（現在のワシントンＤＣ警備隊兼儀仗(ぎじょう)隊）が創設された。

● cavalry: 騎兵（機甲科）

紀元前 1 世紀から紀元 3 世紀までのラテン語で馬を意味する caballus が 11 世紀頃までに乗馬兵を指す caballarius（乗馬兵）となり、その後フランスで cavalleri、16 世紀

の英国で cavallery と変遷した。今の西欧では cavalry（英語）、cavalier（フランス語）、kavallerie（ドイツ語）、caballeria（スペイン語）と呼ばれる。

現在に至るまで英陸軍では cavalry は軍事一般用語にとどまり、各騎兵連隊はその種類（hussar, dragoon, lancer など）、任務（guard）、構成員（Yeomanry）あるいは編成地名で呼んでいた。独立戦争当時、米陸軍の騎兵は 1st Continental Dragoon Regiment のように英軍式の呼称を用いていたが、1855 年に Cavalry Regiment と呼ぶ騎兵連隊が初めて創設された。

● artillery: 砲兵（野戦特科）

現代の artillery は火薬の燃焼ガス圧で弾丸を発射する火砲及びこれを運用する砲兵の双方を指す。ただし火砲が登場する 11 世紀より以前にこの用語は存在した。

すでに古代のローマ、中国では石塊又は矢を投射する攻城兵器が実用化されていたからである。artillery にはラテン語の arcus（弓）と telum（投物体）の組合わせ、発射術を意味する ars tolendi 又は ars tirare など幾つかの学説がある。17 世紀におけるフランスの築城家、ボーバンは 9〜14 世紀のフランス語、artillier（fortify 又は arm）が語源と見ている。ドイツの言語学者、デイエツによれば南フランスのプロバンスの方言で築城を意味する artilha が 1500 年当時のドイツ語に導入された。今の西欧では artilleur, artillerie（フランス語）、artillerie（ドイツ語）と呼ばれている。

1727 年に創設された英軍砲兵連隊、Royal Regiment of Artillery は今では砲兵科の呼称である。現在、各砲兵連隊は Heavy Regiment（重砲兵連隊）、Field Regiment（野砲連隊）と呼ぶ。独立戦争当時の米陸軍の砲兵連隊は Continental Artillery Regiment などと呼ばれていた。

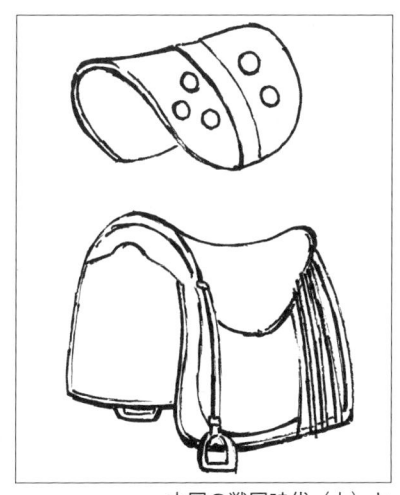

中国の戦国時代（上）と唐時代（下）の鞍。

# 〔歩兵、普通科〕
## infantry, infanterie

●古代中国に始る歩兵の用語

　春秋戦国期に先ず歩、次いで歩兵という用語が登場した。兵法書の六韜、犬韜、戦歩、第六十では武王が太公に「歩兵与車騎奈可（歩兵は敵の戦車をどのように迎え撃つか）」と質問している。なお漢の武帝は歩兵校尉という職務を設けた。

　歩兵（bubing）は中国人民解放軍と中華民国軍（台湾）にも受け継がれている。

　日本では中臣鎌足が六韜を愛読したと言われており、将門記（AD940）、源平盛衰記などに歩兵という用語が認められる。1862年（文久2）に定めた江戸幕府は歩兵隊の長として歩兵頭（ほへいかしら）という職制を定めている。

　棍棒、石など有り合わせの道具を使い敵と戦った部族の集団が歩兵部隊の元祖にほかならない。やがて刀剣、槍、弓矢、甲冑、盾などのいくさ道具が登場し、戦闘員が隊形を組んだ組織により力を合わせて秩序正しく戦うための編成と戦術が発達した。しかしながら数千年の間、歩兵の戦闘様相は敵の隊列に肉迫して弓矢、投げ槍、矛、刀剣などにより敵兵を殺傷する白兵戦が常態であった。

●火力の発達が歩兵に及ぼした影響

　15世紀から西欧で実用化された小銃の弾丸は槍、刀剣、弓矢など在来兵器の届かない距離から騎士の厚い鎧（よろい）を貫徹して注目を浴びたが信頼度に乏しかった。したがって銃を伝統的な長槍と組み合わせた密集隊形が長期間、主流であった。

　16〜18世紀における西欧の歩兵は携行兵器の種類により次のように区分されていた。
　・擲弾兵（てきだん）：grenadier、敵陣に手榴弾を投入する部隊　・火縄銃隊：musketeers
　・長槍隊：pikemen　・燧発銃隊（すい）：fusilier、火縄銃より発火装置が進歩した銃

　ところが18世紀以降、薬莢付弾薬、撃針、腔線、元込め機構など小銃の技術が著（いちじる）しく発達し、銃身の先端に装着する銃剣も実用化してから長槍は消滅した。その結果、小銃の一斉射撃により敵の隊列を攪乱（かくらん）し、銃剣突撃により敵兵を刺突殺傷する戦術が一般化したのである。明治維新当時の日本陸軍は、このような19世紀以前における歩兵の基本的な戦術を西欧から学び取り、日清、日露両戦役を戦い、第2次大戦まで踏襲している。

　19世紀半ば以降、火砲の威力と信頼度が飛躍的に向上し、機関銃と戦車も登場して地上戦闘に一大変革をもたらした。第1次大戦以降になると銃剣突撃の余地がしだいになくなり、砲兵、戦車の協力と小銃、機関銃、擲弾筒、追撃砲を含む火力発揮の優劣が地上戦の勝敗を左右するようになった。したがって密集隊形は絶大な火力の前には損害が多発するだけで役立たず、火力の協力を得た分散疎開隊形による迅速な前進あるいは地形地物の掩護効果を利用する秘匿接近が歩兵の戦場機動の原則となる。

　伝統的な歩兵の長距離機動はもっぱら徒歩行軍に頼ったが、1940年代以降、車輌移動が主体になった。さらに1960年代以降、ベトナム、アフガンではヘリコプタによる空中機動が多用された。今では、どこの国の歩兵もトラック、装甲車が普及しているが、

充分な数のヘリコプタの装備化は先進諸国軍の一部に限られる。

●現代軍の歩兵
　現代軍の歩兵の主要な作戦行動は対機甲、空中機動、着上陸、対着上陸、局地防空、地域警備及び治安維持から成る。このため戦車、砲兵、空軍の協力下で敵部隊の捕捉撃破、地域の占領確保、警戒監視、偵察、敵後方地域への潜入・攪乱、伏撃、テロの掃討など多様な任務を遂行する。
　各国軍の歩兵は任務に基づき付与される火力装備、移動手段により軽歩兵、機械科歩兵（機甲歩兵）、空挺歩兵、空中機動歩兵及び海軍歩兵（海軍陸戦隊）に大別される。
　徒歩で移動し戦闘する伝統的な姿の軽歩兵は森林、沼沢地、山地、錯雑地、市街地など障害が多い地形の行動に適するように軽装備である。したがって旅団、連隊、大隊及び中隊は指揮連絡、重火器、補給品の輸送などの用途に限られた数の車輛を装備する。
　このため全力同時に移動する部隊は上級部隊からトラック、装甲車又はヘリコプタの支援を受ける。このような輸送支援を受けた状態を自動車化歩兵、装甲化歩兵、ヘリボン歩兵と呼ぶ。輸送機で長距離移動後、落下傘降下して戦闘する空挺部隊、艦船で移動し敵地に上陸する海軍歩兵及び組ごとに行動する特殊部隊も軽歩兵の類いである。軽歩兵は射距離100〜1000mで対人、対戦車両火力を発揮する事ができる。
　機械科歩兵（mechanized infantry）は小銃分隊（班）まで歩兵戦闘車（FV）を固有する。装甲防護力を持つ小銃分隊（班）は激烈な敵の火力とNBC汚染下の戦場を機動し、射距離3000mから敵戦車を撃破する能力があり、乗車戦闘、下車戦闘のいずれにも適している。第2次大戦後の先進諸国軍では歩兵と言えば機械科歩兵師団・旅団・連隊を指し、軽歩兵は特殊な存在になった。1970年代以降、ヘリコプタを固有装備とする空中機動歩兵が登場する傾向も認められる。
　なお陸上自衛隊では歩兵に相当する職種（兵科）を普通科と呼んでいる。

# 〔騎兵〕

cavalry, cavalier

●古代中国から日本に到来した「騎兵」
　古代中国の「漢書・趙充国伝」、「南史・任訪伝」に「騎兵」の記録があり、魏（220－260）の「五兵尚書」に騎兵営、晋（265－420）に騎兵参軍が存在した。現代中国軍にも軍事一般用語として「騎兵（gibing）」が継承されている。
　日本では8世紀に編纂された「続日本紀」に文武天皇3年（699）の施政記録として初めて「騎兵」が登場した。明治建軍初期の1877年（明治4）に薩摩、長州、土佐各藩の兵をもって歩兵9ヶ大隊、砲兵6隊、騎兵2隊から成る御親兵（後の近衛師団）が創設された。1875年（明治8）の「軍制綱領・陸軍省編」では「騎兵隊の編制は独立の大隊にして軽騎兵とする。」と定めている。

●技術革新…鞍、鐙、蹄鉄
　騎兵は中央アジアの草原地帯に住む遊牧民族が手なずけた野生の馬に乗る技術を身に付けた事に始まる。紀元前8世紀のアッシリアの遺跡に騎馬の姿が記録されている。事後、騎兵は数世紀を経てエジプト、ギリシア、ローマ、ペルシア、インドに普及した。
　古代中国の戦国期に北方の遊牧民族、匈奴の騎兵が中原北部（現在の河北省～山西省～陝西省一帯）に侵入を繰り返した。幼少期から軽い弓を携えて馬に乗り疾走して矢を射る技術に長けた匈奴は重大な脅威であった。そこで紀元前307年に趙の武霊王は騎兵を創設して匈奴に対抗した。このため匈奴に習って胡服（短い上着、ズボン、長靴）を採用し、馬に不慣れな漢民族の将兵が楽に乗馬できるようにしたのである。この頃に騎手の居住性を改善し、馬の背中を保護する鞍も発明された。
　3世紀の漢代末期に実用化された鐙は鞍とあいまって騎手の安定性を向上し、連続高速機動及び刀剣、槍、甲冑、盾などの弓矢より重い武具の携帯と着装も可能にした技術革新であった。そこで騎兵が戦力を飛躍的に向上するに及んで紀元前13世紀の殷代以来、戦場の主役であった数頭の馬で曳く車騎（兵車）は消滅した。車騎の機動は平坦な地面と路上では容易な反面、凹凸の多い箇所や山林では騎馬に劣り、戦場で転覆して再起不能になる事態も決して稀ではなかった。
　西欧では650年にアラビアで発明された鐙が8世紀までにフランク王国、西ローマ帝国等に普及した。さらに9世紀に西欧で発明された蹄鉄が舗装道路、岩場など堅い路面の踏破能力を与えて以来、騎兵の機動力は益々向上するに至る。

●騎馬の育成、維持管理は多事多難
　古代から騎馬の育成と維持管理には相当の年月、経費、労力、技術を必要とした。馬の平均寿命は12ないし15年で出生3年目から2ないし3年間、調教して初めて役立つ騎馬に成長した。その後、約10年間、人間以上に大事されて現役を務めた。ちなみに8世紀のフランク王国では騎馬1頭の維持費は牛18～20頭分に相当したと言われる。
　長距離の移動を楽にする高価な騎馬は古代ギリシア時代から王侯貴族など支配階級の

資産であった。したがって、中世封建社会の騎兵隊は騎馬と装備を賄（まかな）う財力と組織を持つ騎士階級（knight）で編成された。騎兵は伝統的に一般庶民が主体を成す歩兵よりも地位の高い兵科であり、下士官兵の給与も歩兵より高額であった。1660年以降における英常備軍の騎兵の若年将校は全員、最良の家庭の子弟から選ばれた。なお1815年から1860年までのプロイセン騎兵将校の約80％は貴族出身者で占められていた。

騎兵は有力な戦力になるが騎馬の育成・維持管理上の問題から部隊の規模は限られており、近代までの西欧軍における騎兵の比率は全兵力の10～50％にとどまっている。

ところが13世紀にジンギスカンは100％騎兵から成る大軍により中国、東欧、中央アジア一帯を席巻した。ジンギスカンの指揮能力とともに馬の育成に最適の広大な草原を擁するモンゴルの環境条件が史上空前の騎兵隊の編成と運用を可能にしたのである。

● 編成装備

騎兵は軽武装で機敏に行動する軽騎兵及び重装備で敵陣を突破ないし蹂躙（じゅうりん）する重騎兵から成る。中世の騎士及び近世の胸甲騎兵（cuirrasier）は重騎兵、竜騎兵（dragoon）、フザール（hussar）及びカラビニエ（carabunier）は軽騎兵である。以上の邦訳は西欧の兵学・兵術に触れた明治初期に形成されている。17世紀におけるフランスの胸甲騎兵は胴体を包む銀色の鎧（cuirasse）と兜を着用し長槍をもって戦った。騎馬で戦場に移動後、徒歩で戦う竜騎兵の原型はアレキサンダ大王の時代に始まる。

17世紀前半にフランス及び英国で初めて編成された竜騎兵の「竜」という呼称は軍旗に描いた竜に由来すると言われている。竜騎兵連隊のマスケットは銃口から火薬と弾丸を金属の棒で詰める構造上、馬上でなく地上で射撃せざるを得なかった。

同じ頃にフランスでは銃身の短い騎銃（carbine）とサーベル（sabre）を装備するカラビニエ（carabinier）という騎兵連隊が編成された。フザールは15世紀におけるハンガリの騎馬民族から成る騎兵連隊に始まるが、その語源はラテン語の襲撃（cursus）に由来する。

戦国の兵学書、「六韜・均兵第五十五」（りくとう）は騎馬の数に応ずる部隊の指揮官の基準を定めている。本書によれば5騎に長、10騎に吏、百騎に卒、二百騎に将を充てるという事である。

13世紀におけるモンゴルの騎兵は現代用語に直せば5騎で分隊、10騎で小隊、百騎で中隊、千騎で連隊、1万騎で師団、3万騎で軍という極めて判りやすい10単位制であった。敵主力を撃破するための戦闘隊形は分隊の横隊を正面、縦深に並べた四角い密集隊形を成していた。

19世紀における欧州各国の騎兵は通常20～40騎で小隊（troop）、3～4小隊で中隊（squadron）、4ヶ中隊で連隊（regiment）、2ヶ連隊で旅団、2～4ヶ旅団で師団及び2～4ヶ師団で軍団を編成した。これに対し米軍は百騎で中隊（troop）、3ヶ中隊で大隊（squadron）、3ヶ大隊で連隊という編成を採っていた。

以上の欧米における騎兵部隊の編成用語は現在の機甲部隊ないし戦車部隊に継承されている。

ただし部隊の格、規模などの呼称は異なり、"squadron"は英軍では歩兵中隊、米軍では歩兵大隊と同格と見なす。英軍の戦車連隊の小隊（3～4両）は"troop"、フラン

ス軍機甲部隊では英軍の"troop"に当る隊を"peleton"（小隊）と呼ぶ。古代から日本の騎兵は中国と西欧の基準に照らせば軽騎兵であった。維新当時、フランス軍を参考にして騎兵2ヶ大隊を創設し、日露戦争を2ヶ旅団で戦った。さらに昭和初期までに4ヶ騎兵旅団（合計、11ヶ騎兵連隊、騎砲兵1ヶ大隊）の他に各師団の騎兵連隊（2ヶ乗馬中隊、1ヶ機関銃小隊）を編成した。やがて3ヶ騎兵旅団は戦車師団に改編され、第2次大戦の終結時までに1ヶ旅団（北支駐屯）が残された。師団の騎兵連隊は乗馬、装甲車ないし自動車各中隊の混成になり捜索連隊だけが捜索隊と改称した。

●戦術

　古代から有能な将帥は警戒監視、偵察、翼側掩護、襲撃、敵陣の突破、攪乱、包囲、迂回、追撃等に騎兵を最大限に活用して勝利をもたらした。このため戦場の気象、地形条件と敵情に合った戦術を創意工夫している。例えばアレキサンダー大王はアルベラの戦い（331BC）でペルシャ軍の戦列の間隙に騎兵隊を突入させて壊乱状態に導くとともに両翼包囲と追撃を敢行した。源義経は一の谷の戦い（1184）で少数の騎兵隊もって平家軍主力の背後に奇襲攻撃をかけて壊滅的打撃を被らせた。

　13世紀以降、西欧では騎士の重装甲を撃ち抜く新兵器、火縄銃を装備する歩兵がしだいに優位を占めるようになった。しかしながら数世紀間は火縄銃の発射速度が遅くて精度も悪く騎兵の突撃は依然有効であった。ところが織田信長は長篠の戦い（1575）で火縄銃を大量に集中して連続的に火力を発揮するという卓抜な戦術により突進して来る武田騎馬軍団を撃破した。

●近現代の軍事革命…騎兵を無力化

　18世紀半ばの産業革命以降、火器が高度に発達し、第1次大戦になると機関銃と火砲の絶大な火力により、姿勢の高い騎兵は著しく脆弱になった。さらに急速に実用化した内燃機関も実用化するに及んで騎兵は効率の良い自動車と航空機に道を譲ったのである。

　第2次大戦以降、騎兵は中国、中央アジア、東欧などの沼沢地、草原、森林、山地等、騎馬の生存と行動に適した特殊な環境条件下で運用された。第2次大戦中の太平洋戦場で日本軍と戦い、戦後、東京に進駐し、朝鮮戦争にも出動した米陸軍の第1騎兵師団は自動車化歩兵部隊であり、騎兵という呼称と部隊標識には19世紀以来の伝統が反映されている。

# 〔機甲科、機甲部隊〕

armor, armour, blindee

●戦車、装甲車を主装備とする陸軍の兵科

戦車、装甲車を装備する部隊の編成装備、教育訓練、維持管理及び運用に当る機甲は歩兵、砲兵とともに戦闘兵科（戦闘職種）の一種である。これを陸上自衛隊では「機甲科」及び「機甲職種」と呼んでいる。昭和期の日本陸軍は「装甲機動」を短縮した「機甲」という用語を定めた事に由来する。

1940年（昭15）に陸軍機甲本部は明治以来の騎兵科を廃止して戦車、装甲車及びトラックを装備して機甲兵種を新設した。

現代の各国軍では日本の機甲科に相当する兵科を次のように呼んでいる。
・英軍：Royal Armoured Corps ・米軍：Armor ・ドイツ軍：Panzer truppe
・フランス軍：Blindee Troupe ・ロシア軍：Tankovye Voyska ・中国軍：装甲兵

西側諸国軍と中国軍の用語は装甲（鎧と同義語）、ロシア軍の場合は戦車部隊をそれぞれ意味する。

●機甲、機械化、車両化の違い

陸上自衛隊始め現代各国軍では戦車が主要な装備の部隊を機甲部隊（米軍のArmored Units）と定義する。これに対し全人員装備を同時に移動可能な装甲人員輸送車（ＡＰＣ）又は装甲戦闘車（ＭＩＣＶ、ＡＦＶ）を有する歩兵は機械化部隊ないしは機械化歩兵（Mechanized Infantry）である。

機械化歩兵をロシア軍では自動車化狙撃部隊、ドイツ軍では機甲擲弾兵と呼んでいるが、それは伝統に由来する。旧日本陸軍では戦車、自動車を装備する部隊を「機械化部隊」、機械化部隊と装甲部隊（戦車主体）を合わせて「機甲部隊」と呼んでいた。旧軍人の説明によれば当時は機械化、機甲両部隊とも通称であり、軍事用語としての定義はなかった。

米軍及び陸上自衛隊の用語では歩兵（普通科）部隊が全員同時に乗車移動させるに足りる車両を持たず、必要に応じ上級部隊からトラックないしは装甲車の支援を受けることを車両化（Motorized）又は装甲化と言う。

●機甲部隊の編成装備、運用

戦車の火力、機動力、装甲防護力、衝撃力を発揮する機甲部隊は現代軍の地上戦力そのものである。各国軍における機甲の機能及び組織は戦車部隊と機甲偵察部隊に大別される。

戦車部隊は歩兵部隊と協同して火力と衝撃力を発揮して攻撃、防御など本格的な戦術行動により敵を撃破する。これに対し機甲偵察部隊は昔の騎兵のように機動力を生かして警戒掩護、偵察、敵後方地域の攪乱、襲撃、掃討などを行なう。

戦車部隊は大隊・中隊・小隊編成を採る。第2次大戦以来、各国軍では小隊は3～5両、中隊は本部の1～2両と3～4ヶ小隊で計10～22両、戦車大隊は本部の1ないし

5両と3～5ヶ中隊31～70両という編成を採って来た。大隊、中隊の各本部は指揮統制、補給整備、行政管理各機能に加えて砲兵・航空火力の誘導、偵察、障害処理（ドーザ）などの機能を持つ。

1950～80年代における編成は旧ソ連軍、ロシア軍、イスラエル軍が小隊3両、中隊10両、大隊31両、米海兵隊が小隊5両、中隊17両、大隊56両、陸上自衛隊が小隊4両、中隊14両、大隊58両であった。

ロシア軍は大隊31両、中隊10両という小規模な編成を採り、戦闘により損耗すれば大隊、中隊単位で部隊を交替させるという考え方に基づいている。これに対し米軍の大隊56両、中隊17両という編成は多少損耗しても戦闘を継続する狙いによる。

各国軍の戦車旅団又は機甲旅団（連隊）は主力の3～4戦車大隊に歩兵、砲兵、工兵などの大隊、中隊を加えた諸兵連合編成を採る。西側の機甲軍団、ロシアなどの戦車軍は最大規模の機甲部隊であり、いずれも2ないし4ヶ機甲師団又は戦車師団を基幹とする。したがって機甲師団、戦車師団の戦車は300両前後に達っする。

旧日本陸軍では戦車が歩兵師団に配属されるのは稀であった。これに対し現代各国の歩兵師団、旅団又は連隊が戦車の旅団（連隊）、大隊、中隊を国有するのが通常の状態である。

ドイツ軍機甲師団は2ヶ機甲旅団と1ヶ機甲擲弾旅団、各機甲旅団は3～4ヶ戦車大隊と機械化歩兵大隊、砲兵大隊各1個から成る。これに対し機甲擲弾旅団は機甲旅団と異なり戦車、歩兵各大隊の比率が逆である。

第2次大戦初期のドイツ軍によるポーランド作戦及びと西方作戦、1967年のイスラエル軍によるシナイ作戦では師団、旅団又は連隊レベルにおいて戦車、歩兵、砲兵、空軍の戦力を組織化する電撃戦が成功を収めた。

確かに1991年の湾岸戦争でも証明されたとおり広大で、しかも平坦な地形では、敵部隊を一挙に撃破して、縦深に渡り進撃する機甲軍団・師団規模の電撃戦は適している。

これに対し朝鮮、ベトナムのような山地、隘路、集落等の障害が多く、狭い平地においてゲリラと戦う場合には戦車を大隊、中隊又は小隊単位で運用する事が望ましい。

各国軍の軍団は機甲偵察連隊又は旅団、師団は機甲偵察大隊、旅団、連隊は偵察中隊を固有する傾向にある。積極的な戦闘行動により敵情を解明する機甲偵察部隊は中隊レベルで戦車、歩兵、砲兵を組んだ諸兵連合部隊の機構を採る。

第1次大戦当時、戦車が初めて実戦に登場して以来、各国軍は騎兵部隊を戦車部隊に逐次改編したが、部隊の呼称は伝統を尊重する。

このため英軍、フランス軍では"Regiment"、"Squadron"、"Troop"、"Peleton"と呼んでいる。ちなみに"troop"は米軍では騎兵中隊、英軍では戦車小隊である。

# 〔砲兵〕

artillery, artilleur, artillerie

● 遠戦火力と近接戦闘火力

　砲兵は火砲、ロケット、地対地ミサイルの火力を発揮して殺傷、制圧、破壊又は擾乱効果をもたらし、戦況を有利に導く地上部隊の戦闘兵科である。陸上自衛隊の特科（野戦特科）は旧日本陸軍と現代各国軍の砲兵（野戦砲兵）にあたる。小火器、戦車砲、対戦車火器、迫撃砲等を含む近接戦闘火力は第1線から4000m〜12000mにとどまる。これに対し砲兵の遠戦火力の最大射程は火砲、ロケット30〜50km、戦術ミサイル120km〜300kmに達する。中国軍は射程100km以上のミサイルを第2砲兵、ロシア軍は射程1000km以内のミサイルを砲兵、これより長射程のシステムを戦略ロケット軍に配備している。

● 近現代砲兵の変遷

　14世紀に先ず火薬ガスの力で飛ばす石や金属玉で城壁を壊す攻城砲兵、次いで同じ技術で城塞や港湾を守る要塞砲兵が登場する。当時は攻城に先立ち多大な日数と労力、資材を投じ、発射の衝撃に耐える堅固な砲架（土台）を陣前に構築せざるを得なかった。

　一方、既存の施設に安定した砲架を築き、城塞の防護力、及び備蓄弾薬と射撃準備の余裕を得られる要塞砲は攻城砲よりもに有利であった。このため20世紀より以前には精度、威力、防護力に勝る港湾防備の要塞砲に対し、これらの諸条件に劣る艦砲は極めて不利であった。したがって艦隊は要塞砲で防備された港湾（例えば日露戦争当時の旅順）の正面攻撃を避けた。

　砲兵及び火砲の双方を指す英語のartilleryはラテン語のartillier、築城又は陣地の強化（fortify）に由来する。15世紀に火砲の軽量化と砲架に車輪を取り付けて馬で曳く技術が実現して機動力を持つ野戦砲兵が登場した。したがって16世紀以降、野戦砲兵は強力な火力で歩兵、騎兵を支援するに及んで地上戦闘に大きな影響を与えるようになった。

　特にナポレオン戦争以降、作戦上、重要な時期、場所への歩兵、騎兵に砲兵を組み合わせた諸兵連合部隊を作戦上、重要な時期、場所に向ける戦術が次第に発達した。

　19世紀以降、鋼鉄製の施条砲身、筒尾装填、駐退復座機構、蛋形弾、薬莢、照準具、牽引車等が連続的に実用化し、その結果、砲兵火力が戦勢を左右する重要な存在となる。

　第1次大戦の戦場では火力が極めて強大になり「砲兵は耕し、歩兵は占領する。」という地上戦闘の原則も出来上った。第1次大戦以降、航空機の発達に伴い空中からの脅威が現実化して地域防備の主役は要塞砲兵から高射砲兵に替った。

　ところが第2次大戦になると攻城砲兵及び要塞砲兵は行動範囲及び威力に勝り、運用の融通性にも富む対地攻撃機（通称、空飛ぶ砲兵）及び遠距離を火制する戦術ミサイルに席を譲った。北欧、イラン、中国、台湾、朝鮮などの各沿岸部では射程20〜40kmの旧要塞砲よりも何倍も長射程で高精度の対艦ミサイルが配備されている。

●現代砲兵の分類と火力戦闘
　現代軍の砲兵は在来砲兵（tube artillery）、ロケット砲兵及びミサイル砲兵から成る。
　在来砲兵の榴弾砲とカノン砲は口径対砲身長の比率と射撃の特色が異なる軽砲、中砲及び重砲に区分される。西側各国軍の火砲系列は軽砲（105ミリ）、中砲（155ミリ）、重砲（203ミリ）から成る。
　これに対しソ連起源の東側砲兵は122ミリ、130ミリ、152ミリ、180ミリ、203ミリという系列を採り、堅陣攻撃に適した240ミリ迫撃砲を野戦砲兵に含めている。その多連装ロケットは瞬間的に大火力を集中発揮して在来砲兵の火力を増強する役割を果たす。
　ロケットは精度が劣るが、煙幕の構成と生物・化学弾頭の投射に適する。特に構造簡素で軽量、安価なソ連起源の122ミリ40連装ロケットは第3世界におけるゲリラ部隊の有力な火力戦闘手段と化した。湾岸戦争とイラク戦争で威力を発揮した米国製MLRS（227ミリ、12連装、射程40km）はハイテク型の多連装ロケットである。
　米軍のランス、同ATACMS、ロシア軍のSS-21などの戦術ミサイルは縦深地域に対するNBC攻撃及び特殊弾頭による深層部の目標破壊に適している。

●砲術：直接照準射撃、間接照準射撃、精密打撃
　戦砲隊長が砲側から目測で目標までの射距離を判定して射撃する直接照準射撃は初期の砲術であった。これに対し現代軍の砲兵は対戦車自衛戦闘などの場合を除き間接照準射撃を基本原則とする。間接照準射撃は敵の観測や火力に対し秘匿、防護された砲陣地から目視不可能な戦場地域のどこにも自由に射弾を向けることができる。
　このためFDC（射撃指揮所）は地図、観測員、偵察機、センサ等が得た目標情報から射距離、射撃方位角、射角を算定して各砲に伝える。FDCからデータを受けた中隊4〜8門又は大隊12〜24門が1目標に同時に火力を発揮する。弾薬は榴弾（HE）、散弾、親子弾、徹甲弾、煙弾、焼夷弾、照明弾、化学弾を用いる。榴弾は爆発により生ずる破片と爆風により殺傷破壊効果を生ずる。ちなみに15榴弾の破片は戦車の鋼板を貫徹する威力がある。
　在来の間接照準射撃は直接照準射撃と異なり1発ごとの的中を狙うのではなく多数の射弾による弾幕を張り目標に破片群を被せて加害する。その加害の程度は弾幕の密度と目標の防護力の程度により異なる。例えば暴露した人員には僅かな弾数でも有効であるが、堅固な陣地の破壊には中砲弾の破片は役立たず重砲弾の直撃が必要である。
　80年代以降、子弾を撒き散らして同時に多数の装甲車を同時に加害するICM（改良砲弾）と散布地雷が実用化した。さらに榴弾、ICMとも熱線、ミリ波等を利用する精密誘導シーカにより的中効果を期待できるようになった。GPS誘導の155ミリ砲弾は射程120km以上の目標を昼夜の別なく直撃破壊するまで能力が飛躍的に向上した。射撃指揮所は戦場監視用の無人機と衛星からも目標情報を入手して射撃諸元を自動的に算定して各砲又は飛翔中の砲弾にデータ伝送する。

# 〔高射砲兵〕

## Air Defense Artillery, Anti-Aircraft Artillery

●経空脅威を破砕する火力戦闘部隊

高射砲兵は経空脅威（空から侵攻して来る航空機等）を空中で撃破又は無力化する火力戦闘部隊である。有人機、無人機、巡航ミサイル、電子戦手段など経空脅威が多様化した現代戦下では高射砲兵の価値は益々高まる傾向にある。

旧日本陸軍は第1次大戦当時、航空機を撃墜する火砲を「高射砲」、野戦砲兵から抽出して改編した部隊を「高射砲兵」と名付けた。陸上自衛隊では高射砲兵に当る職種（兵科）を「高射特科」と呼んでいる。

第2次大戦頃までは高射砲、高射機関砲、高射機関銃が高射砲兵の装備火器であった。

60年代以降、技術の進歩によりSAM（地対空ミサイル）部隊が新たに登場したが各国軍では伝統的な「砲兵」の呼称を踏襲する。各国軍の高射砲兵ないし高射特科に相当する部隊及び兵科の呼称は次のとおりである。

＊独：Flug abwehrtruppe　＊米国：Air Defense Artillery　＊英国：Air Defence Regiment　＊仏：Antiaerien Artillerie　＊中国：高射炮兵

●技術の発達が高射砲の能力を飛躍的に向上

超高速で自由に動き回る航空機を照準して有効弾を浴びせる対空射撃は地上目標の射撃よりも遥かに難しい。停止中の地上目標は射距離、方位角などから現在位置を算定すれば足りるが、空中の移動目標の場合には一定時間経過後の目標の未来位置諸元が必要である。

このため対空射撃では目標の方位角、高度、直距離から成る現在位置の諸元に飛行方向、速度、風向、風速などの影響も加えて未来位置を算定する。さらに発射位置（砲の位置）から未来位置に至る弾丸の飛翔時間も加えて射撃諸元を決定し砲に伝える。

第1次大戦から第2次大戦初期までの高射砲は機械照準具、光学器材、機械計算機を射撃諸元の算定に用いたが精度が悪かった。したがって日本軍始め各国軍の高射砲兵は2万発撃ち上げてようやく1発の有効弾を得るにとどまり一時期には多大な不評を買っていた。

肉眼に頼る目標確認の手段は当然、夜間、悪天候には無力であり、聴音機（現代の感覚では集音センサ）と照空灯で補った。一方、昼夜の別なく電波反射で目標の位置を掴む電波探知機、電波標定機（レーダ）及び電子計算機が英国始め西欧諸国が実用化して対空戦闘の効率を飛躍的に向上した。

特に1940年のドイツ空軍による英本土爆撃の時に英軍は監視レーダで脅威の接近を早く探知して戦闘準備の余裕を得た。さらに第2次大戦末期に米英軍の高射砲兵はレーダ照準と電子射撃統制装置によりドイツ軍が発射した初期型巡航ミサイル（V-1）、約8000発の大部分を英本土上空で撃墜している。

当初、高射砲弾の信管は野砲のものと同じ瞬発信管及び機械・時計時限信管を用いていた。その後、目標からの電波反射が所定の強度になると作動し砲弾を炸裂させるVT

信管が登場して高射砲の加害率を向上させた。第2次大戦末期に米海軍艦艇の対空火器はVT信管付砲弾により多数の日本軍特攻機（神風）を撃墜して有効性を実証した。

● SAM（Surface to Air Missile）及び対抗手段の戦い

50年代以降、センサ、サーボ、ロケットモータなどが発達して、高射砲よりも効率の良いSAMが実用化した。先ず1960年にソ連軍のSAM、SA－2がウラル地方で高度6.5万フィートを飛行中の米国の戦略偵察機、U－2を撃墜して各国の注目を浴びた。これはSAMが僅か1～2発のミサイルで航空機を撃墜する能力を実証した史上初の戦例である。

60～70年代に北ベトナム軍はソ連、中国から受けたSAMと対空火器をハノイ始め重要地域に多数集中配備して地表面から高空まで火力を漏れなく火制した。このため米空軍の戦闘爆撃機はレーダ監視の盲点になる山陰や低空を縫って目標に接近しSAMを回避するに努めた。

さらにSAMの威力が及ぶ高空から投弾するB－52戦略爆撃機は妨害電波の発信とチャフの散布によりミサイルを無力化した。これに対し北ベトナム軍は米軍機の低空接近及び電子戦に対抗してレーダに頼らない簡単な機械、光学照準を用いる在来型の高射砲、高射機関砲及び高射機関銃が膨大な火力を集中したのである。

1973年の第4次中東戦争ではアラブ軍はスエズ、ゴラン各正面にベトナム型の防空組織をめぐらし、短時日のうちに100機を越えるイスラエル空軍機を撃墜した。この時には西側では未知の周波数と誘導方式を使い、在来の電波妨害が利かない新手のSAM、SA－6も奇襲効果を発揮している。

1982年のレバノン作戦、1986年のリビア爆撃、1991年の湾岸戦争では旧ソ連系統のSAM組織と通信電子機能が西側に知られて弱点を露呈した。さらに湾岸戦争ではレーダ電波を殆ど反射しないステルス性の戦闘爆撃機も使われた。一方、電子戦技術に対抗して目視、光学、聴音等、在来技術も再評価される傾向も認められる。

個人が操作して航空機を撃墜するMANPAD（man-portable air defense system）は地上戦闘の戦術技術に重大な影響を及ぼしている。ベトナム戦争末期に共産軍はソ連製MANPADS、SA－7により米軍の戦闘機、ヘリコプタ数機を撃墜した。

80年代のアフガン内戦において地域のゲリラは米国製スティンガによりソ連軍の航空機、ヘリコプタ200機以上を撃破したと言われる。MANPADSはテロ攻撃の有力な手段になり、すでに民間航空機が被害を受けている。西側諸国ではテロによるミサイル攻撃を防ぐ技術開発が当面の課題である。

● 弾道ミサイル防衛

第2次大戦末期にドイツ軍が英本土攻撃に用いた弾道ミサイルの元祖、V－2の要撃は技術的に不可能であった。ところが湾岸戦争では米軍のSAM、パトリオットはイラク軍のスカッドミサイルの要撃に初めて成功した。ただしスカッド本体の固い残骸がイスラエルの市街地に落下して2次被害を生じている。

西側では先端技術の対弾道ミサイルを開発中である。21世紀初頭にイスラエルは米国と提携して開発されたアローシステム1ヶ中隊を重要地域に実戦配備した。

# [憲兵]

Gendarmerie

● 憲兵の種類

19世紀以来、西欧の憲兵は特に警察権の所掌範囲により次の2種類に大別される。

＊ジャンダルムリ：Gendarmerie（単数はGendarme、ジャンダルマ）

国家、軍事両警察機能を持ち領域に広く配備されて平時には治安機関の統制下、戦時には軍の指揮下で活動する。フランスのGendarmerie Nationale、（国家憲兵）がその起源を成すジャンダルムリを英訳すれば"men at arms"又は"armed men"武装員となる。フランス以外の西欧諸国はジャンダルムリを外来軍事用語として用いている。

＊ミリタリポリス：Military Police

平時、戦時の別なく軍の指揮下で軍事警察機能を所掌し、MPの略称で知られる。旧日本陸軍の野戦憲兵にあたる。現代のドイツ軍ではFeldJager（フエルドエーガ）と呼ぶ。本文は憲兵のうちジャンダルムリを主題とし、ミリタリポリスは別の頃で説明する。

● 旧日本軍憲兵…フランスの制度に由来

18世紀末のフランスは軍の権威と実力を背景に軍隊と社会の秩序を維持し政権の安定を図るため各行政区に憲兵を配備した。日本では藩幕体制から西欧型の近代国家に移行直後の社会は極めて不安定で創設間もない軍隊は信頼が置けなかった。そこで明治政府はフランスの制度を模範として憲兵を創設したのである。本来、中国には憲兵という用語があり、ジャンダルムリをこれに当て嵌めたように思われる。

1873年（明6）の「陸軍省職制並に条例」に基づき陸軍省に憲兵課を設けた。次いで1881年（明14）に初めて陸軍の恒久的な機構としての憲兵司令部及び1000人規模の憲兵隊が編成された。

その後、台湾、樺太、及び朝鮮が領土になり、さらに昭和期に中国大陸及び南方に作戦地域が広まるに伴い外地の各所に憲兵隊が設けられた。憲兵の人数は陸軍の総兵力や作戦行動の規模に対応しており、昭和初期における陸軍総兵力25万人に対し憲兵は2千～3千人であった。

第2次大戦末期に陸軍総兵力550万人になると憲兵は内地の1万人を含む3万6千人に達し、さらに一般部隊の将兵を臨時に勤務させる多数の補助憲兵で補った。

1881年（明14）の憲兵条令（昭和4年以降の憲兵令）に基づき、憲兵は陸軍大臣に直属し、軍事警察と併せて司法、行政各警察を担当した。当時、憲兵条令（憲兵令）に基づく憲兵を勅令憲兵、外地作戦に任ずる方面軍ないし軍の編成（戦闘序列）時に、これらの軍に編組される憲兵を軍令憲兵（野戦憲兵）と呼んでいた。

憲兵の実務系統は単純でなく軍事警察機能は陸軍大臣、司法警察機能は司法大臣、行政警察機能は内務大臣の指揮をそれぞれ受けた。加えて関係地域、施設、組織、事案の別により軍司令官、海軍大臣、要塞司令官、府県知事、検事などの指示を必要とした。

軍事警察機能は軍人、軍属が関係する犯罪捜査、被疑者の逮捕、軍隊の規律維持、警備、軍事秘密（軍機）の保護などから成る。犯罪捜査等の司法警察機能、防犯、交通統制等の行政警察機能は一般の警察に準ずる。

大正以降における、国家社会の風潮から軍隊の内部にも国家主義ないしは社会主義の影響が及ぶに伴い憲兵は特高警察とともに思想調査にも大きく関与した。このため当時の憲兵は軍人はもとより一般国民からも注目される存在となる。
　憲兵は歩兵、騎兵（機甲）、砲兵、工兵、輜重兵及び航空兵とともに7兵科の一つであった。ところで歩兵など一般兵科の要員は誰でも勤まるが、憲兵には特異の資質と信頼度が要求された。したがって大尉、中尉、下士官、上等兵の適任者を他の兵科から志願と選抜により転科させて憲兵学校等で特別教育後、実務を命じた。第2次大戦末期には各軍管区に憲兵隊司令部（少将）～各都道府県に地区憲兵隊（大佐、中佐）～重要な市町村に憲兵分隊（少佐、大尉）～その下に憲兵分遣隊（下士官）という指揮機構を採っていた。
（注：（　）内は隊長）

●フランスの憲兵制度…19世紀の伝統を継承、西欧各国に波及
　フランスの国家憲兵は今でも現役約9万人、予備役約14万人、装甲車、自走砲、ヘリ、哨戒艇を擁する有力な部隊である。すなわち、機構、及び運用原則は19世紀当時と基本的に変らない。国防省所属の国家憲兵は平時は内務省が運用し、緊急時には軍の指揮に入る。地域憲兵（約6万人）は県に憲兵司令部、郡とパリ市内の区に中隊（campanie）本部～全国3000の小郡（canton）に分隊（brigade、5～40人）を置く。
　機動憲兵（約1.7万人）は群（groupment）－中隊（escadron）－小隊（peloton）という騎兵型の指揮機構を採り、治安対処、住民の避難誘導、交通整理などを行なう。大統領官邸の警備と儀丈に当る共和国親衛隊（Garde Republicain）はルイ王朝時代の憲兵の伝統をとどめる。
　19世紀初期、ナポレオン軍の占領地では治安維持のためフランス流のジャンダルムリが創設された。1812年以降、プロイセン初めドイツ各国に創設された憲兵制度は第1次大戦まで続き1934年にナチス政権下で復活した。第2次大戦後は旧西独領の中部～西南部のヘッセン、ラインラントプハルツ、バーデン・ウルツブルグ各州に存在する。
　ドイツ以外にアルゼンチン、オーストリア、ベルギにもジャンダルムリと呼ぶ軍所属で内務省が運用する憲兵がある。イタリアのカラビニエリ、オランダのマレショウゼ、スイスのカントンポリスも起源と機能はジャンダルムリと変らない。
　西側諸国では100万人から成る中国の人民武装警察隊（武警）を国家憲兵と見做している。台湾では国軍総司令官直属で参謀本部の指令に基づいて動く憲兵1万人が大隊ごとに各地方に配置されている。

# 〔野戦憲兵〕
## Military Police, Police Militaire

●国家憲兵と野戦憲兵

　憲兵には内務省又は国防省直属のジャンダルムリ：gendarmerie と陸軍部隊固有のミリタリポリス：military police：MP がある。西欧では系統と機能の異なる両者を分けて呼ぶが、日本の一般用語ではまとめて「憲兵」という。ただし旧陸軍は外地の方面軍又は占領地に派遣された憲兵を「野戦憲兵」と呼んでいた。

　ジャンダルムリは発祥地のフランスのほかオーストリア、ベルギ、イタリア、オランダ、スイス、スペイン、ドイツ、台湾に存在する。ロシアの連邦国境警備隊、内務省軍、中国の人民武装警察隊、北朝鮮軍の公安軍もジャンダルムリ的存在である。ジャンダルムリは司法、行政警察権を軍隊のほかに一般社会にも行使する。

　一方、各国軍の野戦憲兵は通常、軍、軍団又は師団に所属し、司法警察権等の行使範囲は軍隊内部（軍事警察機能）に限られる。各国軍では野戦憲兵を戦闘支援兵科（職種）の一種として取扱う。例えばドイツ軍のフエルデヤーガ：Feldjaeger、中国軍の軍区憲兵隊などは野戦憲兵である。ロシア軍には憲兵という兵科はなく、方面軍、諸兵連合軍の各司令部付中隊の Komendatura-Command Troop（指揮官直轄隊）が野戦憲兵の機能を果たす。

　各国の海軍、空軍も通常、野戦憲兵に相当する部隊を固有しており、例えば米海軍には Shore Patrol：SP、空軍には Air Police：AP がある。陸海空自衛隊の各警務隊は野戦憲兵に当る部隊であり、旧陸軍の憲兵とは権限、機能ともに全く異なる。

●野戦憲兵の機能

　規律違反者の検挙と処罰、部隊の忠誠度の監視、要人の警護などにあたる指揮官直属の部隊は古代の軍隊にも存在した。17世紀頃の西欧軍は離脱者、落伍者の収容と所属部隊への送還及び捕虜の後送と警備のために野戦憲兵を設けた。ちなみにドイツ軍の野戦憲兵の呼称— FeldJaeger：野戦猟兵は離脱者を探し出した初期の仕事の一面を表している。

　現代各国軍における野戦憲兵の一般的な機能は次のとおりである。

［司法・行政警察業務］
　　＊部隊内部の防犯、犯罪捜査　＊軍に対する民間人の犯罪行為の取締り
　　＊軍拘置所、軍刑務所の管理　＊治安警備（一般警察との協力）

［保安憲兵業務］
　　＊部隊の誘導、警護、経路の交通整理
　　＊軍管理地域又は作戦地域の交通循環規制、交通統制、検問所の運営、離脱者、落伍者の収容、経路情報の提供、住民の誘導
　　＊司令部、燃料弾薬貯蔵地域、橋梁など交通上の要点、海空基地、通信情報機関など重要な施設物件の警備、要人の警護

［ジュネーブ条約業務］

＊捕虜の護送、警護、収容所施設の管理　＊避難民等、住民の保護

　軍、軍団、師団など各部隊の車両装備の充実、作戦行動の範囲の拡大と高速度化などに伴い、野戦憲兵の交通統制機能が益々重視されるようになった。本来、各部隊は自衛警戒を行なう責務がある。これに対し野戦憲兵は軍司令部、補給処など自衛警戒機能が手薄な重要施設や秘密保全上、重要な核兵器などの警備を担当する。

3. 野戦憲兵の部隊機構

　英軍、米軍、仏軍では伝統的に憲兵司令官と司令部の憲兵担当幕僚をプロボスト・マーシャル：Provost Marshal, PM（仏-Prevot de Salle）という。通常、軍司令部の憲兵幕僚は憲兵司令官を兼ねている。第2次大戦中にドイツの野戦憲兵はフエルデジャンダルムリと呼ばれていた。現代ドイツ軍の野戦憲兵は軍団と地域軍に各1ヶ大隊（各3ヶ中隊、600人）、師団に1ヶ中隊（5ヶ小隊、180人）を置く。18世紀以来の伝統を受けてフエルデヤーガと呼ぶが、NATO体制下の連合作戦を考えて標識はMPを用いる。

　英軍はドイツ駐屯のライン軍の第1軍団に2ヶ中隊、その機甲師団に1ヶ中隊（各6ヶ小隊、120人）を配備する。内乱騒擾の続く北アイルランドでは憲兵の兵力の不足を地方軍（予備役）で補っている。米軍は軍、軍団に旅団（3～5ヶ大隊）、師団に中隊（5ヶ小隊、190人）、各駐屯地に警備中隊又は小隊という編成を採る。2006年現在、米軍は米本国の2ヶ旅団のほかにドイツ、韓国、イラクに各1ヶ旅団を駐屯させている。

　戦後の占領時代にユニークな服装の米軍憲兵（MP）が日比谷、銀座の交差点で交通整理にあたっていた。したがって当時の東京都民の多くがMPの意味を知っていたが今ではなじみのうすい存在である。

　各国の野戦憲兵は警備哨所、交通統制機関、検問所などに分散配置ができるよう中隊内の小隊、班、分隊の数が多い。どの軍隊でも憲兵に多くの兵力を配当する訳には行かず、このため平時に野戦憲兵が全兵力に占める比率は2～3%程度である。

●自衛隊の警務隊

　1950年代に陸上自衛隊は米軍の野戦憲兵と旧陸軍の憲兵を参考にして警務隊を初めて編成した。現在、陸上自衛隊は東京に警務隊本部、各方面隊に方面警務隊本部と保安中隊、師団司令部等の所在地に地区警務隊、各駐屯地に派遣隊又は連絡班を置く。302保安中隊（約80人）は要人や外国国賓を迎える儀丈隊を兼ねている。別に師団司令部付の師団保安警務隊（約40人）がある。自衛隊警務隊員の全自衛官の定員に占める比率は1%に過ぎない。旧軍や各国軍と異なり警務隊には軍拘置所や軍刑務所の管理の権限も施設もない。このため事情聴取の終わった被疑者は早く治安機関に引渡す。陸上自衛隊は有事に捕虜管理隊を臨時編成するとともに音楽隊などにより警務隊力を補う事になっている。

旧ソ連陸軍砲兵のM38 122ミリ榴弾砲。

旧ソ連陸軍砲兵の観測兵。

87式自走高射機関砲（日本）

# 第 10 章

## 部隊機構

# 〔艦隊〕

fleet, flotilla, squadron, division

　幕末維新の頃、日本海軍は主として英海軍の制度及び戦術技術を学んで建設されたので専門用語も多分に英語の影響を受けている。1873年（明治6）に発行された英和辞典に初めてfleetの訳として「艦隊」が登場した。それは江戸時代以前から存在した漢語の「艦隊」に当て嵌めたのである。ちなみに現代中国海軍でも「艦隊」（例えば北海艦隊、潜水艦隊）という用語を用いている。

　fleetは古代英語のfleot（船）に由来し、フランス語及びドイツ語のflot、ロシア語のflotの語源を成す。小規模な艦隊又は小型の艦艇から成る艦隊を指すflotillaは16世紀以前のスペイン語のflotaに由来する。

　広義の艦隊（fleet）は全海軍の海上戦闘部隊を指し、狭義には一提督（将官）の指揮下で行動する艦艇2隻以上から成る組織である。なお現代のFleetは海軍以外の船舶、航空機、車輌などの集団にも適用する。例えば商船隊（merchant fleet）、米国の動員用民間機群：CRAF（Civil Reserve Air Fleet）、保険損保のフリート契約が挙げられる。

　第2次大戦以降、艦隊には艦艇、艦船だけでなく航空機も含まれるようになった。以下、各国海軍の艦隊の定義を確認する。

●旧日本海軍
★艦隊：「軍艦2隻以上をもって編成する。必要に応じ駆逐隊・海防隊・水雷隊・掃海隊駆潜隊・敷設隊・哨戒艇等を編入し港務部・防備隊・特務艦等及び必要な諸機関を付属する」。「艦隊は必要に応じ軍艦と駆逐隊・潜水隊・海防隊・水雷隊・掃海隊・駆潜隊もしくはその他の部隊をもって編成。または航空隊2隊以上をもって編成する」。艦隊はその特性もしくは任務による名称を付し、または派遣する海洋または方面名を冠称し同一名称となるときはさらに番号を付加改称して区別した」。例えば第5艦隊、第1南遣艦隊

★艦隊区分：艦隊統率上の必要により各隊に「隊番号」を付与し、各隊を小隊に各艦に「艦船番号」を付与し区分するをいう。

★戦隊：艦隊は編制に応じ戦隊に区分する。戦隊は軍艦2隻以上または軍艦と駆逐隊・もしくは潜水隊をもって編成し、あるいは航空隊2隊以上をもって編成し、主たる構成兵力によってその名称を定め、同一名称のときはさらに番号を冠称する。

★艦艇：軍艦・駆逐艦・潜水艦・海防艦・輸送艦・水雷艇・掃海艇・駆潜艇及び哨戒艇などを総称して艦艇という。

★艦船：艦艇と特務艇を合わせた総称

★軍艦：戦艦・航空母艦・水上機母艦・巡洋艦・潜水母艦・敷設艦・隊を編成しない単独の砲艦・海防艦などをいい帝国海軍の戦闘用艦艇類別による艦種のひとつである。

★機動部隊：一般的には航空母艦を主体とする海上の機動作戦を行なう部隊を通称する。米海軍のTask Forceは日本では機動部隊と俗称した。

★機動艦隊：機動部隊を建制化して昭和19年3月1日付で編成された艦隊を、第1機動部隊と呼称した。

★連合艦隊：艦隊 2 個以上を連合して編成、必要に応じて艦船部隊を編入し、または附属する。連合艦隊司令長官は天皇に隷属し、連合艦隊を統率し隊務を統括する。ただし軍政に関しては海軍大臣の指揮を受けた。(筆者注：旧日本海軍の指揮官は連合艦隊司令長官、艦隊司令長官、戦隊司令官と呼ばれた。)

●英海軍
　・fleet: 多数の艦艇から成る組織（group）・flotilla: 少数の艦艇から成る組織
　・squadron: 少数の艦艇から成る戦闘組織

●米海軍
　・fleet: 作戦行動及び行政管理を指揮する総司令官（commander in chief）、司令官又は指揮官（commander）隷下の艦艇、航空機、海兵隊の部隊又は陸上施設から成る組織
　・flotilla: 2 ないし 3 ケ戦隊（squadron）から成り、旗艦及び支援艦（tender）を加えた戦闘又は行政管理支援（administration）に任ずる組織
　・squadron: 戦隊…複数の隊（division）から成る戦闘又は支援に任ずる組織
　・division: 1. 隊…戦隊を構成する組織　2. 分隊…艦内の行政管理組織
　・task organization: 部隊区分…＊ task force: 任務部隊　　＊ task group: 任務戦隊　task unit: 任務隊　＊ task element: 任務分隊）

●米国防総省、NATO
　・task force: 任務部隊…艦隊司令官又はその上級組織が命ずる所定の任務達成上、編成される艦隊の組織
　・task group: 任務戦隊…任務部隊司令官又はその上級組織が編成する任務部隊組織

　米海軍の艦隊は第 2 次大戦以来、戦闘指揮及び通信の融通性を発揮するため状況に即した任務部隊編成を採っている。例えば太平洋戦域の第 7 艦隊司令官は隷下の艦艇を打撃、着上陸、支援各任務部隊に分属する。さらに打撃任務部隊は空母戦隊及び支援戦隊、空母戦隊は空母、駆逐艦等の隊に細分される。

　海上自衛隊の艦隊は旧海軍及び米海軍の機構を参考にしている。その自衛艦隊は護衛艦隊、航空集団及び潜水艦隊を基幹とする。護衛艦隊は複数の護衛隊群（3 ケ護衛隊、各 2～3 隻編成）から成り、必要に応じ任務部隊編成を採る。

# 〔部隊の編成〕

## formation, tactical organisation

●編成、編制

　端的に言えば部隊の編成とは戦闘あるいは後方支援を実行できるように人員、兵器装備を合理的に組合せて一人の指揮官の命令により行動する大小様々の軍隊組織である。
　旧日本陸軍の教義は組織を「編成」と「編制」に分けていた。両者の発音が全く同じであるから、教育や通信連絡の場で誤解を避けるため、時として「へんなり」、「へんだて」と呼んでいたが、その定義は明確であった。
・編制…勅命（注、天皇の命令）により定められた国軍の永続性をもつ組織をいう。平時国軍の組織を規定したものを平時編制、戦時における国軍の組織を定めたものを戦時編制という。例　師団の編制、歩兵連隊の編制の如し
・編成…某目的のため所定の編制をとらせる事、また臨時に定める所により部隊の編合組織することをいう。
　例えば戦車連隊の編制では隷下中隊の種類と数、配当すべき階級別、特技別、職務別人員数、戦車、一般車両、火器、通信器材などの種類と数が定められている。

　この基本原則は陸上自衛隊の含む現代各国軍とも基本的に同じである。米陸軍では編制を"Table of Organisation and Equipment（TOE）"と呼んでいる。
　これに対し、編成は一般的な組織を指す。軍隊の編成原則には編制部隊を組合せて大部隊を半恒久的に組織する編合、及び臨時に組織する編組（task organisation）がある。英語とフランス語では編成を"tactical organisation"及び"formation"と呼んでいる。
　ちなみに英軍は"formation"を次のように定義する。
①師団及び師団以上の規模の大部隊
②戦闘力を最大限に発揮し、自衛警戒も可能なように人員装備を所定の要領により配列した部隊組織
③基本的な訓練を行なうチーム

●西欧の編成用語の由来

　編成は軍、軍団、師団、旅団、連隊など多様であり、それぞれ特別の由来がある。
★軍…Army：中世英語の armee、ラテン語の armare、武装
　arm は腕を指し、それは原始的な戦いが腕力に頼った事を意味する。現代における Army は軍隊（軍事力）、陸軍（地上軍）及び部隊の編成を指している。通常、軍という編成は複数の軍団又は師団から成る。
★軍団、隊…Corps（コア）：ラテン語の corpus、体、団体（英語の body）
　大部隊の編成としての軍団は複数の師団から成る。同時に Corp は兵科、兵種、部隊あるいは隊の意味にも多用されている。例えば英軍の武器科（Royal Army Ordnance Corps）、同じく土木作業隊（Royal Pioneer Corps）、米軍の工兵科（Corps of Engineer）、同じく需品科（Quartermanster Corps）、米海兵隊（U.S.Marine Corps）など

が挙げられる。ナポレオンは歩兵、騎兵各師団を組み合せた軍団を編制部隊にした。
★師団…Division：フランス語の dividere、区分、区画
　1759 年にフランス軍が初めて歩兵、騎兵、砲兵を組み合せた師団という編制を採用した。現代軍の師団は歩兵又は機甲を中核とし、騎兵（機甲偵察）、砲兵、工兵、通信電子、後方支援部隊を組合せた諸兵連合部隊である。
　なお Division は司令部組織の課（部は Department、班は Section）を意味するので、米陸軍は誤解を避けるため師団の正式呼称を Army Division と定めている。
★旅団…Brigade：中世フランス語の brigata、ラテン語の briga、戦う
　第 1 次大戦頃までの旅団は歩兵師団と連隊との中間結節であったが、1930 年代末期以降、次第に消滅した。ただし師団より小規模の諸兵連合部隊又は歩兵、騎兵、機甲等の単一兵科部隊としての独立旅団は現在に至るまで存続している。なお火力、機動力、及び指揮統制通信能力の発達に伴い、旅団が作戦基本部隊になる傾向も認められる。
★連隊…Regiment：中世フランス語、ラテン語の regimentum、統括
　1314 年にルイ 10 世が採用して以来、フランス常備軍の編成になり、次第に欧州各国軍に普及した。15～17 世紀に 1000～3000 人編成の縦隊という後世の連隊に類似の戦闘部隊があった。やがて西欧各国軍の縦隊は次第に連隊という呼称に変っている。

●日本古来の編成用語
　幕末維新の頃、先輩達は西欧の兵学、軍事制度、戦術技術の導入に伴い、編成始め外来用語を律令制時代以来の兵語を当て嵌めて今も通用する軍事用語を作り上げた。古代の中周、漢、随、唐から学んだ律令制時代の兵制は次のとおりである。
★軍…討伐作戦用編成部隊：1 万人、5000～9000 人又は 4000 人の三種類
★軍団…常備軍：一国に 2～3 ヶ軍団、5～6 ヶ郡ごとに 1 ヶ軍団、戦時には軍に編合
　21 歳から 60 歳までの全男性の約 30％を徴集、1 ヶ軍団は 1000 人以下
★師、旅…周の兵制：師は 2500 人（5 ヶ旅）、5 ヶ師をもって軍を編合
★団…唐初期の兵制：団は 800 人（16 ヶ隊）、隊は 50 人（5 ヶ火）、火は 10 人純戦時編成部隊、団長には中央政府の役人が就任

　旧軍では軍団は一般軍事用語で、師団の上は軍（軍団に相当）、軍の上は方面軍という編成を採っていた。現代の中国軍は野戦軍－兵団（軍）－軍（軍団）－師（師団）－団（連隊）－営（大隊）－連（中隊）－排（小隊）－班（分隊）という結節を成し、別に旅団に当る旅が存在する。(注：括弧内は日本の軍事専門用語)

# 〔軍団〕

## corps

●律令制に始まる陸軍部隊の編成

　現代各国陸軍の軍団（corps：コア）は2～4ヶ師団、4万～10万人、火砲、ロケット200～800門、戦車200～1000両から成る大規模な作戦部隊である。

　軍団という編成用語は古代中国の漢代に始まり、日本には8世紀に律令制を整備した頃に随、唐から導入された。当時、大和政権は21～60才の男子人口の3分の1をもって5～6個郡に1ヶ軍団、各国に2～3ヶ軍団を常設し、戦時には3～10ヶ軍団で軍を編成するように定めた。当時の軍団の規模は約1000人であり、現代の歩兵連隊に近い。

　中世以降、軍団は例えば「甲州武田軍団」のように大部隊を指す一般用語に使われたが、その兵力も機構もまちまちであった。

●旧日本陸軍の編成原則では軍と呼称

　旧日本陸軍は編成用語に軍団でなく軍を用いていた。なお軍隊の規模の拡大に伴い数個の軍を指揮する部隊機構として方面軍、その上に総軍を設けた。例えば1945年4月、沖縄本島において米軍の上陸部隊と戦った2ヶ師団、1ヶ旅団基幹の第32軍は第10方面軍（台湾、沖縄、小笠原の部隊を指揮）に所属し、さらにその上級部隊は第2総軍（近畿以西の日本列島を防衛）であった。一方、当時の大本営の情報部は欧米陸軍の"Corp"を軍団、その上の"Army"を軍、さらにその上の"Army Group"を軍集団と訳した。先述の沖縄に上陸した米第24軍団（4ヶ師団基幹）は第10軍に所属していた。

●現代各国軍の軍団

　多くの現代各国陸軍は旅団－師団－軍団－軍という組織機構を採る。ロシア軍における西欧の軍団に当る大部隊は諸兵連合軍（Combined Arms Army）及び戦車軍（Tank Army）である。諸兵連合軍は2～4自動車化狙撃師団（欧米の機械化歩兵師団に相当）、1ヶ戦車師団及び各種の支援部隊から成る。戦車軍は諸兵連合軍と比較すれば自動車化狙撃師団と戦車師団の比率が逆である。戦時には各軍管区の諸兵連合軍数個に必要に応じ戦車軍1～2個を加えて西側の軍に当る方面軍（Front）を編成する。

　戦争の規模が大きくなると幾つかの方面軍を陸海空統合機構である戦域軍に入れる。

　ソ連軍は第2次大戦中の方面軍指揮下の軍－軍団を現在の軍に統一して指揮機構を簡略にしたが、現在のロシア軍には師団より大きく各軍よりは小さい軍団と呼ぶ警備部隊が極東軍管区などに存在する。1988年当時、アフガンで行動したソ連軍の第40軍の主要な部隊は次のとおりであった。

　　＊第40軍前方指揮所　＊自動車化狙撃師団　5ヶ　＊空挺師団　＊空中襲撃旅団
＊特殊戦旅団　2ヶ　＊砲兵旅団　＊多連装ロケット連隊　総兵力：10万～12万人

　現代の中国軍は西側の軍団に当る部隊を集団軍、その上級組織で戦時に数ヶの集団軍

をもって編成する部隊を兵団、さらにその上級部隊を野戦軍と呼んでいる。

1970年代までの軍は3ヶ歩兵師団、砲兵連隊基幹、戦車、自走砲約120両、火砲120門、多連装ロケット70基、4万人程度の徒歩移動の軽歩兵が主力であった。

ところが1980年代以降、24ヶの軍の近代化を進めており、従前の軍を集団軍と改称した。現在、4ヶ集団軍は3ヶ歩兵師団、戦車師団、砲兵、防空、工兵の各旅団、空中機動大隊、戦車400両以上から成る。各歩兵師団を完全に機械化（装甲化）した集団軍は依然、少数にとどまる。ただしどの集団軍も少なくとも1ヶの戦車旅団（戦車120両）を持ち、総兵力は6～8万人の規模に達している。

西側の軍団に当る陸上自衛隊の5個方面隊は2～4師団又は旅団から成る。最大規模の北部方面隊は一般師団2ヶ、機甲師団、旅団2ヶ、特科大隊6ヶ、地対艦ミサイル連隊2ヶ、ホーク群2ヶ、施設群3ヶ等から成り、定員は約5万人である。

米陸軍は軍団を最大規模の編制上の作戦部隊とする。戦時に統合組織である戦域軍の一部として戦域陸軍（Theater Army）を編成し、1ないし数ヶの軍団と各種の支援部隊をその指揮下に入れる。軍団の数が多くなると軍（例えば第8軍など既存の機構）又は臨時の軍集団（Army Group）を戦域陸軍と軍団の中間司令部にする。1990年における湾岸戦争の時には米本国の第3軍司令部を中央戦域陸軍司令部とし、その下に第18空挺軍団（空挺、空中襲撃、機械化歩兵各1ヶ師団基幹）、第7軍団（2ヶ機甲師団、1ヶ機械化歩兵師団基幹）及び各種の支援部隊を指揮下に入れた。

ちなみにイラクに進攻した第7軍団は戦車、装甲車各1200両、自走砲514門、攻撃ヘリ690機、総兵力12万人と陸上自衛隊現有の全人員装備を凌ぐ規模であった。

このような現代の軍団は関東地方の面積に近い正面100km、縦深200kmにわたる地域の作戦を担当することができる。朝鮮戦争当時における米陸軍は極東軍（後の極東米陸軍）と各軍団の中間結節として軍（第8軍）を設けた。戦時になると今の在韓米陸軍兼第8軍司令部は米本国からの第1軍団、海兵遠征軍などを併せて指揮する。

海兵遠征軍（Marine Expeditionary Forcr : MEF）は海兵師団、航空団及び後方支援群各1ヶを基幹とする軍団規模の作戦部隊である。その構成は戦車、装甲戦闘車420両、火砲100門、近距離SAM90機、戦闘機始め有翼機140機、ヘリコプタ200機及び将兵5万人以上から成る。

2006年時点における米陸軍は世界のどの地域にも緊急展開して正規戦、不正規戦等、あらゆる事態に対処できるように軍団、師団及び旅団の改編途上にある。

# 〔師団〕

## Army Division

● 明治 21 年に初めて師団を創設

現代陸軍の師団は歩兵、戦車、砲兵及び支援部隊を組み合わせた作戦基本部隊である。

師団及び旅団の語源である「師」、「旅」は古代中国の周代に始る。当時の師は 5 個旅、計 2500 人から成り、5 ヶ師をもって 1 ヶ軍を編成した。ちなみに現代の中国軍（人民解放軍）はいぜん、師団を師、旅団を旅と呼ぶ。

1888 年（明 21）に日本陸軍は明治 4 年以来の鎮台を改編して西欧型の 6 ヶ師団を創設した。この頃にフランス語、ドイツ語の Division を師団と訳したのである。

● 1930 年代に 4 単位制から 3 単位制に移行

明治期以来の師団は主力の歩兵にこれを支援する砲兵、騎兵、工兵、兵站の各部隊を組み合わせた歩兵師団であった。師団は持ち駒（主要な戦闘単位）になる歩兵連隊及び隷下（所属）の、大隊ないし中隊の数により 3 単位制と 4 単位制に大別される。

明治から昭和初期までの 4 単位制師団は 2 ヶ旅団―各 2 ヶ連隊―各 3 ヶ大隊―3～4 ヶ中隊という機構を採り、戦時定員は 2 万人以上であった。

1937 年（昭 12）頃以降、中国大陸での戦争の拡大に応じ師団数を増やす狙いなどから 3 ヶ連隊―3 ヶ大隊―3～4 ヶ中隊とい機構の 3 単位制師団に切り換えた。3 単位制は 4 単位制に比べて 1 ヶ歩兵連隊とその分の兵力と装備は減るが、旅団という中間結節を省き、指揮すべき部隊の単位数が少なく機構が簡素化して相対的に指揮が軽快になる。

各国軍では火力、機動力及び指揮通信能力の発達により 3 単位制が有利と見做されるに及んだ。第 2 次大戦以降、3 単位制が師団編成の主流を成すに至る。日本軍は治安警備用に 2 ヶ旅団―4 ヶ大隊―4 ヶ中隊という連隊結節のない 4 単位制師団も特別に編成した。この師団は大隊及び中隊の数が 3 単位制師団よりも多く、各隊を広い地域に分散配置するのに適していたからである。大戦末期に沖縄本島では、いずれも大陸から転用された 3 単位制の第 24 師団と治安警備用 4 単位制の第 62 師団が展開して米軍と戦った。

● 現代各国軍の師団編成

各国軍には作戦目的に応じた戦力を持つ軽歩兵師団、機械化師団（機械化歩兵師団）、機甲師団、空挺師団、海兵師団などがある。軽歩兵師団の主力を成す歩兵は車両を持たずに徒歩で移動するが必要に応じ、軍、軍団などの上級部隊から車両、ヘリコプタなどの輸送支援を受ける。機械化師団は小隊、分隊（班）までが随時乗車移動できる装甲車を固有する歩兵と戦車の各大隊ないし中隊が主力を成す。

今や先進諸国軍では歩兵師団（歩兵）とは機械化師団（機械化歩兵）のことであり、軽歩兵師団は特殊な存在である。機甲師団（ロシア、中国では戦車師団）は機械化師団と同様に戦車と機械化歩兵の各大隊から成る。ただし機甲師団の方が機械化師団よりも戦車部隊の占める比率が高い。第 2 次大戦初期、ドイツ軍は史上初めて機甲師団と機械化師団を編成し、ポーランド、フランスの各戦場で集中運用して短期間に作戦目的を達

成した。

　空挺師団はその固有のヘリをもって主力の歩兵大隊や中隊を随時、空中機動させる能力がある。第2次大戦当時のドイツ軍、英軍、米軍のように空挺師団主力を落下傘降下させる戦術はすでに古く、現在では大隊、中隊ごとのヘリ降着が主体を成す。

　海兵師団（ロシア、フランスなどの海軍歩兵師団）は強襲艦などで洋上移動して重要地域に対しヘリ、ホバークラフト、水陸両用車、舟艇を併用して着上陸作戦を行なう。

　英軍、ドイツ軍、米陸軍、アラブ諸国軍、中華民国軍（台湾）、インド軍などは師団の主要な戦闘単位を連隊でなく旅団：Brigade と呼んでいる。それには必要に応じて歩兵、戦車、砲兵、兵站部隊などを増強可能な編成上の融通性を保持する狙いがある。

　これに対し米海兵隊、フランス軍、ロシア軍、中国軍、韓国軍、陸上自衛隊の各師団では主要な戦闘単位を連隊：Regiment と呼んでいる。

　現代各国軍の師団は3単位制が主流を成すがドイツ軍、フランス軍（緊急展開部隊）、ロシア軍、陸上自衛隊（甲師団）のように4単位制も存在する。各国軍の多くは普段から師団を常備しているが英軍、イスラエル軍などは戦時に既存の旅団を集めて師団を臨時に編成する。人員の規模はフランス軍の緊急展開型師団の6000～7000人から米海兵師団の2万人までにわたるが12000～15000人が平均的な姿である。

　現代軍の師団は重装備化の傾向を辿っており、例えば米軍、ロシア軍等の機甲師団（戦車師団）は戦車200～300両、米軍の空挺師団は各種ヘリ200～400機を装備する。

　師団は軍、軍団の一部として長期の作戦行動、1週間程度の独立的な作戦行動のいずれにも適し、大陸、島国、平地、山地など各種の環境条件に応じた運用も可能である。

　師団長には通常、少将又は時として中将（自衛隊は陸将、旧陸軍は中将）、旅団長には大佐、時として准将を充てる。

●18世紀のフランスに始まる師団編制

　1759年にルイ15世時代の将帥、ビクトル・ブリゴリ侯爵は歩兵と砲兵から成る師団（dividere）という5000人規模の恒久的な編制を創設した。従来からの臨時編組の旅団は完全編成までに時間を要し、訓練、団結、規律、士気の強化に支障を来し、度重なる戦いに不覚をとったのが、その理由の一つである。1794年に革命政権下のカルナウ陸軍大臣は師団を歩兵、騎兵、砲兵をもって構成し独立作戦を遂行する能力を与えた。

　1802～1804年にナポレオンは11ヶ師団をもって4ヶ軍団（corps）から成るライン軍を編成した。歩兵師団は2～3ヶ歩兵旅団（各2ヶ連隊（各2～5ヶ大隊））及び1ヶ砲兵旅団（各2ヶ中隊以上（各野砲4～6門、榴弾砲2門）から成っていた。軍団には2ないし3ヶ歩兵師団の他に1ヶ騎兵師団が存在した。オーストリア、プロイセン等、欧州各国軍も抗戦相手のフランス軍に倣い、軍団・師団編制を採るようになった。独立戦争当時の米陸軍は行政管理機構として3ヶ師団を編成した。当時の各師団は2ヶ旅団（各6ヶ連隊（各8ヶ中隊））という編成を採っていた。

# 〔旅団〕
## brigade

●西欧における旅団の起源

　現代各国軍の旅団は2ないし3個以上の歩兵、騎兵などの連隊、大隊又は中隊から成る戦闘部隊であり18世紀の西欧に始まる。中世のイタリア、スペインではbrigata（ブリガタ）と言う臨時に兵を集める戦闘集団が存在した。その後1700年頃にフランスとイングランドが初めて旅団を標準的かつ恒久的な編制に採り入れたと言われる。

　20世紀前半までの旅団は連隊よりも新しいが、師団よりも成立が古い。18世紀初め頃の旅団は歩兵連隊2ないし数個と騎兵連隊1～数ヶ編成であった。なお旅団隷下の歩兵連隊は歩兵大隊2～3ヶ（各500～600人）、騎兵連隊は騎兵大隊又は中隊4ヶ（100～150人）から成っていた。米国の独立戦争までの師団は2～4歩兵旅団、各5～6ヶ歩兵連隊（各800人前後）であった。

　歩兵、騎兵、砲兵を組み合わせて総合戦力の発揮を狙う旅団の編成は戦史の経験から導き出された優れた着想である。すなわち18世紀の旅団は一定の期間、独力で組織的な戦闘ができる諸兵連合部隊の元祖に他ならない。歩兵は各兵の正面が1m程度の横隊を数列も重ねた横隊を組み、小銃の一斉射撃と銃剣の槍襖（やりぶすま）により敵陣を崩すのが旅団主力の基本的な戦法であった。当時の火砲は有効射程が500～1000mに過ぎず、機動力も劣り、錯雑地、悪天候下における展開や陣地占領は容易でない。このため各連隊の砲兵中隊の火砲2～4門を第1線歩兵の戦闘に協力する直接照準火力として運用した。これに対し旅団直轄の砲兵大隊が編成されて全正面に火力が可能になるのは19世紀末頃からである。騎兵連隊は旅団主力の行進宿営、戦闘展開、翼側、戦場離脱等の警戒掩護、敵情地形の偵察、敵陣地の攪乱などを主任務とした。

　18世紀末に2万人以上の規模の師団が編成されて以降の旅団は師団司令部と連隊本部との中間指揮結節となる。このため師団は各2ヶ歩兵連隊から成る2ヶ旅団、合計4ヶ連隊という4単位制を採った。当時の師団は現在と異なり指揮通信能力の制約から旅団を通じて連隊を運用せざるを得なかったのである。

　師団隷下の歩兵連隊だけの旅団を作戦上の要求から一時分派する場合には師団直轄の騎兵、砲兵、工兵などを配属した。さらに師団とは別に軍の直轄部隊や守備隊などに手頃な規模の騎兵、砲兵、工兵を固有する独立歩兵旅団も存在した。20世紀になると陸軍の規模の拡大と歩兵と各兵科の軍政上の兼ね合いから軍、軍団又は師団直轄の騎兵（後に戦車）、砲兵、工兵、通信などの各旅団も逐次編成された。

●日本陸軍の旅団

　古代律令制の時代に中国から旅という編成用語が到来し、これが明治期の編成に用語として活かされたのである。維新当時の日本陸軍はフランス軍始め西欧各国軍を参考に先ず大隊、次いで旅団、最後に師団を編成した。1877年（明10）の西南戦役の時に官軍（政府軍）は5万人の兵力を10ヶ旅団に分けて運用している。その後の日清・日露戦争から大東亜戦争直前まで日本陸軍には西欧各国と同じ2ヶ旅団、4ヶ連隊編成の師

団が存在した。しかしながら1940年頃から各国軍と同様に師団は旅団結節を省いた3ヶ連隊編成の3単位制に次第に切り換えられた。指揮結節の簡素化及び連大隊の数と兵力の削減により部隊運用を軽快にする狙いによる。それと同時に編制の縮小により浮いた部隊と人員をもって師団数を増加した。

一方、大陸戦向きの治安警備用の師団内旅団、独立混成旅団、歩兵旅団などが終戦まで存在した。治安師団は2ヶ旅団（各4ヶ歩兵大隊）から成り各旅団は5000人以上で機関銃など近接戦闘火器が充実していた。独立混成旅団は5000～8000人で砲兵、工兵もあり戦力は師団の2分の1に近い。なお3ヶ歩兵連隊を経験と識能の豊かな少将に指揮させるため歩兵団司令部を具備する3単位師団もあった。

●現代各国の旅団

1930年代後半に米陸軍は師団を各国軍と同様に旅団を廃止して4単位制から3単位制に改編し、同時に3～4ヶ大隊編成の歩兵、戦車の独立旅団も多数編成した。ちなみに終戦後に占領軍として首都周辺に駐留した第1騎兵師団は当時の米軍唯一の2ヶ旅団～4ヶ連隊から成る4単位制であった。

陸上自衛隊は1960年頃までに6ヶ管区隊（師）と4ヶ混成団を編成した。そのうち旧陸軍の独立混成旅団を参考にした3ヶ混成団（東北、中京、九州）は普通科連隊（4ヶ大隊、戦車中隊等）及び特科連隊を基幹とし人員は約6000人であった。旧軍の機械化旅団に類似の混成団（甲）（北海道）は自走砲の特科連隊及び戦車大隊があり、普通科中隊を装甲車化した。1964年以降、6ヶ管区隊・4混成団は13ヶ師団に改編されたが、全般に機構が縮小して各国の旅団に近くなった。その後にできた空挺団と2ヶ混成団は総兵力が1200～1800人程度で各国の増強歩兵大隊と大同小異である。

第2次大戦後に米国、ドイツ、アラブ諸国などの師団は2～3ヶ旅団、各3～4ヶ大隊という編制を採るようになった。師団の主要な運用単位を連隊でなく旅団にしたのは必要に応じ歩兵、機甲、砲兵各大隊を増強する運用の融通性及び独立旅団との地位の兼ね合い、伝統の継承など軍政上の理由による。現代各国の歩兵、機甲各旅団は装甲戦闘車約100両、火砲18～24門、2000～6000人というのが代表的な姿である。各国軍では多くの場合、旅団長に大佐を充てる。

●作戦基本部隊は師団から旅団に移行

20世紀後半以降、火力、機動力、指揮通信能力の発達に伴い、従来、1万5千人規模師団が作戦を担当した約20km平方の地域における戦闘行動を5000人程度の旅団が遂行できるようになった。したがって第2次大戦以来の伝統的な作戦基本部隊の役割が師団から旅団に移行する動きが認められる。

すでに中華民国軍（台湾）では旅団を作戦基本部隊とする改編を行なった。ただし軍団によっては1ないし2ヶ師団司令部を存続し、戦況に応じ2ないし4ヶ旅団をこれに配属させる機構を採る。中国人民解放軍及び韓国軍も一部の師団を旅団に改編中である。

18世紀以降の陸戦史を展望すると一作戦正面の主役が軍から軍団、次いで師団へと変遷している。ただし、このような動きは先端技術力を最高度に発揮する正規戦の状況への対応であり、ローテクが主体の不正規戦の状況には必ずしも適応しない。

# 〔連隊、群〕
## Regiment, Group

　現代軍の代表的な連隊（Regiment：レジメント）は師団隷下（所属）の歩兵、戦車、騎兵又は砲兵からなる戦闘部隊である。なお師団に所属しない独立連隊も存在する。
　西欧軍、ロシア軍、中国軍には軍、軍団又は師団に所属する防空、航空、工兵、通信、輸送、対化学等、戦闘、戦闘支援、後方支援各兵科の連隊もある。

●陸上自衛隊の連隊
　陸上自衛隊の師団には3～4ヶ普通科連隊、各1ヶ戦車連隊、特科連隊、高射連隊、後方支援連隊がある。これに対し方面隊には各1ヶ対艦ミサイル連隊が所属する。
　一般師団の普通科連隊は本部管理中隊、4ヶ普通科中隊（各4ヶ小銃中隊基幹）、重迫撃砲中隊から成り定員は約1200人である。連隊は小火器、対戦車火器、迫撃砲の各火力を発揮して近接戦闘を行なう。第7師団に3ヶ、第2師団に1ヶある戦車連隊は本部管理中隊、4ヶ戦車中隊（各4ヶ戦車中隊基幹）、戦車70～80両から成り、対戦車戦闘及び普通科連隊と共同する近接戦闘に任ずる。
　特科連隊は連隊本部中隊、情報中隊、2～5ヶ特科大隊、155ミリ榴弾砲（15榴）20～60門から成り、地上火力の骨幹として遠距離の火力戦闘（直協火力、縦深戦闘火力、対砲兵戦）に任ずる。高射連隊は本部管理中隊、2～5ヶ高射中隊、35ミリ高射機関砲、短距離SAM又は近距離SAMから成り、連隊は対空火力の骨幹として対地攻撃機、ヘリコプタ、無人機等、低空域の経空脅威に対する対空戦闘を行なう。
　後方支援連隊は補給、輸送、武器（火器、車両の整備）、衛生、会計等の各隊から成る師団の後方支援部隊である。方面隊隷下の対艦ミサイル連隊はSSMにより沿岸海域に迫る敵艦船を攻撃する。
　60年代半ばまでの普通科連隊は米陸軍歩兵連隊（Infantry Regiment）の編制に習い創設された。当時の連隊は連隊本部中隊、3ヶ普通科大隊（各3ヶ小銃中隊基幹）、戦車、重迫撃砲、管理、衛生各中隊から成り、定員は約3千人であった。この編制は1972年における師団改編に伴い大隊を省き、連隊に普通科中隊が直結する機構に改められて現在に至る。

●群と連隊の違い
　指揮機構上、群は連隊と同格の部隊であり、連隊長、群長とも1佐（1等陸佐）を充てる。空挺団、混成団の各普通科群、各方面隊の戦車群（北方のみ）、特科群、高射特科群（対空ミサイル、ホーク）、通信群、施設群にはいずれも数個の中隊ないし隊が所属する。
　これに対し群は50年代に米陸軍のグループ（Group）に習い創設された戦車群、特科群及び高射特科群に始まる。当時の米軍の編制上の考え方による連隊と群の違いは次のとおりであった。
　すなわち連隊は本属の大隊、中隊の数が1定の固定的な機構を採るのに対し、群は本

部・本部中隊だけを本属の編制部隊とし、作戦戦闘上の要求に応じて所要の数の大隊、中隊の配属（臨時に指揮下に編入）を受ける。要するに群は軍備の要求に応じ随時新設し、解散する融通性に富む部隊編成である。

●旧日本陸軍の連隊

　近代軍備建設初期の1874年（明7）に旧陸軍はフランス始め西欧軍を学び、先ず歩兵連隊、次いで1888年（明21）に砲兵連隊、1896年（明29）に騎兵連隊を創設した。その後、第2次大戦までの間に戦車、工兵、通信等、各兵科の連隊が編成された。1940年頃（昭15）の代表的な師団は2ヶ歩兵旅団（各2ヶ歩兵連隊―合計4ヶ連隊）、砲兵連隊、騎兵連隊は4単位制であった。各歩兵連隊は4ヶ歩兵大隊（各3～4ヶ歩兵小隊）、砲兵連隊は3ヶ砲兵大隊から成る。やがて師団の多くは旅団を省いた3ヶ歩兵連隊（各3ヶ歩兵大隊）から成る3単位制に逐次改編されて第2次大戦に臨んでいる。4単位制から3単位制への切替えは20世紀前半における各国軍の一般的な傾向であった。

　騎兵連隊を改編した戦車連隊は連隊本部、3～5ヶ戦車中隊及び材料処から成る。歩兵、砲兵各連隊長が大佐に対し、戦車、工兵など各兵科の連隊長には中佐を充てた。旧日本陸軍の連隊は大元帥陛下（天皇）から直接軍旗（連隊旗）を授けられたという名誉ある部隊であった。

　通常、連隊は塀や堤で囲った兵営（駐屯地）に1団となって駐屯し、訓練、団結、規律、士気の強化に努め、出動準備の基地にした。徴兵で兵役に就く青年は通常郷土の連隊に入営（入隊）し、除隊後の予備役訓練と戦時召集もこの連隊で受けた。このような制度は連隊と地域住民との物心両面の結び付きを強めるのに役立っていた。

●現代各国軍の連隊

　第1次大戦前から英軍では連隊に替り旅団が3～5ヶ歩兵大隊（各3ヶ小銃中隊）の運用単位になった。ただし各大隊（battalion）は昔の連隊の呼称と軍旗を残して誇るべき伝統の継承に努めている。砲兵連隊は2～3ヶ射撃中隊（battery）、戦車連隊は3～4ヶ戦車中隊（squadron）から成る。各連隊とも歴史に輝く昔の呼称と軍旗を受けているが、運用上は歩兵大隊と同格であり、連隊長には歩兵大隊長と同じ中佐を充てる。フランス軍の代表的な歩兵、戦車、砲兵各連隊は大隊がなく中隊を直接指揮するが、いずれも伝統的な呼称と軍旗を受け継いでいる。ドイツ軍と米陸軍の各師団では連隊に替り旅団が3～5大隊を指揮する。米陸軍の軍団には機甲騎兵連隊があり、米海兵隊は昔ながらの3単位制の師団編制及び連隊の呼称を存続している連隊を残す。

　ロシア軍には19世紀以来の連隊が名実ともに存在する。16世紀にフランスのルイ13世はラテン語で制式（regimentum）を意味するレジマン（regiment）という騎兵部隊の編制を初めて定めた事が、連隊の語源である。

# 〔群（グループ）、コマンド〕

Group, Command

●群・グループ（Group）
　米国防総省用語（JP1-02 2005）は群（Group）を次のように定義する。
　①複数の大隊（battalion, squadron）から成る戦闘部隊又は支援部隊
　②特定の任務を命ぜられた部隊内の一組織、複数の航空機又は艦船をもって構成

　米軍師団は3個ある各旅団本部（長は大佐）の指揮下に歩兵、戦車、砲兵各大隊を入れて戦闘群（Battle Group）という編組を採る。
　陸海空自衛隊における群の一例は次のとおりである。
　・陸自：普通科群、特科群、高射特科群、戦車群、通信群、施設群
　・海自：護衛隊群、潜水隊群
　・空自：飛行群、整備補給群、基地業務群、警戒群、高射群
　50年代に警察予備隊から保安隊、陸上自衛隊に至る間に3ヶ普通科連隊及び1ヶ特科連隊基幹の6ヶ管区隊が逐次、編成された。米軍歩兵師団に倣った管区隊は1962年に師団に改称、改編されて現在に至っている。
　管区隊とは別に中央又は方面隊直轄の戦車群（当初は特車群と呼称）、特科群、施設群なども編成された。群は連隊と同格の部隊であり、群長には1佐を任命した。米軍の編成原則によれば群は戦闘上、支援上の要求に応じ、隷下の大隊、中隊の数を随意に増減するという融通性に富む編成を採る。これに対し、連隊の編成は固定的である。
　60年代以降、群は数次にわたる改編を重ねており、現在の代表的な編成の一例としては施設群（3ヶ施設中隊、施設器材中隊基幹）及び高射特科（4ヶ射撃中隊、搬送波通信、武器直接支援隊基幹）が挙げられる。
　航空自衛隊では航空団隷下の2ないし3ヶ飛行隊をもって飛行群を編成する。高射群は4ヶ高射隊基幹のペトリオット部隊である。
　海上自衛隊の隊群は数ヶ隊（各艦艇2～3隻）から成り、Flotilla又はsquadronに相当する。海空自衛隊の群編成は陸の群よりもさらに柔軟性に富む。
　旧陸軍には群という編成用語はなく、これに相当する軍直轄の部隊は戦車連隊、鉄道連隊、通信連隊などと呼ばれていた。

●コマンド（Command）
　この用語は指揮権、命令及び部隊あるいは指揮組織の意味に用いられる。"command"はラテン語の"commnadare"、命令に由来する。
　米国防総省（JP1-02 2005）によるコマンドの定義は次のとおりである。
①軍隊指揮官が隷下部隊及び個人に対し法規に基づき行使する指揮権である。指揮には所命の任務遂行のため利用可能な人的物的手段の活用、隷下部隊の運用計画の作成、指令、調整及び統制の監督指導から成る。指揮には部下将兵の健康、福祉、士気及び規律の維持高揚に関する責務も含まれている。

②具体的な行動に関する目的を明示した指揮官の命令である。
③一指揮官が指揮権を及ぼす単一又は複数の部隊、単一の組織及び地域である。

　組織用語としてのコマンドはグループと異なり普遍的な適訳がなく、このため当該組織の性格、機能、規模などに応じ総監部、軍、集団、群、部隊、隊と訳している。然るに多くの場合、コマンドは司令部とは訳す事ができない。
　戦後、日比谷に置かれたGHQ（連合軍総司令部）は米軍の極東軍司令部（Heaquarters, Far East Command：FEC）を兼ねていた。有名なSAC（Strategic Air Command）は戦略空軍、TAC（Tactical Air Command）は戦術空軍と訳されている。
　70年代における米陸軍指揮幕僚大学の教材によれば50年代における部隊の改編時に師団の支援部隊を兵站連隊（Logistics Regiment）、軍団の支援部隊を兵站師団（Logistics Division）という提案が上った。これに対し中央部は師団、連隊の呼称は戦闘部隊専用とし、支援部隊にはコマンドを用いるように研究当局を指導した。
　したがって現在の米軍師団の支援部隊は師団支援群（Division Support Command：DISCOM）、軍団の支援部隊は軍団支援団（又は集団）（Corps Support Command：COSCOM）と呼ばれている。戦域軍レベルの支援部隊は戦域支援団（又は集団）（Theater Support Command：TSC）である。TSCの代表的な組織は日本（座間）に駐屯している。
　地域別、機能別の米統合軍は次の例に見るとおり、すべてコマンドである。
・米北方軍（US. Northern Command）　・米太平洋軍（US. Pacific Command）
・米欧州軍（US. European Command）　・米中央軍（US. Central Command）
・米特殊戦軍（US. Special Operation Command）　・米戦略軍（US. Strategic Command）
　陸軍の交通統制部隊、犯罪捜査隊、麻薬対策隊など小規模な組織も"Command"である。
　これに対し、英軍は"Command"よりも伝統的に"Corps"を多用する。しかしながら陸軍には緊急展開部隊からなる"Land Command"、空軍には戦闘機主体の"Strike Command"がある。

# 〔海兵隊、海軍歩兵、陸戦隊〕
## Naval Infantry, Marine Corps, Marines

艦船に乗組み、海上を移動して上陸作戦、沿岸地域の軍事施設に対する襲撃、偵察、港湾や要地の警備等を行なう海軍所属の地上戦闘部隊は海兵隊、海軍歩兵あるいは陸戦隊と呼ばれている。
　各国では軍の伝統などから次のような特有の呼称を用いている。
＊米国…U. S. Marine Corps：海兵隊　＊英国…Royal Marines：海兵隊
＊フランス…Infanterie de Marine：海軍歩兵
＊ロシア…Morskaya Pekhoda：海軍歩兵
＊ドイツ…Marineinfanterie：海軍歩兵　＊中国、台湾…海軍陸戦隊
　海兵隊の主力の編成装備、運用は基本的に陸軍の歩兵部隊と殆ど同じであり、したがってフランスなどは海軍歩兵と呼んで来た。ちなみに上陸後の内陸における戦闘行動は陸軍の歩兵部隊と変らない

●海兵隊の起源
　弓矢、刀剣などが主要な兵器であった頃の海戦では敵味方の船が互いに接触し、戦闘部隊を乗り移らせて敵船を占領し、あるいは放火した。このため艦船には操船要員以外に歩兵部隊が乗り組んでいた。ギリシア、ローマ、カルタゴ、バイキング、サラセン、百済（白村江）、瀬戸内海（村上水軍）の戦いから当時の海戦の姿が伺える。
　17世紀に海外遠征と敵艦隊の来攻の機会が多くなるに伴い英国及びオランダは植民地の占領確保、港湾警備などに常設の海兵隊の必要性を認識した。1664年に英国、翌年にオランダが"Corps of Marine"を創設したのが近代の海兵隊の始まりである。その後、フランス、スペイン、ポルトガル、地中海諸国も海兵隊を常設した。
　火砲の発達に伴い砲戦が次第に海戦の主体になる。そこで砲戦中に海兵隊員は櫓やマストの上から敵艦の指揮官、操舵手、砲手等を狙撃して戦勢を有利に導くに努めた。
　1705年にロシアのピヨートル大帝はロシア近代化の一環としてオランダ海軍に習い、バルチック艦隊と海軍歩兵連隊を創設した。したがって現在のロシア海軍は18世紀の伝統を継承して海軍歩兵と呼んでいる。
　米国独立戦争中の1775年に米海軍は英国、フランスに習い艦船の自衛警戒と艦内規律維持に当る200人の海兵隊を創設した。第2次大戦中に米海兵隊はピーク時に2ヶ軍団、6ヶ現役師団、48万人と史上最大の海上機動軍に成長したのである。
　これに対し英海軍は第2次大戦中に海兵隊を8万人に拡充し、コマンドゥと呼ぶ特殊部隊も編成した。

●日本海軍の海兵隊と陸戦隊
　1870年（明3）に明治政府は海軍を創設し、英海軍のマリンを模範にして衛兵（歩兵）と砲兵から成る「海兵隊」と呼ばれる部隊を編成した。1876年（明9）までに200人規模に成長した海兵隊は艦船に分乗し、佐賀の乱、台湾遠征及び江華島事件で実戦を

体験する。その後、艦船乗組員による臨時編成部隊に港湾警備、上陸作戦などを担当させる考え方から海兵隊は解散した。ところが1886年（明19）に「海軍陸戦隊概則」を定めて「海兵隊」を「陸戦隊」という用語に変えて新たな制度を整えた。日清戦争及び日露戦争には臨時編成の陸戦隊が実戦に参加している。

　大正末期、日本の影響力が中国大陸に及ぶに伴い、国家の権益と在留邦人の保護のため常備編成の特別陸戦隊が編成された。このため1925年（大5）に日本海軍は揚子江河口の要地に上海警備隊を臨時に派遣し、1930年（昭5）に上海特別陸戦隊約700人を常駐させた。1932年（昭和7）の第1次上海事変及び1937年（昭12）の第2次上海事変には特別陸戦隊が中国軍と戦って健闘し、国民にその名が知れ渡った。

　1941年（昭16）に米国、英国との開戦当時、日本海軍の連合艦隊は横須賀、舞鶴、呉、佐世保に7ヶ特別陸戦隊を配備していたが、戦争中に増強した。開戦初期、南方への攻勢作戦を採る頃に特別陸戦隊は陸軍の師団、連隊と協同してグアム、ニューギニア、ソロモンなど各島々への上陸作戦と航空基地等の占領確保に任じた。戦争2年目以降、太平洋方面で米軍の反攻に直面し、南の島々で米海兵隊及び陸軍の各師団と激戦を交えて多くの犠牲者を出している。特別陸戦隊は2〜4ヶ歩兵中隊、1000〜2000人基幹で対戦車砲、迫撃砲等を各2〜4門、装輪装甲車、軽戦車又は側車（サイドカー）各2〜6両から成る歩兵大隊規模の部隊であった。別に基地設営隊、警備隊等から成る旅団級の特別根拠地隊も編成された。

●科学技術の発展と海兵隊
　1940年代の米国は水陸両用車及び人員装備を渚（なぎさ）に直接揚げるLST（戦車揚陸艦）など上陸専用艦艇を開発実用化して上陸行動の効率を飛躍的に向上させて第2次大戦に臨んだ。太平洋戦域の米海兵隊は航空戦力と艦砲による優勢な火力を発揮して日本軍の防御部隊を圧倒し、さらには効率的な揚陸技術に支えられた師団、連隊を上陸させた。

　最近ではヘリコプタ、及びホバークラフトが障害を踏破して上陸速度を早め、空母、兵舎、及び補給処を兼ねる強襲艦も登場し、加えて射程100km以上のSSM、空輸補給、衛星通信等が作戦地域を拡大し戦闘効率を高めている。

　米海兵隊は17万人、3ヶ師団、1ヶ航空団と世界随一の規模を誇る着上陸作戦部隊である。これに対しフランス、韓国、台湾は2〜3万人、1〜3ヶ師団程度の海軍陸戦隊又は海軍歩兵を擁し、元祖の英国は6000人規模の1ヶ海兵特殊戦旅団のみを維持する。中国は海南島に5000人規模の1ヶ海軍陸戦隊を駐屯させている。2006年時点における海上自衛隊には海兵隊は存在せず新設の見通しもない。

# 〔ヘリボン部隊、空挺部隊〕

airborne forces, air-assault troops

● 空挺：落下傘で降下して戦う歩兵部隊

空挺作戦は地上部隊が航空機で目標地域に移動し、落下傘（パラシュート）で降下し戦闘行動に移る部隊である。

目標地域上空に到達後、地上部隊は人員、装備、資材を卸してから通常の歩兵のように小隊、中隊などの組織を整えて戦闘行動に移り、敵部隊の撃破、目標の占領などの任務を遂行する。時には小人数の組ごとに分散して指揮通信施設、橋梁の爆破、車両、燃料集積所の襲撃、破壊等の遊撃戦を行なう。

このように敵の後方地域や離島など基地から遠い地域に落下傘で降下して戦闘行動を実行できるように専門に編成し、訓練された部隊が空挺部隊（airborne force）である。

第1次大戦後、日本を含む各国軍は落下傘部隊（parachute infantry、paratroop）という部隊を相次いで創設した。やがて日本陸軍は「空輸挺身隊」の略称として「空挺部隊」という用語を慣用するようになった。

西欧の落下傘部隊は第1次大戦後の1920年代に生まれた落下傘（パラシュート：フランス語で「落下を保護する。」）を使うスポーツが軍事目的に転用されたのに始まる。

第2次大戦中に米陸軍は1ないし2ヶ落下傘歩兵連隊及び2ないし1ヶグライダー歩兵連隊、計3ヶ連隊基幹の10ヶ空挺師団（Airborne Division）を編成した。それ以来、空挺を表す"airborne"という用語が定着して現在に至っている。

● 降下作戦の能力及び限界

落下傘は輸送機が着陸不可能な地域に戦闘部隊を直接降ろせる利点がある。したがって空挺部隊は夜間など見通しの悪い気象条件下で静粛に降りて奇襲効果を収めることもできる。空挺部隊は選抜された将兵に対し、空挺作戦独特の戦術教育及び高度の戦闘戦技訓練を施さなければならない。特に中隊、小隊及び分隊は独立行動能力を要求される。

すなわち降下後に兵員や装備を掌握して戦力を発揮するまでには相当の時間がかかり、特に夜間、悪天候、森林や茂みなどの悪条件下では降下直後時の部隊の掌握は難しい。

落下傘で降ろせる装備は最大15トンまでの火砲や装甲車に限られるから一般部隊よりも火力が劣る。また発進基地における輸送機と部隊の集結、人員装備の搭載、及び離陸後の編成の組織化に相当の時間と手数がかかる。

気象地形、敵の地上部隊の配置など降下地域の情報収集、降下地点や降下時期の選定など周密な準備と計画も必要である。特に降下の時期、場所の判断を誤るとやり直しが利かない。輸送機の移動及び降下時の安全を図るために制空権の確保に加えて降下地域の敵防空組織の制圧ないし無力化も大事である。

第2次大戦中におけるドイツ軍のクレタ島、連合軍のシシリー島、ノルマンジー、オランダにおける各空挺作戦は師団以上の大規模な落下傘降下の作戦の最終版であった。第2次大戦後になると防空組織、特にSAMシステムの発達に伴い、輸送機が大編隊を組む空挺作戦は実情に合わなくなった。

1950年秋、米軍は北朝鮮のピョンヤン北方に2ヶ空挺歩兵戦闘団（約3000人）を投入したが、これが第2次大戦後における最大の落下傘降下作戦である。
　第2次大戦中に日本軍はスマトラ、チモール、セレベス、レイテ、沖縄で大隊・中隊規模の空挺奇襲作戦を行なっている。

　60年代以降、ベトナム、アフガン、湾岸の各戦場では地上部隊主力の機動手段としてヘリコプタの占める役割が大きくなった。そこで米軍、ロシア軍、中国軍などではヘリ装備の空中襲撃部隊が空挺部隊の肩替りになる傾向にある。しかしながら落下傘降下は襲撃、重要地域の占領、敵後方地域の攪乱、テロ対処、遊撃戦、情報活動など少数精鋭部隊に適する特殊な任務には依然価値がある。

● ヘリボン部隊の登場
　陸上自衛隊では、空挺作戦及びヘリボン作戦を合せて空中機動作戦と呼んでいる。

● 赤軍…空挺部隊を初めて創設
　第1次大戦後に将来戦を予測して空挺に目を向けたのは赤軍（後のソ連軍）であり、早くも1920年代に10ヶ軍団、約10万人の空挺部隊を編成した。ただし第2次大戦中の対独戦では輸送機の不足などから旅団規模の空挺作戦と遊撃隊の潜入にとどまった。
　一方、1945年8月の満州進攻作戦の時には空挺部隊が先ず新京（長春）、奉天の飛行場を占領して後続部隊を受け入れた。戦後も現代戦に適う空挺部隊の教義を最も良く整えてきたのは旧ソ連軍である。
　その原則は先ず大隊規模の先遣隊が落下傘降下による奇襲攻撃をかけて飛行場を占領し、所在の敵部隊を掃討する。次いで空挺連隊又は師団の主力が火砲、装甲車などの重装備とともにヘリや輸送機で追及して飛行場を取り囲む円形の陣地・空挺堡（airhead）を占領する。空挺堡占領部隊は敵部隊の反撃を撃退し、あるいは敵の大部隊を拘束して全般作戦を有利に導く。
　先遣隊の降着から3日後に後続の主力部隊が空路と陸路から進出し、目標地域の占領あるいは新たな作戦行動に移る。1989年12月におけるアフガン進攻作戦ではこの原則を忠実に適用している。

● 各国軍の空挺部隊
　各国軍の現有空挺部隊の規模は次のとおりである。
・ロシア軍：4ヶ空挺師団、1ヶ訓練旅団
・米軍：空挺軍団（1ヶ空挺師団、1ヶ空中機動師団）
・英軍：空挺旅団（4ヶ落下傘大隊）
・フランス軍：空挺旅団（4ヶ落下傘連隊）、空中機動旅団（4ヶヘリ連隊）
・ドイツ軍：空中機動師団（4ヶ空中機動連隊、5ヶ航空連隊）、特殊戦師団
・中国軍：空挺軍（4ヶ空挺師団、1ヶ訓練旅団）
・北朝鮮軍：特殊戦軍（2ヶ狙撃空挺大隊、3ヶ軽歩兵空挺大隊）、8ヶ特殊戦大隊
・韓国軍：7ヶ特殊戦旅団

IL-76輸送機より空輸された旧ソ連陸軍空挺兵。

同じくAN-12輸送機に空輸されたASU-85空挺戦車。

# 第 11 章
## 特殊部隊

# 〔コマンドウ・英海兵隊〕
## Commando, Royal Marines

●コマンドウの由来…ボーア戦争

英軍用語辞典はコマンドウ"commando（es）"を次のように説明する。

『① 英海兵隊の第40コマンドウ、第45コマンドウのような大隊規模のグループである。そのうちの第40コマンドウは襲撃を先導する。 ② 基本訓練を成功裡に終了した英海兵隊員 ③ 特殊部隊に所属する隊（unit）、不正規軍の隊』

コマンドウは南アフリカの支配をめぐり英国遠征軍とオランダ系の現地住民組織が戦ったボーア戦争（1899-1902）に由来する。この時にボーア人という現地住民は民兵の乗馬歩兵をもって襲撃、伏撃、狙撃など徹底したゲリラ戦を展開して英軍を苦しめた。

ボーア側は義務兵役法により徴集した民兵をコマンドウ（ポルトガル語の指揮を受ける組織）と呼んでいた。ちなみにコマンドウ及び指揮ないし部隊を指すコマンド（command）の各語源はいずれも3～7世紀のラテン語の「指揮権の委託（commandare）」に由来する。

ボーア戦争の時に英軍は50万人の大軍を投じて死傷者10万人以上と3年近くの歳月を費やして僅か5万人のコマンドウをようやく平定した。

従来、英軍は小銃の火力の集中発揮と銃剣の槍ぶすまに期待する硬直した密集隊形に馴染んで来た。これに対しコマンドウは神出鬼没の行動により英軍の密集隊形を切り崩し、あるいは夜間攻撃をかけて孤立した部隊や後方施設を潰す。その反面、敵を決して攻撃せず相手が体制を立て直せば迅速に退散する。そこで英軍はコマンドウとの苦しい戦いから現代の特殊戦に相当する戦い方を学び取ったのである。

ボーア戦争は第2次大戦以降、英軍のコマンドウを始め、各国軍の戦術技術に多大な影響を与えている。ソ連のパルチザン、中国の八路軍、フイリピンのフク団、戦後のギリシア、朝鮮、マラヤの共産ゲリラ、ベトナムの解放戦線などはコマンドウ流の戦い方に徹している。一方、米軍のレンジャ、韓国の特戦団などは呼び方こそは違うが、コマンドウに類似の編成装備と戦術戦法を採る部隊である。

これに対し大戦中に英軍が創設したSAS（Special Air Service）は直接行動（暗殺、拉致等）、テロ対処など特殊任務を持つ秘密性の高い小部隊である。米軍のデルタフォース、ドイツのGSGなどはコマンドウよりもSASに類似する。

米軍の特殊戦軍（USSOCOM）、ロシア軍のスペツナズはコマンドウとSASの機能を含めた正規戦・不正規戦兼用の大規模な組織である。なお現在の英海兵隊のコマンドウは米特殊戦軍のSEALS（海軍特殊部隊）に近い。

●第2次大戦中に先ず英陸軍が創設

第2次大戦の2年目の1940年6月、ドイツ軍がフランス全土を占領し、英本土上陸進攻の気配も伺わせていた。この時にボーア戦争の教訓を学んだ英国のチャーチル首相は陸軍当局に対し歩兵大隊程度のゲリラ部隊を多数創設するように命じた。

その狙いは大陸沿岸部に襲撃や破壊活動を繰り返してドイツ軍の重要施設を壊し、守

備隊の戦力の分散を図るとともに配備兵力などの情報を入手するにあった。この海上機動ゲリラ部隊はボーア戦争にあやかるコマンドウを正式呼称とし先ず陸軍、次いで海軍及び英連邦諸国軍にも編成された。

1941年に駆逐艦と揚陸艦艇に乗ったコマンドウはノルウエー沿岸のロフオーテンなどに在るドイツ軍の港湾施設、工場等を襲撃して破壊して無事生還する事ができた。1942年3月にコマンドウはフランス沿岸のサンナゼールで相当の損害を生じたが、ドイツ軍の大型艦船修理施設を破壊した。

ところが8月の北仏ジエップの航空基地の破壊を狙った上陸作戦では英軍は総兵力5千人のうちの約70%が死傷して完敗に終る。この時に2ヶコマンドウは主力部隊の両翼を掩護する態勢で上陸した直後、ドイツ軍の反撃に遭い多大の損害を生じたのである。ジエップは大戦中におけるコマンドウの最大の不成功戦例であった。

1944年にはイタリアのサレルノ、北仏ノルマンジー、アントワープ各上陸作戦においてコマンドウは事前の沿岸偵察、主力の先導、掩護などにより作戦に貢献した。

●戦後に海兵隊に編入

戦後、陸軍の縮小と海上機動支援の便宜性からコマンドウは海兵隊（Royal Marines）に編入された。2005年時点において総兵力約7000人の英海兵隊の主力を成し、陸軍所属の要員も加えたコマンドウの編成は次のとおりである。
［第3コマンド旅団］　　＊は陸軍所属の部隊
　40、42、45各コマンドウ
　各800人　本部中隊…200人　3個小銃中隊…各128人　重火器中隊…156人
＊29コマンドウ砲兵連隊…550人
　本部中隊　3個射撃中隊…各105ミリ砲×6
＊コマンドウ防空中隊…携帯SAM　2個コマンドウ工兵中隊
＊2個襲撃中隊　偵察中隊　兵站連隊
　ヘリコプタ隊…ガゼル×9　リンクス×6　舟艇隊…舟艇×24、水陸両用車×5
　独立警備隊（北海油田警備）　艦上警備隊　北極、山地各訓練隊

海兵隊の舟艇隊（SBS）はコマンドウとSASの沿岸偵察、襲撃などを支援する。

1982年4月のフォークランド戦争の時に第3コマンドウ旅団主力が参加した。現在、コマンドウは4か月交替で北アイルランドの治安対処を勤めている。さらにNATO軍の一部としての北欧の緊急派兵及び太平洋、大西洋、中東、アフリカなどへのPKOにも即応する。

# 〔SAS…英陸軍特殊部隊〕
## Special Air Service

●高く評価されたロンドン対テロ作戦

　SAS（Special Air Service）は小粒ながら超精鋭の英陸軍特殊部隊である。1980年春、駐英イラン大使館に立籠るテロの撃滅と人質救出の実況が世界にテレビ放映されては有名になる。それ以来人質を取るテロの要求に屈せず、損失を最小限にとどめて早く解決に導いたSASの編成装備、戦術技術をその後各国の軍と警察が参考にしている。以下は事件のあらすじである。

　4月30日（水）11：30、武装テロ6人がロンドン中心部のイラン大使館を急襲、館員26人を人質にした。犯行はイラン西部、フゼスタンの自治独立を目指し抵抗運動を続けるアラブ反体制テロリストによるものであった。

　彼等はイラン当局が逮捕拘禁中の仲間91人を5月1日までに釈放しなければ大使館全体を爆破すると脅迫した。これに対し英国政府は要求を拒否するとともに警察隊をもって大使館用地を封鎖し、SASに出動準備を命じた。

　6日目の5月5日、テロリストは英国政府の強硬な姿勢にいらだち30分ごとに人質を1人づつ殺すと新たな脅迫に出た。そこで18：50に1人の遺体が外に投げ出されるに及んで政府はSASに突入を命じた。

　19：23、全身黒装束にガスマスクを被る12人の隊員が玄関、屋根伝いに裏窓、隣家を経て側壁の各方向から壁やガラスを壊して大使館に一挙に突入した。

　隊員は各部屋を機敏に渡り歩き犯人5人を射殺、1人を捕虜にして作戦を終る。ただし交戦時にテロ側の銃撃で人質2人が負傷したが、速やかに突入して被害を最小限にとどめたSASの実力は高く評価されている。

●SASの編成装備、配置、訓練

　同じ特殊部隊でも空挺部隊は歩兵、コマンドは海兵隊に所属するのに対し、SASは歩兵でも海兵隊でもなく英陸軍直属の準兵科部隊である。2005年現在、常備軍（RA）に600～800人編成の第22SAS連隊がある。地方軍（TA）の第21、第23各SAS連隊はパートタイムの要員で充足する。第22SAS連隊には第64SAS通信中隊、第21、第23各連隊には第264SAS通信中隊がそれぞれ配属される。連隊は"Regiment"、中隊は"Squadron"小隊は"Troop"と呼ばれる。

　　　　　　　　—第22SAS連隊の編成—
＊本部・本部中隊…情報班、行政班、整備班＊訓練隊
＊戦闘中隊…4個（以下、中隊の構成基準）
　　士官…6、下士官兵…66、計…72
　　　・両用戦小隊　・機動小隊　・空輸小隊　・山地小隊
　　各小隊は士官…1、下士官…15、計16

　1ヶ中隊は対革命専任（CRW）で各小隊は4ヶ隊（各4人）ごとに行動する。通信、武器、衛生、語学のうち一つを主特技とし、その他を副特技とする4人が集まれば総合

的な機能発揮が可能になる。

　各隊員は各国製の小銃、機関銃、短機関銃及び拳銃の中で自分自身の好みに合った火器を装備する。対テロ人質救出作戦などには強力な光を出し一時盲目化する閃光手榴弾を用いる。SASは対テロ、重要施設の警備のほか戦時になると長距離偵察、伏撃、敵の重要施設の襲撃、暗殺、拉致などに任ずる。

　第22SAS連隊主力はイングランド西部のヘリフォード、そのうち1ヶ中隊（CRW）はロンドンに駐屯して常時即応態勢を採る。連隊は欧州連合軍の戦略予備の戦時任務も与えられている。CRW中隊は先述のイラン大使館テロ事件を解決した戦績を持つ。

　情勢不穏の北アイルランドでは160人の中隊が常駐し、敵性分子（IRA）の監視、偵察、伏撃、秘匿兵器の摘発などに従事する。すでに触れた程度の編成装備、配置などは一般に知られているが、所属隊員の階級氏名、写真は非公開である。実位置や行動を秘匿する連隊には特別の部隊標識も服装もなく、別の部隊の呼称、標識及び制服を用いる。

● 現役軍人の志願者を採用、厳しい訓練

　SASは一般社会からの直接入隊によらず要員をもっぱら現役軍人から採る唯一の部隊である。

　このためSAS連隊は他の部隊よりも下士官の比率が高い。3年間のSAS勤務に耐えるには卓抜な体力、知力、判断力が要求される。1年に2回、各部隊からの志願者をウェールズのベレコンビーコン訓練施設に集め、4週間の課程で要員を選抜する。

　選抜課程の前半は体力訓練と地図判読、後半は総重量25kgの完全武装で64kmを20時間で機動する野外訓練から成る。これに合格した要員は14週間、格闘技、落下傘降下、爆破、登山、水障害通過などの訓練を受ける。

　厳しい訓練を経て、生残るのは最初の志願者のうち、せいぜい20％に過ぎないと言われる。

　SAS隊員は3年間勤務後に元の所属部隊に復帰するか、退役して予備役になる。

● 創設は第2次大戦中の北アフリカ

　1941年11月、ドイツ軍と戦闘中の北アフリカでSASが創設された。航空基地、兵站基地、司令部等、ドイツ軍の後方地域に所在する重要目標の襲撃や偵察に最適の精強な小部隊の必要性が認識されたからである。それは若い大尉、デビッド・スターリングの着想と上層部への提案によるものであった。

　当時の秘匿名称のSAS（特別航空勤務隊）がやがて正式呼称となる。戦後、一時解散したSASは復活してマラヤ、ボルネオ、オマーン、北アイルランドなど各地の治安対処と社会の安定に貢献した。

　1980年代以降、第22SAS連隊はフォークランド紛争、及び湾岸戦争において伝統的な襲撃・偵察能力を発揮している。米軍のデルタフォースはSASの生写しである。

# 〔グリンベレ：米陸軍特殊部隊〕
## US Army Special Force

●旧日本軍は特殊戦の先輩

　特殊戦（特殊作戦）は一般部隊よりも軽装備で、かつ小人数の精強な部隊が驚異的な成果を追及する戦い方である。また劣勢な戦力を優勢な敵に向けて損耗と疲労を強いる負けない戦いも特殊戦（Special Warfare, Special Operations）に類する。

　しかしながら米軍の言う特殊戦は決して目新しい戦術でなく遊撃隊、ゲリラ、パルチザン、忍者、隠密などによる特殊戦活動は昔からあった。すでに旧日本軍は臨時編成部隊及び情報機関による特殊戦を実行している。例えば1943年8月にニューギニア東部で第51師団が40人規模の挺身隊を編成して米軍の砲兵陣地と弾薬集積所を襲撃して破壊した。

　さらにマレー、ビルマ（ミャンマー）では日本軍の工作組織が住民と協力して英軍と戦いインド国内の反英運動の助長に努めていた。現代では核戦力、陸海空軍による正規戦とともに不正規戦（テロ、ゲリラなど）の脅威とその価値が認識されるようになった。

　このため米軍のグリンベレ、ロシア軍のスペツナズ、英軍のコマンドウなど特殊戦専門の部隊（特殊部隊）が創設された。英軍は現代各国軍における特殊部隊の作戦・戦闘行動の範囲を次のように見ている。

　　＊隠密偵察（秘密情報収集）　＊襲撃、破壊　＊テロ・対テロ活動
　　＊心理戦　＊直接行動（暗殺、拉致など）

　隠密偵察、対テロ（人質救出等）、直接行動など実行が極めて難しい任務は特殊部隊の中でも高度の専門訓練を積み、特別な編成装備を持つ部隊が担当する。英軍のコマンドウ内部の特別部隊とSAS、米軍のデルタフォースとSEALS、フランスのGIGNなどが代表的な存在である。

　米軍は次の事項を特殊部隊の一般的な任務に加えている。

　　＊民事活動　＊外国の国内秩序維持に協力　＊戦域の捜索救難活動　＊人道支援活動

●グリンベレ：米陸軍特殊部隊の主力

　米陸軍特殊部隊の通称であるグリンベレは1961年にケネデイ大統領が同部隊員にエリートの象徴、緑のベレー帽の着用を公認したことに由来する。米国ではすでに独立戦争、南北戦争、フィリピン治安作戦などにレンジャという遊撃部隊を活用している。ただし「特殊部隊」という用語が公式に出てきたのは第2次大戦中である。

　すなわちOSS情報機関の第1特殊勤務隊（1SSF）の分遣隊はビルマの戦場で日本軍の後方地域に落下傘降下して反日組織を作り、別の隊はフィリピンで現地住民のゲリラを援助した。しかしながらソ連軍占領下の西欧のゲリラ戦に備えて1952年に編成後、西ドイツに駐屯した第10特殊戦群（10 Special Force Group）が現代の特殊部隊の直接的な元祖である。

　その後、米陸軍が60年代までに第3世界の不正規戦対処のために編成した特殊戦群は7個に達する。これらのグリンベレは自ら戦うとともに地域住民を援助して親米的傾

向の軍事力を育て上げ、米国の戦略を有利に導く政策を重視した。

このため1962年から10年間にグリンベレはベトナム、ラオスで医療、教育、農耕等の民生支援により地域住民と友好関係を結び、民兵を育成して共産軍との戦闘を指導した。

ベトナム戦争終了後の70年代に4個群が解隊して総兵力は30%にまで低下したが、中東、アフリカ、中南米の情勢が不穏になるに及んでグリンベレが見直された。そこで1987年には特殊部隊は人事行政管理上、有利な兵科（職種）となった。

その要員は空挺又はレンジャの資格を持ち現役勤務3年以上の将校、下士官の志願者から厳選される。大尉昇任予定の中尉は3週間の選考試験に合格後、26週間の特殊戦課程に入る。特殊戦課程を無事卒業すれば大尉に昇任して実戦部隊のA分遣隊長に任命されて12～24か月間、部隊勤務する。

―特殊戦群―

＊群本部・本部中隊
＊特殊戦大隊（3ヶ）
　・大隊本部・C分遣隊・特殊戦中隊（3ヶ）…中隊本部、B分遣隊、A分遣隊（5ヶ）
＊管理中隊　＊通信中隊　＊戦闘情報中隊

特殊戦群は45ヶのA分遣隊を広く展開し、B、C各分遣隊をもって各下級組織の活動の統制と作戦地域の関係組織との調整を行なう。12人編成のA分遣隊要員は運用、重火器、通信電子、爆破又は衛生などの特技を持つ。全隊員は派遣予定地域の歴史、地理、文化、語学などの教育を受ける。

2005年時点で特殊戦群は7ヶ（うち州兵2ヶ）あり、各1ヶ大隊（各約700人）が沖縄、ドイツ、パナマ、アフガン、イラクに駐屯する。

第2次大戦中の6個レンジャ大隊は戦後に解隊し、1975年から10年間に3ヶ大隊と連隊本部が復活した。歩兵科の第75レンジャ連隊は3ヶ歩兵大隊、約1800人から成り長距離偵察、襲撃、遊撃戦、山地戦をなどに任ずる。

レンジャ連隊は大隊、中隊単位で行動し、軽歩兵としての戦力を発揮する。各大隊はジョージア州とワシントン州に分駐し、緊急展開に即応体制を採る。なお、その要員は空挺部隊の志願者から選抜される。

民事・心理戦部隊は戦域において特殊部隊の行動を支援するが、これらの要員の大部分は連邦軍予備と州兵から充当される。

ノースカロライナ州フォートブラグに司令部を置く米陸軍特殊戦軍（U. S. Army Special Operations Command）は5個特殊戦群、レンジャ連隊、航空連隊、心理戦群、民事大隊、通信大隊、訓練センターなどから成る。

総兵力は連邦軍15,000、連邦軍予備3000、州兵9000、合計2.7万人に達する。米特殊戦軍（Special Operations Command）は陸海空軍の特殊部隊を指揮する統合指揮統制組織である。

# 〔デルタフォース〕

## Delta Force

●米軍特殊部隊の対テロ専門部隊

　デルタフォースは1970年代に米陸軍が新設した対テロ専門部隊であり、その呼称は1st Special Forces Operational Detachment-Delta（第1特殊部隊作戦分遣隊 − デルタ）を意味する。

　旧日本陸軍と及び陸上自衛隊では中隊などを1、2、3、4の番号で識別するが米陸軍ではA（アルファ）− B（ブラボ）− C（コーカ）− D（デルタ）とアルファベットによる。デルタフォースはベトナム戦争以来の既存の第1特殊部隊のA、B、C各分遣隊に新たな分遣隊が追加されたという名目の秘匿名称であった。

　1970年代に世界各地で米国の在外公館、軍施設、民航機、商社、及び要人がテロの脅威に直面するに及んで対テロ専門部隊の必要性が深刻に認識された。そこで1977年11月に陸軍特殊部隊の内部に英軍のSASを参考にしたブルーライトチームが創設された。当時、この部隊は民航機で世界各地に移動するため「エアライン」という通称でも呼ばれていた。

　1980年10月にD分遣隊（デルタフォース）と改称されて1981年1月に正式に対テロ作戦部隊となり、テロ組織やスパイの摘発、ゲリラの掃討、人質の救出、人命救助等の任務を付与された。デルタフォースは要人警護のほか直接行動と呼ばれる敵の要人の暗殺や拉致、敵の秘密資料の盗み出し、敵側施設の破壊工作なども行なう。

　破壊工作の例としては空調装置から神経ガスの流入、電源等の爆破、敵の車両、航空機の伏撃、飲食物と飲料水への生物剤の投入などが挙げられる。

●秘密の存在と厳しい訓練

　デルタフォースはノースカロライナ州フォートブラグに位置すると言われているが、指揮官、幕僚など主要役職はもとより各隊員の姓名、階級、編成装備の細部なども公表されていない。ただし一般の推測による編成や訓練の概要は次のとおりである。

　1990年代のデルタフォースの総兵力は300〜400人で各60〜90人編成の3〜4個中隊、中隊は各16〜20人編成の班（チーム）から成る。うち100人が射距離600mで全弾的中、1000mで90％的中の技量を誇る特級射手である。別の150人以上が爆薬、通信電子、衛生等の特技を有する。

　デルタフォース以前に特殊部隊員（通称グリンベレ）になるのさえ容易ではない。すなわち現役軍3年の勤務経験、それに野外のサバイバル技術を身に付けるレンジャ訓練と空挺降下の資格が必要である。ところがデルタフォースへの道はグリンベレに入るよりもさらに険しい。

　当局は現役のグリンベレ部隊又はレンジャ部隊から志願者を募り、20人に1人の競争率で要員の候補者を選抜する。基本訓練はフォートブラグ付近の森林でのサバイバル生活3週間を含む19週間であり、合格率は全候補者の50％に過ぎない。個人の練成訓練は射撃、格闘技、爆破作業、空挺降下、山岳踏破、スキューバーダイビング、夜間行

動などから成る。チーム訓練は湖沼、山地、森林のほか航空機、船舶、空港、あるいは市街地を利用する実戦的な状況下で行なう。

例えば飛行中のボーイング727の機内でテロ分子と戦い、人質を安全確実に救出する訓練を繰り返す。フォートブラグに常設する人質救出と市街戦の訓練に使う家屋は「化け物屋敷」の異名で名高い。小火器はもとより航空機や建造物の窓、壁、扉を突き破る特殊爆薬、閃光手榴弾、暗視装置、GPS機器なども必需品である。

作戦行動時のデルタフォースは陸軍航空部隊のTF160、海軍の第6SEALチーム、空軍の第8特殊戦飛行隊の支援を受ける。海外への展開には企図の秘匿上、軍用機や兵舎を避けて民航機とホテルを利用する場合が多い。

世界各地への緊急展開を有利するためドイツ、ペルシア湾岸、東アジアなどの危険地域にはチームを常駐させている。米陸軍最強のデルタフォースでも僅か数百人で世界各地で多発する事態に有効な手を打つのは不可能である。

このためデルタフォースの要員はグリンベレーの各中隊の1～2ヶチームを対テロ専門部隊として訓練する任務を与えられた。さらにこの訓練を受けたグリンベレは一般の歩兵大隊内チームの対テロ訓練を行なう。このようにして米陸軍はデルタフォースの実力を生かして全戦闘部隊のテロ対処能力の拡大など強化に努めている。

●デルタフォースの出動記録
　デルタフォースは次のような各種事態に出動して相応の成果を収めている。
* 1982.12…イタリアの赤い旅団テロに拉致され米軍のドーチェ准将を救出
* 1983：スーダンで誘拐された西欧企業の関係者を救出
* 1984：ロンドンのリビア大使館の危機対処を支援
* 1984：レバノンで対テロ作戦
* 1984：イランにてクウエート航空ハイジャック対処
* 1985：ベイルートでTWA機ハイジャック対処
* 1985：イタリア客船シージャック対処
* 1989：パナマ作戦
* 1991：湾岸戦争、スカッド陣地偵察
* 1993：ソマリア作戦、偵察行動
* 1996：ペルーの日本大使館公廷人質事件の際にチームをパナマに展開
* 2001：アフガン作戦
* 2003：イラク戦争

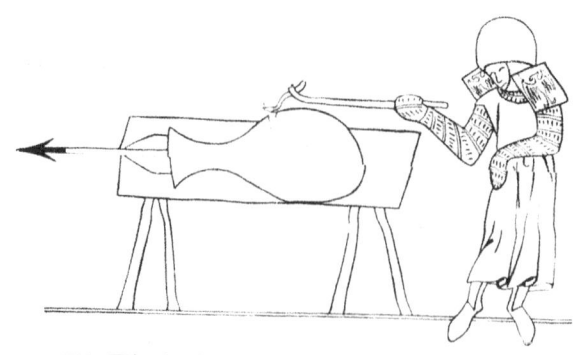

12〜13世紀：西欧の砲：米陸軍兵器博物館。

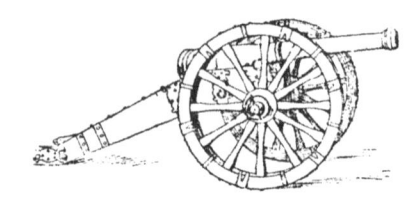

グスタフ・アドルフモの野砲：
米陸軍兵器博物館。

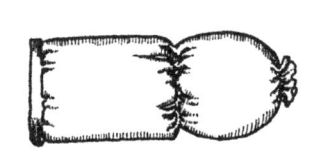

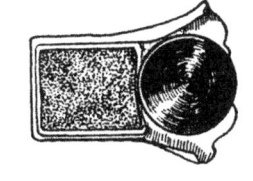

初期の薬莢：米陸軍兵器博物館。

旧ソ連陸軍のRPU−14ロケットランチャー。

# 第 12 章
## 兵器と技術 - 1

# 〔銃、砲〕

small arms, firearms, artillery

●銃、砲、ロケットの違い

　堅い作りの筒から出る弾丸により殺傷破壊効果をもたらす火器は規格の異なる銃及び砲に大別される。

　英語の"firearms"は古い時代には全火器、現在では通常、個人で操作する軽量小型の火器、すなわち銃を指す。旧軍、自衛隊を含む軍事専門分野では砲を火砲とも呼ぶ。これに対し戦国時代に登場した「鉄砲」、「大砲」は今では俗語になった。

　明治以来、日本では西欧の兵器学に基き銃（小火器）と砲（火砲）を口径（弾丸を発射する筒の内径）の大小により区別して来た。陸軍は口径12.7ミリ以上を砲、未満を銃と呼んでいたが戦車専用の93式13.2ミリ機関銃は例外であった。これに対し海軍は20ないし30ミリ級の連射機能を有する火器（陸軍の機関砲）を機銃と呼んでいた。

　米軍は口径15ミリ（0.6インチ）以上、西欧諸国では20ミリ以上を砲（artillery）と定義する。銃、砲は筒（tube）の底に詰めた推進薬（propellant）及び装薬（charge）の燃焼ガス圧で弾丸を押し出し目標まで飛翔させて加害力を生ずる。このため銃の推進薬は薬莢（金属容器）、砲の装薬は薬莢又は薬包に詰めて筒尾（breech）に装填される。

　これに対しロケットは弾丸の後に直結した推進薬の燃焼ガス圧により前進するが、発射時に安定させる位置として架台、レール又はチューブが必要である。発射原理の違いから見ればロケット砲という火器は存在しない。ただし第2次大戦末期の日本陸軍ではロケット砲という用語を使用した。然るに火砲、ロケットはともに砲兵火器であり、西欧軍では"Tube Artillery"及び"Rocket Artillery"と呼んで部隊の装備火器を区別する。旧ソ連軍及びロシア軍では砲兵を"Rocket and Artillery"と呼んでいる。

●火砲の由来

　紀元前8世紀のアッシリア、春秋戦国期の中国、ローマから中世まで石、矢などの物体（missile）をバネ又は梃子の力で飛ばす器材が攻城戦などに盛んに使われた。同時に硫黄などを燃焼させて物体を飛ばす原始的なロケットも登場したが、技術水準の低い時代には主力兵器としての発展にはおのずと限度があった。

　12世紀に砲の製造技術が中国からトルコとアラブ世界を経てヨーロッパに到来したようである。13世紀初頭に作られた小銃の元祖がスイスのバーニッシュ博物館に所蔵されている。しかしながら中世社会の技術水準では小型の火器よりも大型の火器の方が製造が容易であった。このため金属の板を巻いた筒から石、鉄又は鉛の丸弾を火薬の力で発射する火砲が銃よりも先に普及した。14世紀半ばの英国の科学者、ロジャー・ベーコン及びドイツの修行僧、ベルトルト・シュワルツが火薬の発明者である。14世紀初期における西欧の戦いでは石弾を発射する砲が専ら使われた。

　1346年における、英仏百年戦争初期のクレーシの戦いで英軍は鉛弾を発射する砲を史上初めて野戦で運用した。しかしながら14ないし15世紀の砲は機動が要求される野戦よりも固定的な状況下の城塞の攻防に適していた。要するに当時の火砲は重量、容積

ともに嵩む砲座用資材の輸送と据付作業に多大な時間、労力を要し、運動戦には不向きであったからである。

さらに砲身の旋回、俯仰はできず、固定式であった。したがって所望の目標に弾丸が届くように射距離（range）及び方向を計算して射撃方位角と射角を設定した。

1453年に東ローマ帝国を終焉に導いたトルコ軍のコンスタンチノープル攻城戦は当時の砲兵技術の特色を浮彫にする。全火砲70門のうち総重量19トンの重砲は750kgの石弾を射程1600mまで投射したが反動が激しく1日に7発も撃てば砲座が壊れた。

● 野砲の発明と砲兵科の創設

1440年に仏シャルル7世の軍事顧問、ジャン・ガスパール．ビュロウ兄弟は軽量の長い砲身と車輪付砲架の野砲、"culverin"を発明し、加えて火力戦闘専門の砲兵科を創設して火砲の機動と集中を容易にした。その頃から火砲は従来、難攻不落と言われた中世伝統の城壁を壊す能力を持つに及んで戦術技術に多大な影響を与えた。例えば17世紀半ばの有名なボーバンの築城技術は火力戦闘を多分に考慮している。

● 近代火砲技術の発達

18世紀以降、火砲の構造は中世以来の滑空砲身、砲口装填、固定砲架から逐次、旋条砲身、(rifled bore)、筒尾装填、駐退復座機構に転換した。砲身材料は軟鉄、青銅、真鍮から鋼鉄へと移行する。初期の砲身は樽と同じように柔らかい金属板を叩き円筒状にしてタガを嵌めた。これが現在、銃身及び砲身が"barrel"と呼ばれる由来である。

旋条技術は砲身内部及び飛翔中の弾丸を安定させて精度の向上、射程の延伸及び威力の増大を図る決め手を成す。ところが1520年にニュールンベルクで初期の旋条技術が実験されている。1460～70年に筒尾装填の野砲が初めて作られたようである。

初期の野砲は発射すると反動で後方に下がり、砲班員は砲を元の位置に押し戻してから再度、射撃するという動作を繰り返した。19世紀末に実用化された仏軍の75ミリ砲は史上初の駐退復座装置を有する火砲であった。火砲弾薬の元祖である炸薬がないソリッド構造の丸玉を指す"ball"は今では小銃、機関銃の普通弾を意味する。

15～16世紀に炸薬入り丸玉の容器の穴に導火線式の紐を通し、これに着火して爆発させる炸裂弾、"bombe"が登場した。これが信管（fuse）で破裂して破片と爆風を飛散する榴弾の元祖である。18～19世紀になると子弾入り榴散弾（shrapnel）、及び舟の姿の蛋形弾が実用化した。

16世紀までに材料の厚さ、装薬量、弾丸重量、射角などが弾道に及ぼす影響（射程、精度、弾丸威力）が次第に学理的に証明された。その結果、スペインでは"culverin"、"canon"、"pedrero"、"Mortar"から成る火砲系列が形成されたのである。

17世紀にスウェーデンのグスタフ・アドルフ王は火砲を軽量化し、成分と量が統一された薬莢と薬包を実用化して装塡と弾薬補給を効率化した。

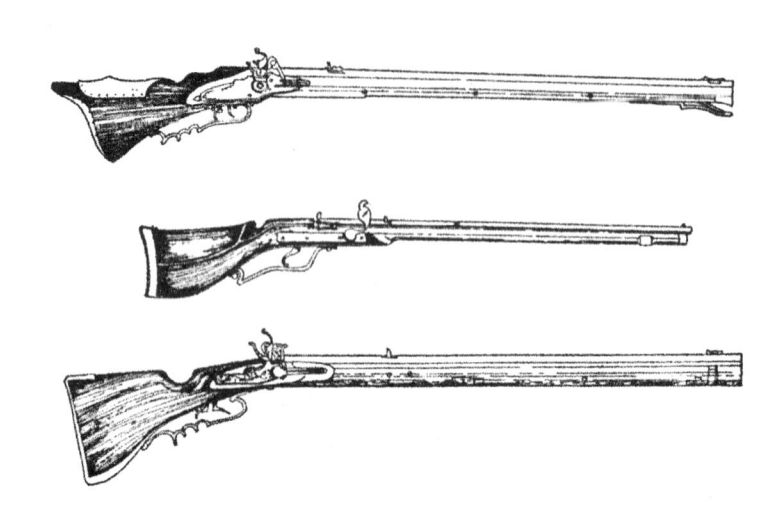

14〜15世紀西欧の火縄銃：米陸軍兵器博物館。

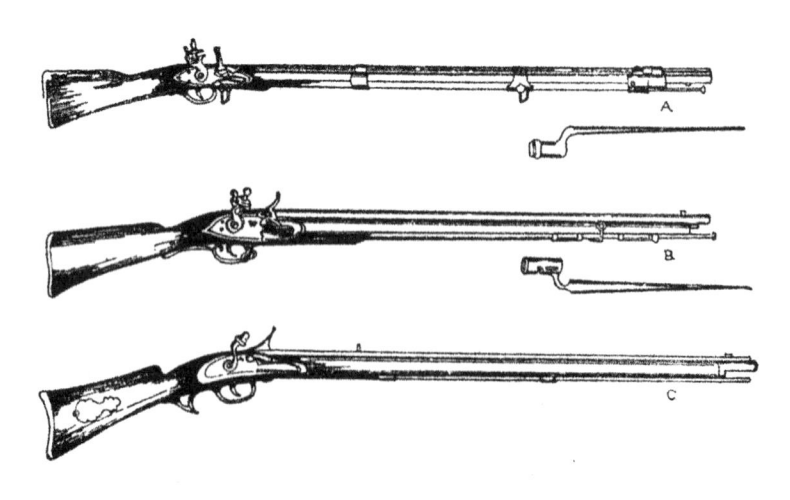

18世紀西欧の逐発銃：上よりフランス軍制式銃、英軍ブラウンベス、米開拓地の銃。

RPG−7（左）と AK−47 自動小銃を手にする旧ソ連陸軍兵。

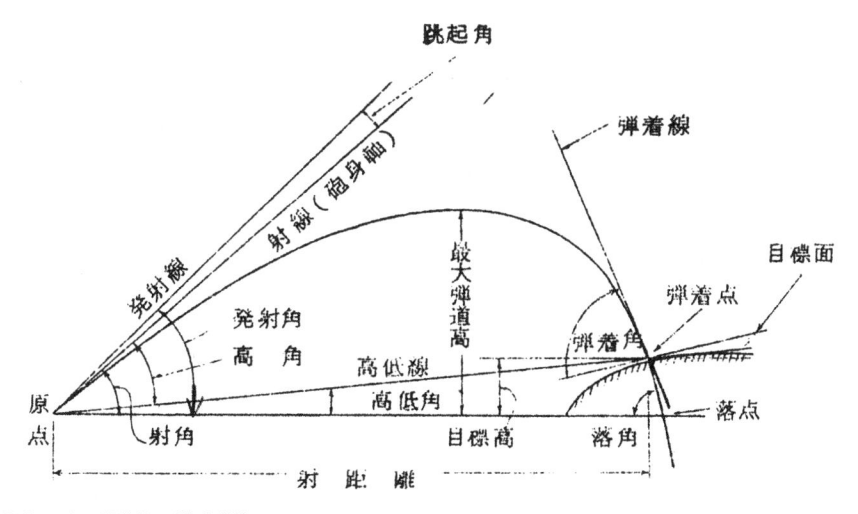

弾道の景況：弾道学：防衛大学校：1978

# 〔火砲の系列〕

gun, howitzer, mortar

●火砲の系列の背景を成す弾道の原理

　目標の状態と戦況に即した射撃を行なうため数世紀にわたる技術者の努力により口径と砲身長の比率が異なる加農砲、榴弾砲及び迫撃砲から成る火砲の系列が形成された。

　ところで飛翔中の弾丸の重心が描く軌跡（経路）である弾道は重力の作用により必ず放物線を描く。さらに弾道の形状は射角（砲身の中央を通る軸線と火砲を配置した地表面が成す垂直角）の取り方により異なる。砲身を出た弾丸は最大弾道高に昇り、次いで下降して落角を取り地表面に落ちる。弾丸の発射位置から弾着点までの水平距離が射距離ないし射程、"range" である。

　気象地形条件などを除いて純幾何学的に見た場合、射角45度で最大射程になり、45度以上の高射角及び45度以下の低射角では、いずれも射程は短くなる。なお同じ射角の場合、砲身が長い火砲は短い火砲よりも長射程を得る。

　然るに火砲が高射角を取れば弾道は顕著な曲線を呈する。したがって塹壕や谷間のような遮蔽された陣地（敵の直接観測及び直接照準射撃を避ける陣地）から遮蔽された目標に対す射撃が可能である。例えば16〜17世紀の西欧では高射角射撃により城壁の背後にいる守備兵を攻撃した。

　これに対し低射角射撃は弾丸が直線に近い低伸弾道（flat trajectory）を描くので砲の位置から目標を確認して照準する射撃などに適用する。このような要領による直接照準射撃は艦艇、戦車、建造物等、点目標の直撃破壊及び装薬の力を利用した遠距離射撃に適している。

●各系列火砲の特性

　現代の各国軍は口径対砲身長の比率により、次のような火砲の系列を定めている。

　★40〜60口径：加農砲（Gun）、ガン
　★20〜40口径：榴弾砲（Howitzer）、ハウザ
　★30〜40口径：加農榴弾砲（Gun-Howitzer）、ガンハウザ
　★10〜20口径：迫撃砲（Mortar）、モータ
　例：40口径は口径対砲身長比が1対40を意味する。

　加農砲は砲身が相対的に長く、初速（砲口を出た瞬間の弾丸の飛翔速度）も早いので弾道が低伸して精度が良好になる。反面、遮蔽陣地からの射撃及び遮蔽目標に対する射撃には適さない。

　低伸弾道特性を活かす加農砲は艦砲、戦車砲、対戦車砲、高射砲、機関砲等、大小の火砲に用いられる。口径130ミリないし152ミリ以上の加農砲は長距離戦闘用である。

　加農砲を指す "gun" は火砲が初めて登場した1339年頃における北欧の "Gunnhildr" という女性の名前に由来する。中世及び近世における大口径火砲の呼称 "cannon" は現代英軍用語では大口径の機関砲である。その語源は中世フランス語の管を指す "cannone" に由来する。

榴弾砲は同じ口径の加農砲よりも肉が薄い軽量の砲身を使い、比較的、少ない装薬で炸薬量が多くて威力（爆発力）の勝る弾丸を射角を取って発射する狙いで開発された。射角を取れば弾丸は曲射弾道（curved trajectory）を描くので遮蔽陣地からの射撃、及び遮蔽目標に対する射撃が可能になる。
　"howitzer"（英）、"haubitze"（独）は中世末期におけるチェコスロバキア語で投石機を指す"haufnice"に由来する。明治期の日本陸軍は破裂して多量の破片と爆風を飛散し、殺傷破壊効果を生ずる榴弾（high explosive）を発射する意味から榴弾砲という用語を定めたのである。
　第1次大戦頃までに榴弾砲は曲射弾道射撃及び低伸弾道射撃がともに可能で各種の地形、目標及び戦況に適応する運用の融通性に富む火砲に成長した。兵器技術が発達して射角、装薬及び弾種の調整が容易になったからである。その結果、第1次大戦以降、75ミリ、105ミリ、122ミリ各榴弾砲が各国軍師団砲兵の主力火砲になった。
　現在では最大射程10～25kmの105ミリ、122ミリ、152ミリ、155ミリ各榴弾砲が集結地の制圧、突撃破砕、火砲・戦車・陣地設備の破壊、煙幕の構成、焼夷、化学剤の散布等、多用な任務を遂行する。
　第2次大戦後になると榴弾砲は射程の増大を狙い、既存の砲の基本構造を変えずに砲身を長くした30～40口径の加農榴弾砲が開発された。それにはNATO共同開発のFH70（39口径）、フランスのGIAT15榴（40口径）、旧ソ連のD30・12榴（40口径）、米国のM198・15榴、同M201・20榴（43口径）などが挙げられる。
　イスラエルのSOLTAM・155ミリ加農榴弾砲は同一砲架に39口径、又は45口径の砲身を選択して装着する事ができる。
　17世紀に城塞の内庭、塔の頂部、交通壕の内部などを射撃する構造簡素な高射角の迫撃砲が実用化された。第1次大戦中の塹壕戦、山地戦において遮蔽陣地から遮蔽目標に対する射撃が可能で搬運と操作が容易な軽量の50ミリ、60ミリ、61ミリ、120ミリなど各種口径の迫撃砲が普及した。
　日本軍は日露戦争中の旅順要塞攻撃において有名な大山巌元帥が青年時代に開発した迫撃砲（弥助砲）を実戦に使い相当の成果を収めている。
　第2次大戦頃までの迫撃砲は射弾散布が激しくて目標の直撃が容易でなく、したがって多数の射弾による制圧射撃及び擾乱射撃（心理効果の追及）に多用されていた。しかしながら70年代以降、センサ、誘導、目標情報各技術の発達に伴い、戦車、装甲車などの点目標を直撃破壊する先端技術型迫撃砲が実用化された。
　"mortar"（英）の語源は臼を指す中世フランス語の"mortier"に由来する。明治期の陸軍は西欧から導入された迫撃砲を「臼砲（きゅうほう）」と呼んでいた。

　当然の事ながら火砲の系列は陸軍専用である。すなわち海軍の艦砲及び港湾防備用の要塞砲は口径対砲身長比から見れば加農砲に該当する。

# 〔ロケット〕
rocket

●ロケット推進とジェット推進の違い
　ロケットは宇宙船、衛星、航空機等のエンジン及びミサイル等の飛翔物体の推進力として用いられる。西側の軍事用語集（JP1-02, 1989）は次のように定義する。
・ロケット（rocket）…飛行中に方向又は経路を制御できない自走式物体（vehicle）
・ロケット推進するその高熱ガス（rocket propulison）…燃料及び酸化剤が生ずる高熱ガスの反作用を用いる推進力。そのガスはロケットエンジンの一部を成すノズルから放出される。ジェット推進は燃料の燃焼に必要な酸素を大気から採るのに対し、ロケット推進は窒素等の酸化剤が供給。

　本文は主にミサイル等、兵器ないし弾薬を飛翔させる手段に用いるロケット推進を対象にする。
　銃、砲の弾丸は銃砲身内部の火薬ガスの圧力で推進するのに対し、ロケットは本体に装着された推進薬の反作用による。NATOの定義によれば同じロケット推進を用いる兵器でも発射後、経路等を修正不可能なものはロケットあるいは自由ロケット、誘導機能により修正可能なものはミサイルと呼ばれる。旧ソ連及びロシアの軍事用語はロケット推進兵器を無誘導ロケット及び誘導ロケット（ミサイル）に分類する。

●ロケットの由来
　本来、"rocket" は 8 〜 12 世紀における中南部ドイツ語の "rocho" 及び近世イタリア語の "rochetta" に由来する。いずれも垂直に置いて糸を巻く裁縫道具（さいほう）を指す。この道具の呼称が、これと良く似た姿の兵器（初期のロケット）に転用されたのである。
　アジアでは古代から永らく火箭（かせん）という火を点じた矢を信号弾、焼夷兵器などに多用している。ちなみに今でも中国ではロケットを火箭と呼ぶ。
　10 世紀の唐及び宗では円錐形の容器に入れて着火し発射する矢形のロケットが実用化し、その知識が 13 世紀半ばにアラブ世界を経てヨーロッパに伝えられた。1274 年及び 1281 年に博多に上陸した元軍も火薬で打上げる信号弾のような兵器を発射して音響と火花を生じ、日本軍の人馬を動揺させたが、殺傷破壊力はなかった。
　これより先、5 〜 7 世紀におけるビザンチン帝国の海軍もギリシア火というロケットを海戦に多用した。しかしながら中世ヨーロッパの技術水準ではロケットの精度、射程、弾丸威力等の向上にはおのずと限界があり、したがって 14 世紀以降になると火砲が先に普及した。

●ロケットの復権
　18 世紀における南インドのセリンガパタームの戦いで地方武装勢力が英軍をロケットで攻撃して脅威を及ぼした。その戦訓を学んだ英軍のウイリアム・コングレーブ将軍は単純な構造のロケットを発明した。1807 年におけるコペンハーゲンの戦いで通称、

「コングレーブロケット」はデンマーク軍の艦船を焼き払い、高い評価を得た。

19世紀になるとロケットは北米大陸、ヨーロッパなどの各地で使われた。例えば米国国歌「星条旗」の歌詞は1812年戦争当時のフォート・マクヘンリに対する英艦隊によるロケット射撃の景況に触れている。然るにロケットの性能は依然、不充分であり、第1次大戦までは火砲が火力の主流を占めていた。

やがて金属、化学等、多様な分野の基礎技術が飛躍的に発展し、火砲の能力限界も認識されるに及んで欧米諸国及ソ連はもとより日本でも研究開発が進められて第2次大戦中に幾分信頼性に富むロケット兵器が登場した。さらに戦後の半世紀間に誘導技術も加わり、対戦車、対空、対地、対艦各火力装備から戦略兵器までを含めたロケット兵器体系が形成されたのである。

●ロケット技術の特色及び能力限界

ロケットは火砲と異なり、発射時の反動と衝撃が殆どなく構造が簡素で経済的な設備から比較的、威力のある弾丸を発射する事ができる。砲弾は発射時の砲身内部の衝撃と圧力に耐えるように弾殻（容器）は厚くて丈夫な金属製であるが、炸薬の占める量がロケット弾よりも相対的に少ない。

これに対し薄い弾殻で足りるロケット弾は同じ規格の砲弾よりも多くの炸薬を充塡し、強力な熱、爆風効果を期待できる。ただし砲弾は肉厚の弾殻を破裂時に壊して飛散させる大量の破片による加害効果を追及するが、ロケット弾はこの点に遜色がある。

要するにロケット弾は砲弾よりも破片効果が劣るが、最近では多数の子弾を詰めたクラスタ弾が、その欠点を補う事ができる。

元々ロケットは火砲よりも射弾散布範囲が広く、精度不良である。その反面、簡素な発射台上に置く多数の管やレールから機関銃のように連射する事もできる。このようなロケットの射撃技術は点目標の精密破壊射撃よりも広い地域の制圧射撃に適している。

第2次大戦初期のレニングラード（現サンクトペテルブルグ）の戦いにおいてソ連軍は連射の特色を活かす多連装ロケット、通称「カチューシャ」を初めて実戦に使用してドイツ軍に多大な損害を与えている。

なおロケット弾は先に述べた特性からNBC-R弾頭（核生物化学・放射線）を投射もする手段としては砲弾よりも有利である。

一方、日本陸軍はロケット兵器を開発して世界に先駆けて実用化した。ちなみに重砲弾と同じ威力の噴進砲及び98式臼砲という砲弾型のロケット兵器がシンガポール及び硫黄島の戦いに少数ながら使われて相応の成果を収めた。

第2次大戦後の陸戦・海戦用ロケットの主力は誘導技術の付加により精度を向上してミサイル化した。小型高速艇に搭載する対艦ミサイルは射程40 km〜100 kmと旧日本海軍の巨大な戦艦「大和」の46 cm砲の40 kmを凌ぐ。1967年10月にエジプト海軍の高速艇はロケット推進のミサイル4発でイスラエル海軍の駆逐艦「エイラート」を撃沈して注目を浴びた。

総合的に見て発射反動も衝撃も殆どないロケット技術は火砲技術よりも遥かに応用範囲が広い。今やロケット推進を用いる兵器は小は携帯対戦車火器から大はICBMあるいは宇宙兵器まで網羅する。

# 〔ミサイル〕
## missile system

●ミサイルの定義
　古い時代から英語、フランス語の"missile"（ミッスル）は投石、投槍、ダーツ、矢、手裏剣などの飛び道具を指していた。中世以降には砲弾、銃弾、擲弾及び爆弾もミサイルに追加された。ラテン語で"to send"（送り込む）を意味する"missilis"が語源である。
　本来、ミサイルは無誘導で目標に向う武器であった。現代各国軍ではミサイルを無誘導、誘導双方の飛翔武器を指している。以下はミサイルに関する代表的な解釈である。
・英オックスフォード米軍用語辞典（2001）
　…1. 手動又は機械力により目標に推進される物体
　　2. 自力又は遠隔制御により飛翔して通常爆薬又は核爆薬を運搬する兵器
・旧ソ連軍事用語辞典（1966）
　…ミサイルは撃破すべき目標に核爆薬を投射するための主要な手段であり、誘導又は無誘導により飛翔する無人飛行物体。
・英軍事用語辞典（2004）
　…推進装置を固有し、通常、誘導装置により飛行制御しながら目標に向う爆発物

　旧ソ連軍の軍事用語辞典はミサイルをロケット（Rakety）と呼び、外国では自由ロケット及び誘導ロケットに分けると説明する。しかしながら現代の西側における兵器の分類では飛翔体のうち無誘導型はロケット、誘導型はミサイルである。中国軍はミサイルを投射武器、飛弾及び導弾と呼んでいる。

●第1次大戦当時の砲兵火力と誘導技術の着想
　13世紀に火砲が戦場に登場して以来、フランス始め各国では精度を向上する努力が続けられて来た。その結果、第1次大戦頃までに信頼性に富む火砲と弾薬が実用化するとともに標定技術、測量技術、弾道学及び弾道気象学の基本が確立された。
　さらに各国軍砲兵は射弾観測員及び弾班員を訓練して練度の向上に努めた。それでも弾丸を常に正確の目標に着弾させるのは至難な技であり、第1次大戦当時の西方戦場では満足な射撃効果を得るまでに膨大な弾量が消費された。当然のことながら大量の弾薬を生産し戦場に送る兵站組織も巨大になり交戦各国軍の経済力を疲弊させる重要な要因になった。
　弾薬の所要がかさんだ理由は他でもない。当時の射撃学理を要約すれば敵の火砲、機関銃陣地あるいは橋梁に命中弾1発を得るには数百発の砲弾が必要であった。このため砲兵は少数弾による破壊射撃よりも大量の射撃で弾幕を張り敵の活動効率を低下させる制圧射撃（suppression）を多用した。なお艦艇、戦車、航空機等、形状が小さい移動目標に対する必中射撃は一層、困難であった。
　第1次大戦中から西欧各国軍は少数の命中弾による成果を収める画期的兵器の実現を

期待して無線操縦により飛翔中の弾丸を目標に正確に導く研究を始めた。しかしながら目標を僅か1ないし2発で直撃破壊する精密誘導砲弾は第1次大戦から50年以上を経てようやく現実のものになった。

旧軍随一の通信技術の権威、佐竹金次元陸軍大佐の手記、「電波兵器の全貌」(兵器工業会、1977)によればドイツ軍はカレー付近の海軍基地に無線操縦魚雷を発射したが目標に到達できず不成功に終っている。

●初期の誘導技術…第2次世界大戦中にドイツが実用化
　第2次大戦になるとドイツは当時の先進諸国よりも早く各種の誘導技術を開発して、一部を実用化した。その狙いは前大戦以来の高精度化に加え人命を失わずに済む効率的な兵器及び重砲、航空機よりも遠距離攻撃能力に勝る革命的兵器を早く実戦配備してドイツにとり不利な戦勢を決定的に有利に導くにあった。

　実用化の代表的な例としては初期型巡航ミサイルと言えるパルスジェット無人機、V1(磁気コンパス)及び弾道ミサイルの元祖、V2(慣性航法)が挙げられる。

　加えてICBMの走りである米本土を攻撃するA9／A10ミサイルの研究も手掛けていたが、敗戦により実を結ばなかった。戦後に米国及び旧ソ連はV1、V2を多分に参考にして弾道ミサイルの開発を進めた。その後、ミサイル技術はイラン、シリア、北朝鮮、パキスタンなど第3世界諸国にも普及した。旧ソ連の開発によるスカッドにはV2の技術が反映されている。

　さらにドイツは有線によりミサイル本体の操舵機構に信号を送り、方向を制御する初期の有線誘導技術も実用化した。戦争末期に爆薬100kgを内蔵する長さ約2mの有線誘導無人戦車、「ゴリアテ」が連合軍の陣地、車両を攻撃したが、低速で容易に暴露するので機関銃射撃により殆ど阻止された。ただしポーランドのワルシャワ市民の対ドイツ抵抗運動の鎮圧には威力を発揮した。

　ルールシュタール社製のX-4は史上初の空対空ミサイルである。母機から発進した航空機型のX-4は有線を通じ指令を受けて約6km遠方の目標を直撃して撃破する。

　別に「ワッサーホール」(ビームライド)、「ラインフタ」(指令誘導)各地対空ミサイルは開発中であったがT-5音源ホーミング魚雷は少数ながら実戦に使われた。

　ドイツは目標の所在を感知してミサイルをホーミングさせるシーカの研究にも着目し、その一部を実用化した。それは熱線、電波、音響、振動各方式から成る。現在のシーカ技術は誘導システムの簡素化、終末誘導の精密化あるいは在来砲弾及び普通爆弾の即時ミサイル化等、誘導技術の重要な要素である。

　戦争中におけるドイツの技術は戦後、西側各国における各種ミサイルの開発に大いに活かされている。日本でも陸軍兵器行政本部が電波、光線等を利用する誘導技術の研究に努めていた。このため戦争末期に長野県の山中で現在のビームライド方式に近い無線誘導ロケット弾を実験中であったが、終戦により打ち止めとなる。

●ミサイルシステムの特色及び能力限界
　元々ミサイルは目標を直撃して加害する1個の弾薬から出発した。然るに現代におけるミサイルの大部分は特定の作戦戦闘上の要求に応える兵器システムの一環を成す。兵

器システムとしてのミサイルは誘導技術、推進技術、複雑な構成の C4ISR（指揮統制通信・電算・情報・監視偵察）、NBC 弾頭又は通常弾頭及び補給整備・訓練機能を有機的に組合せた組織である。

戦略・戦術、地対空、対戦車各ミサイルは独立的な兵器システム、艦艇、航空機等のミサイルはこれらの兵装の一環として存在する。なお在来の火砲弾及び普通爆弾にシーカを装着してミサイル化する傾向も認められる。

70年代以来、ミサイルは先端技術の利用により誘導機能、精度及び目標識別能力を向上する道をたどっている。このような傾向に伴い PGM（precision guided munition）、"smart munition"、"intelligent munition"、"brilliant munition" と次々と新語が生まれて来た。

ミサイル技術は応用範囲が広く、したがって各種のシステムが相次いで登場して多様化した。代表的なシステムとして ICBM（大陸間弾道ミサイル）、SSM（戦術短距離弾道ミサイル、艦対艦ミサイル）、GLCM（地上発射巡航ミサイル）、AAM（空対空ミサイル）SAM（地対空ミサイル）、ATM（対戦車ミサイル）などが挙げられる。

ミサイルシステムは無誘導兵器とは比較にならない程の戦力を効率的に発揮する反面、おのずと構造機能が複雑高度化して維持整備の負担がかさみ、決して安価でない。

60年代当時、陸上自衛隊が採用した SAM、ホークシステムは僅か1発で戦闘機を撃墜する能力を有していた。このためホークは在来兵器の高射砲弾 1000 発分の仕事を瞬時にやり遂げるので効率的と言われた。ところがミサイル1発は 2800 万円と高射砲弾 2000 発分以上になり、さらにホーク4ヶ中隊分のシステム費は1ヶ師団用の全装備費と同じであった。

2000年現時点におけるスカッド要撃用ミサイル1発を例にとればペトリオット用5億円、イージスシステム用 25 億円である。要するにミサイルに限らず、すべての高額な高性能兵器は金銭では買えない無限の付加価値を追及する。

ミサイルシステムは特定の目的には適合するが決して万能兵器でなく、性能上の限界もある。例えば SAM システムは地表面の目標、対戦車ミサイルは上空高く飛来する目標を射撃する事ができない。さらに SAM システムの弾頭は戦車、艦艇などの硬目標には無効である。なお長距離弾道ミサイルは最大射程の 70～80% より手元は死界になる。

これに対し、機関砲は地表面、空中両目標に対する射撃、在来火砲、（特に榴弾砲）はいずれも遠距離から近距離までの火制が可能である。

総合的に判断すれば現代戦においても新旧ないしハイテク、ローテク各兵器の組み合わせにより、初めて真に役立つ有効な戦力を創造する事ができる。

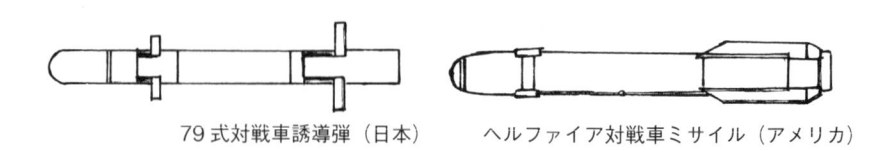

79式対戦車誘導弾（日本）　　　ヘルファイア対戦車ミサイル（アメリカ）

# 〔小火器〕

small arms

●小火器の定義

　国語辞典は小火器を小銃、拳銃（ピストル）などの携帯兵器と説明する。英国の一般辞典も大体同じ趣旨であり、"small arms" を小口径の火器で例えば、小火器、機関銃の類いと定義する。

　現代の西側各国軍では口径20ミリ未満の火器（fire arms）及び口径20ミリ以上でも歩兵が軽易に取扱う擲弾銃、軽迫撃砲、75ミリ以下の無反動砲、携帯対戦車火器、携帯SAMなどを含めて小火器と定義する。なお口径20ミリは銃と砲を区別する尺度でもある。

●歩兵、騎兵と小火器発展の経緯

　小火器の概念は17世紀頃から20世紀始め頃までの陸戦兵器の体系と歩兵、騎兵、砲兵の各兵科に由来する。すなわち歩兵、騎兵は、小銃、拳銃、機関銃をもって近距離で戦い、砲兵は遠戦火力を発揮して歩兵、騎兵を支援するという陸戦の原則が出来上った。第2次大戦当時の日本陸軍の歩兵では中隊の主要装備火器は、小銃、軽機関銃それに擲弾筒、大隊でもせいぜい重機関銃と旧式山砲と極めて単純明快であった。

　小火器は、歩兵、騎兵の近接戦闘を主要な目的とするが、各兵科部隊、指揮機関、後方支援組織及び各兵の自衛手段としても欠かせない存在である。

　拳銃は、19世紀末期から第1次大戦頃までに歩兵、騎兵の主要な近接戦闘火力としての価値は大きく後退したが、現在も近距離自衛火器と指揮官等の信号弾発射器の役割を果たす。

　第2次大戦以降、戦車、装甲車の発達と普及に伴ない騎兵は機甲科に発展を遂げたが、この間に歩兵の小火器—近接戦闘火力も増大とする脅威に対応して変化を辿っている。第1次大戦頃から機関銃、擲弾器、火炎放射機、迫撃砲、短機関銃、40ミリ・57ミリ級平射火器（日本軍の用語）が加えられた。第2次大戦以降、朝鮮、ベトナム、中東、アフリカなどの戦場に戦車、装甲車、自走砲が普遍的な陸戦兵器として登場するに及んでの携帯対戦車火器（バズーカ、LAW、RPG等）も歩兵の火器となる。

●現代小火器の多様性…正規戦、不正規戦の両面に適合

　西側各国軍では一人で携行し、操作する小火器を個人装備火器（individual weapons）と呼ぶ。第2次大戦頃から70年代までに60ミリ級の軽迫撃砲、81〜82ミリ級の中迫撃砲、120ミリ重迫撃砲、12.7ミリ〜20ミリ級の重機関銃・機関砲、57ないし120ミリ級の無反動砲、中長距離対戦車ミサイルも逐次歩兵の戦列に加えられた。

　個人装備火器よりも威力に勝り、通常、弾薬手等を含め複数の専属要員で操作する火器を組扱火器（crew served weapons）と言う。

　なお編成、訓練、運用の見地から個人装備火器のうち小銃、機関銃等を軽火器、重機関銃、機関砲、無反動砲、中迫撃砲等を重火器（heavy weapons）、LAW、RPG、対戦

211

車ミサイルをまとめて対戦車火器（anti-tank weapons）とそれぞれ呼称する。ベトナム、アフガン等の局地紛争に多数のヘリコプタが登場するに伴い、その対抗手段として携帯SAM（地対空ミサイル）も歩兵の装備になる傾向も認められる。

　西側各国軍では小火器は小銃から迫撃砲と中・長距離の対戦車ミサイルまでを近接戦闘火力体系と見做しており、歩兵旅団・連隊は第1線の手前から5000ないし6000mまでの範囲にわたり多様な火力を発揮する。すなわち小銃、機関銃、対戦車火器の直接照準射撃をもって暴露目標を撃破又は無力化し、擲弾銃、迫撃砲の間接照準射撃により凹地、山陰、樹林等に潜む目標を制圧する。あるいは直射・曲射各弾道火器をもって煙覆、焼夷、照明、信号・位置の表示等も行なう。

　本来、迫撃砲は、射弾が著しく散布する特色から点目標の直撃よりも地域の制圧、煙覆あるいは軟目標（soft target）の制圧、擾乱等に適していた。ところが1970年代以降、迫撃砲はレーザ、IR、ミリ波各センサ等先端技術の利用により、精密打撃、特に戦車、装甲車等、移動中の硬目標（hard target）の破壊能力まで付加される傾向にある。

　個人装備火器として手榴弾サイズの弾丸…擲弾（grenade）を発射する旧日本陸軍の擲弾筒及び現代各国陸軍の擲弾銃は、口径が40ミリ以上であるが小火器と見做されている。

　ガソリンとゲル化油の混合剤を噴射して点火し、築城設備、建造物、装甲車、燃料弾薬などの集積品を焼き払う火炎放射器は構造機能が銃や砲と異なるが、運用上の見地からは小火器である。

　なお小火器は正規戦に限らず、特殊戦、テロリズム、ゲリラ戦の主力兵器としての価値があり技術が古くても充分に役に立つ。したがって旧ソ連系列の突撃銃、機関銃、RPG、携帯SAMが大量に第3世界に普及している。さらに百年前に実用化した拳銃はいぜんテロリストの有力な道具である。

　2000年時点の国連統計によれば、全世界の紛争による死傷者の90％は小火器による。さらに小火器による死者は50万人に達っしており、そのうち40％は犯罪、60％は戦争に起因する。

旧ソ連陸軍のAT-3サガー対戦車ミサイル。

# 〔AK-47 突撃銃:カラシニコフ〕

AK-47 Assault Rifle Kalashnikov, Automat Kalashnikova (AK)

●世界に普及した傑作小火器

　第2次大戦後にソ連で開発された AK-47 突撃銃 (7.62 mm) は信頼性に富み、構造簡素で操作、維持整備、製造がともに容易な小火器である。冷戦時代にソ連は先ず東欧、中国等、共産圏諸国に大量の AK-47 を引き渡した。

　それ以来、中国、北朝鮮、フィンランド、中東諸国等に行き渡り、各地でライセンス又はコピー生産中である。中東、アフリカ、アフガン、ベトナム、中南米に行き渡り、東シナ海の工作船も射撃した AK-47 は世界的に有名になった。さらに米国の小火器市場にも AK の中国製輸入品が出回っている。

　AK はロシア語のカラシニコフ自動銃 (Avtomat Kalashnikova)、47 はソ連軍の正式採用年号 (1947) を指す。2006 年時点において 86 歳のミハイル・カラシニコフ兵器部少将 (退役) が設計者である。

●小銃から突撃銃へ

　第2次大戦中にドイツが初めて実用化した突撃銃は小銃と短機関銃 (機関拳銃) の中間的存在であった。当時の"sturmgewehr"というドイツ軍開発当局の呼称が突撃銃の語源である。

　カラシニコフ軍曹は PPsh41 短機関銃の後継として第2次大戦末期に戦場で手に入れてドイツ軍の StG44 (MP44) を参考にして AK-47 を開発した。したがって AK-47 は StG44 と外観、構造とも非常に良く似ている。

　各国の歩兵用基本火器は装塡・抽出・蹴出機能が合理化して単位時間の発射速度と火力量が増加する道を辿って来た。このため 40 年代に手動銃ないし遊底操作銃 (例:日本の 38 式) から半自動銃 (例:米国の M1)、50 年代に自動銃 (例:米国の M-16、ソ連の AK) へと変貌を遂げた。

　小銃又は突撃銃と言えば通常、自動銃を意味する現在では第1次大戦当時に生まれた自動小銃という用語はすでに死語と化した。一方、狙撃銃、猟銃等に見られる手動銃と半自動銃の方がむしろ特殊な小銃である。ソ連地上軍では優れた機能性の AK-47 を 50 年代に PPSh41 短機関銃、60～70 年代に SKS 半自動銃の後継にした。

● AK シリーズの技術的特色及び能力限界

　AK シリーズは原型の AK-47、AKM、同 AKMS 及び小口径化 (5.45 mm) した AK-74 及び同 AKS-74 から成るが、各タイプとも基本構造は大きく変らない。ただし銃床は原型と AKM が木製、AKMS と AKS-74 が金属製の折畳式である。

　AK-47 はガス利用、30 発入り弾倉給弾で自動・半自動・制限点射機能を有する。その機能は発射時の火薬ガスの一部を銃身の銃口寄りの部分に設けた小穴を通してガスピストンを作動して遊底を操作し、抽出・蹴出・装塡動作を行なう。ガスピストン入り排気ガス管は銃身の上部に沿って設けられている。以上の基本的な構造機能は各国の

類似火器と大同小異である。

　7.62 mmの口径は第 2 次大戦型の標準的な小銃、機関銃と同じであるが、弾薬の全長は39 mmと短い。前部握り、銃床及び銃把が木製で作動部が単純加工型鋼鉄製の銃本体は重量が幾分嵩む反面、堅牢この上ない。銃腔壁面に施したクロームメッキは耐久性に富み、射撃の際に付着する火薬ガスの煤の掃除も容易である。

　AK シリーズは各国の類似火器に比し、誰でも短期間に操作の習得が可能な上に送弾不良、2 重装塡等、射撃中の故障も少ない。銃本体には原型が変形加工鋼鉄に対しAKM はプレス加工鋼板を用いる。

　このため AKM（30 発入り弾倉とも）は 3.76 kgと原型の 4.81 kgに比し、かなり軽量化した。さらに AKM は遊底部に原型にない戦場で目立ちにくい光沢防止を兼ねる防錆加工を施している。加えて被った泥や水を拭い去った直後でも正常に機能する程、環境性能に勝る。800 m（AKM は 1000 m）までの照尺目盛は最大射程を意味する。

　しかしながら良好な精度を期待出来る最大有効射程は原型、AKM とも自動 200 m、半自動 300 m程度である。ソ連軍のデータによれば射程 300 mの人体サイズの固定目標に対し、50％の命中率を得る。これに対し、米軍の練達射手が同じ条件で射撃したところ命中弾は 3 発に 1 発（30％）であった。

　元々、ソ連軍は遠距離目標の精密照準射撃よりも近距離に対する迅速な制圧火力の発揮を重視して AK-47 を採用した。AK は通常、弾薬の効率的使用と過熱予防の狙いから 1 回引金を引くと数発、発射する制限点射を多用する。各タイプとも実用発射速度は自動 100 発／分、半自動 40 発／分である。

　AK シリーズは射程 100 m以下で対人目標に対し絶大な威力を発揮する。米軍のベトナム戦訓によれば AK の 1 連射により、しばしば人体に 2 ないし 3 発命中して致命傷に結び付いた。さらには回転速度の早い弾丸が筋肉や骨をえぐりながら貫通し、厳しい傷害を生じ、弾丸に付着する細菌も厄介な存在であった。

　70 年代に実用化した AK-74 の使用弾薬は原型の 7.62 mm弾と長さは同じであるが、口径は 5.45 mmと小さくなった。ただし弾丸の回転速度が早く、初速は 900 m／秒（AKM715 m）、最大有効射程は 300 〜 450 m（AKM200 〜 300 m）とかえって性能が向上した。

　実験結果によれば AK-74 は射程 500 mでトラックの車体を貫徹する。ただし 25 m以下で固い物体に当ると超高速により弾丸が壊れて貫徹しない。

　銃身の上に露出した排気ガス管に衝撃による凹凸ができるとガス圧が異常になり、発射障害を起こす。また長時間射撃すれば過熱して薬室内部の装薬が過早破裂する。ロシア軍の場合、携行弾数は各隊員 120 発、中隊の定数は 1 火器あたり 300 発である。

# 〔機関銃〕
## machine gun

●現代の小火器、機関銃の由来

　20世紀初頭に日本陸軍は引き金を引いていれば自動的に連続して弾丸が出る小火器を機関銃と呼称する事にした。1890年頃（明23）にフランスから購入したホチキス（ホ式）を機関砲と呼んだが、その後、砲と銃の区別が決り機関銃と定義したのである。

　すなわち旧陸軍は口径12.7 mm以上の火器を砲、それ未満を銃に分類した。

　日露戦争におけるロシア軍の旅順要塞攻撃時に突撃する日本軍は陣地に配備された機関銃の洗礼を浴びて多大な損害を被った。一方、日本軍騎兵も機関銃を装備して満州の平原でロシア軍の騎兵相手に有利な戦いを展開した。

　第1次大戦における西欧戦場では砲兵火力と相俟って機関銃の火力が益々猛威をふるい、英軍、フランス軍及びドイツ軍の損耗は大方の想像を遥かに超えた。

　第2次大戦までに各国軍では機関銃の種類、装備数がともに増えて歩兵の分隊は軽機関銃1、小隊は汎用機関銃2、大隊又は中隊は重機関銃4という層の厚い構成になった。

●機関銃の機能と役割

　40年代以降、短機関銃、自動小銃、突撃銃など連射機能を持つ新たな小火器が登場し、機関銃始め連射能力を持つ全火器を合せた自動火器（automatic weapon）という呼称ができた。しかしながら機関銃は他の自動火器とは役割が幾分異なる。

　機関銃は長時間の連射が可能な上に、射弾もまとまるので遠距離の目標に対し、正確で加害力に勝る射撃に適している。航空機等、高速で自由に進路を変える目標にも連射能力に勝る機関銃の方が小銃より有利に対処することができる。

　一般に自動火器は連射すれば銃身が過熱して歪を生じ、弾丸を銃口から押し出す火薬ガスの温度、圧力などが異常を来し射弾が不正確になる。また薬室（発射すべき弾薬を収める銃身後部の空間）に弾薬が装填されると薬莢の発射薬が燃焼（過早破裂）したり、作動部が焼き付き、部品も損傷する等、危険な状態にもなる。

　この対策として機関銃は、連射時の銃身や作動部の過熱を抑制し、冷却効果の良い肉の厚い重銃身（heavy barrel）、放熱筒、冷却液、送風装置なども用いる。加えて連射時の振動から本体をなるべく安定させて正確な射撃を継続できるように2ないし3脚の地上銃架や車載銃架に固定させ、要すれば緩衝装置も取り付ける。

　これに対し短機関銃や突撃銃などは個人が軽易に操作できるように軽量小型で簡素な作りを重視する。したがって過熱防止、冷却等の装置は機関銃よりも構造が簡単にならざるを得ない。

　歩兵の小銃射撃は主として半自動射撃（引き金を引くごとに1発発射）を行ない、自動（連射）は緊急時に限定する。60年代以降の小銃は数発だけの連射を繰り返し弾薬を効率的に使い、過熱も防ぐ制限点射機構（burst fire）を付加した。

　毎分400ないし600発の最大発射速度は技術上の限界を知る参考にはなるが、現実には1分間も休まずに射撃することはない。通常、機関銃は数発ごとの点射の繰り返し、

あるいは毎分60ないし80発の持続発射速度（sustained rate）により戦闘を継続する。

●機関銃の系列
　現在、西側諸国では機関銃を威力及び用途の違いにより次の3種類に区分する。
★軽機関銃（light machine gun：LG, LMG）：小銃と同じ5.56㎜程度の弾薬を用い、1人で操作する分隊支援火器である。通常、収容弾数が20ないし60発の箱弾倉と2脚を用いる。ソ連のＲＰＫとＲＰＤ、ベルギーのＭＩＮＩＭＩなどが一例である。
★汎用機関銃（general-purpose machine gun：GPMG）：通常、7.62㎜程度の弾薬、2ないし3脚及びベルト給弾を用いる。歩兵の小隊、中隊の固有火器の場合、射手と副射手兼弾薬手の2人で操作する。米国のＭ60、ドイツのＭＧ-3、日本の62式などがある。軽機関銃、汎用機関銃とも戦車、装甲車、ヘリの搭載火器にも多用されている。
★重機関銃（heavy machine gun：HMG）：12.7㎜あるいは14.5㎜（ロシア）の弾薬を用いる。汎用機関銃よりも発射速度、射程、弾丸の威力などが勝る反面、重量が20kgないし50kgになるので戦車、装甲車、トラック、航空機、艦船の搭載火器、基地等固定施設の防備火器などに適する。

　本来、機関銃は短時間に大量の射弾により多数の敵兵を同時または連続的に殺傷する狙いで実用化された。先ず17世紀にレオナルド・ダビンチは多数の銃身から一斉に射弾を出す多連装機関銃を考案した。
　18世紀始めの西欧の機関銃は今の回転式拳銃のように弾倉を手回しのハンドルで回して毎分5～6発程度の遅い発射速度を得た。南北戦争に使われた6ないし10筒の銃身から成る米国のガトリンガンは史上初の実用型であり、幕末に長岡藩などが輸入している。
　自動的に送弾、発射、薬莢の排除（抽出、蹴出）を引き金一つで自動的に繰り返す近代型の1銃身型機関銃の始まりは米国の技師、ハイラム・マクシムの発明による。
　日露戦争当時は貴重品であった機関銃は今ではどこの国の軍隊、警察、民兵、地方武装勢力、ゲリラなどの日用品と化しており、軍事分野の常識中の常識的な存在である。

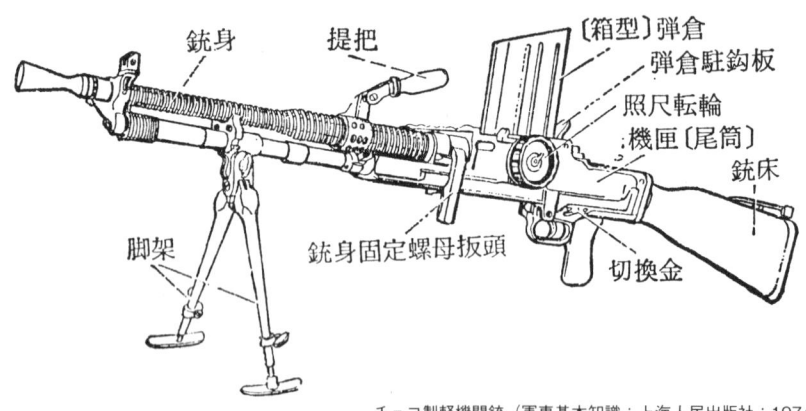

チェコ製軽機関銃（軍事基本知識：上海人民出版社：1974）

# 〔RPG-7：対戦車ロケット擲弾発射機〕

Reaktivniy protivotankovyi granatometer-7
Rocket Propelled Antitank Grenade Launcher

●第3世界の主力小火器

　歩兵が個人で操作して車両、超低空のヘリコプタ、野戦陣地、建造物等を撃破する能力のある RPG-7 は 1962 年に初めてソ連軍に配備された。その原形は第 2 次大戦末期に登場したドイツ軍のパンツァファウストである。

　半世紀間に RPG-7 は共産圏及び第 3 世界の各地にて生産された結果、膨大な量が軍と武装勢力に行き渡り、今や AK-47 突撃銃と相待って局地紛争の主力小火器である。

　中国は 69 型という模造品を量産して北朝鮮、ベトナムなどに供給した。いずれにせよ構造簡素で操作容易な携帯対戦車兵器、RPG-7 は 20 世紀の傑作兵器である。

●基本構造、操作要領

　発射筒は全長約 1m、直径 40 mm、重量 8 kg、ロケット弾は全長 90 cm、直径 85 mm、重量 2.5 kg、総重量は軽機関銃程度の 10.5 kg である。

　発射筒の前方と引金部に把手があり、機械照準具と光学照準具を装着する。ロケット弾は発射筒の先端にはめ込み、排気炎は筒を通って後方に排出される構造である。ロケット弾は筒から出ると開く折畳翼 2 枚により旋転を得て弾道を安定し精度を高める。

　これに対し、カウンタパートの米国製ロケット発射筒（通称、バズーカ）は円形の固定翼を装着したロケット弾を筒尾（発射筒の後方）から装填する構造である。

　RPG の射手は光学照準具を覗き目測で判定した射距離に応ずる鏡内目盛に目標の画像を合せて引金を引く。引金を引いて電気点火されたロケットはブースタ、サステナの順に作動する。

　なお対移動目標射撃の場合、目標の速度に応ずる未来位置と照準具の中心線の成す角度、（リード角）を取って照準する。ロケット弾は 10m 飛翔後に点火し目標を逸れると飛翔距離 900m で自爆処理される。不意に現れる目標との交戦など精度よりも発射を急ぐ状況下では機械照準具により概略照準する。

　光学照準具には目標の視認を妨げる反射光、霧、煙等の濾過機能及び集光力がある。

　70 年代以降、アクティブ IR、パッシブ集光各暗視装置も実用化されて夜間、視座不良時の射撃能力が向上した。

　RPG はバズーカ、及び無反動砲と同様に排気炎と爆風が後方危険界を生ずるので車内等、狭い密閉施設内からの射撃はできない。

●ロケット弾技術的特色及び能力限界

　弾種は PG-7（HEAT：対戦車榴弾、直径 85 mm）、PG-7M（HEAT、直径 70 mm）及び OG-7（HE：榴弾、直径 50 mm）から成る。標準型の PG-7 及び改良型の PG-7M は戦車、装甲車、煉瓦建造物等、硬目標（hard target）に有効である。

　70 年代に実用化した PG-7M は標準型に比し、弾頭が幾分細長くて貫徹力が向上し

217

ロケットモーターも強力になった。各弾種とも弾着時に壊れて高圧電流を流し炸薬に着火するピエゾ電子弾頭信管を用いる。80年代にアフガン戦場で初めて使用されたOG-7は暴露人員等、軟目標（Soft Target）に破片効果を及ぼすHE弾頭（信管は迫撃砲と共通）である。

HEATは装甲直撃時に炸薬の燃焼熱を鋼板の表面を熔解して細長い穴を開ける。次いで熔けた円錐銅板及び鋼板の噴流を車内に吹き込み、その火条で人体、燃料、火薬類等を直撃して加害力を発揮する。ただし狭い火条が燃料、弾薬などの可燃物を直撃しなければ加害力は著しく限定される。米軍の実験によればPG-7、1発がM60A1戦車を擱坐する確率は40％、破壊確率は5％であった。

第4次中東戦争のスエズの戦闘におけるエジプト軍はこのようなHEATの限界を認識してイスラエル軍の戦車1両に連続して数発のRPG弾を撃ち込んで致命傷を与えた。

HEATの装甲貫徹力は射程と飛翔速度により異なる。PG-7は最大有効射程300m、弾着角30°以上の条件下で厚さ280mmの均質鋼板に直径5cmの穴を開けて貫徹し金属噴流を吹き込む。弾着角は終末弾道と目標の水平面との成す角度である。

ロケット弾は射距離が延びるに伴い飛翔速度が増大する。その貫徹力は射程500mで300mmに向上し、50mでは260mに低下する。PG-7は土嚢に当ると壊れるので23cmの貫徹力にとどまる。

土砂及び木材を混用した構造の掩蓋に対しては1m50cmまで貫徹効果を期待できる。これに対し厚さ45cmまでの鉄筋コンクリート、煉瓦等、固い壁は開口するにとどまる。PG-7Mの装甲貫徹力はPG-7に比し30ないし50％勝っている。

PG-7はホバリング中のヘリコプタにも有効であるが、柔らかい機体ないし風防を貫通するだけで不発になる場合もある。さらに射手が構える発射機の揺れに加え、射距離と目標速度の判定及び照準線の設定に誤差を生じ精度が低下するという欠点を否めない。

また砲弾よりも飛翔速度の遅いロケット弾は横風の影響を受けやすい。米軍の優秀射手による実験によれば風速3m／秒の環境条件下で停止中のM60級戦車に対する初弾必中率は射距離50mで98％、300mで30％、500mで5％であった。

16km／時の低速移動中の戦車に対しては初弾必中は難しく2発目になると命中確率は射距離50mで80％、300mで20％、500mでゼロにとどまった。厚さ1mの均質鋼板、複合・空洞装甲、RHA等、防護材料の強化に伴い、PG-7の威力は減退する傾向にある。

しかしながら軽装甲車、トラック等、有利な目標は幾らでもあり、さらにロシアではFAE、サーモバリック等、新弾種を開発した。

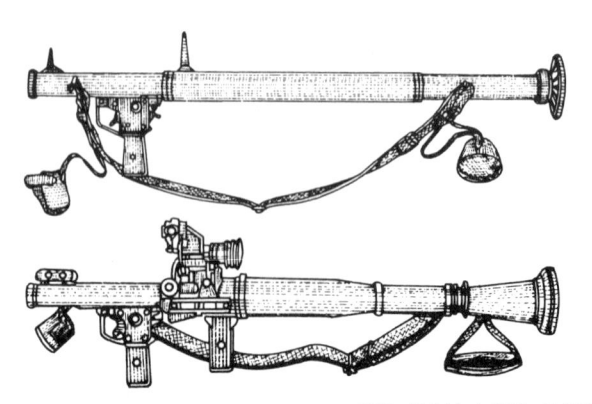

RPG-2（上）とRPG-7（下）。

# 〔PZRK：携帯 SAM〕
## Manportable Air Defence System : MANPADS

●旧ソ連・ロシア製携帯 SAM

　ロシア語の PZRK：perenosniy zenitniy raketniykompleks は西側の MANPADS (man-portable air defence system) に相当する。ちなみに日本では開発・調達行政上、「携帯地対空誘導弾」、運用上、「携帯 SAM」と呼んでいる。

　旧ソ連・ロシアの PZRK は個人が操作して低空域の航空機、ヘリコプタを撃破する狙いで開発された。西側における類似のシステムとしては米国のスティンガ、英国のブローパイプ、フランスのミストラル、日本の 91 式 SAM 等が挙げられる。

　60 年代に旧ソ連が原型を開発以来、経空脅威の変化と技術の進歩に応じ第 3 世代まで発展を遂げた PZRK シリーズは次のタイプから成る。

―各世代型の呼称―

| 世代 | 1 | 1改良 | 2 | 3 |
|---|---|---|---|---|
| 西側通称 | SA-7 | SA-14 | SA-16 | SA-18 |
|  | Grail | Gimlet | Gremlin | Grouse |
| ロシア側通称 | Strela-2 | Strela-3 | Igla-1 | Igra |
| 制式名 | 9M32 | 9K34 | 9K310 | 9K38 |
| 部隊配備時期 | 1966 | 1974 | 1981 | 1983 |

注：ロシア語でストレラは「矢」、イグラは「針」を意味する。

●SA-7／14（ストレラ 2／3）

　SA-7 は 50 年代に研究開発に着手し、1966 年にソ連軍に部隊配備後、中東、ベトナム行き渡った。1972 年にベトナムで米軍のヘリコプタ等を撃墜して注目を浴びた。その非冷却硫化鉛シーカは空対空ミサイル、AA-2（アトール）の赤外線追尾技術の応用による。

　主要な構成品はミサイル、発射筒及び引金室部から成る。運搬容器を兼ねるガラス繊維製発射筒は初弾発射後、4 回まで再装填、再利用が可能である。その上面に照星（前方）、照門（後方）から成る簡単な構造の機械照準具を具備する。引金室部は握りの前方に熱電池があり、新たな発射筒に付け替える事ができる。

　発射組は射手、副射手各 1 名から成り、発射筒 1 基、引金室部 1 基、予備ミサイル 2 発、熱電池 4 個を携行する。射手は目標を発見次第、熱電池の前方にあるスイッチを回転させてシーカに給電し、本体を構えて目標を追随し、照準器に入れる。次いで引金室部からの音響と照準器内部の緑色灯が射手に照準完了を知らせる。射手が引金を半分、引くと給電されて 4〜6 秒後にミサイルジャイロが回転する。

　同時に射手は照準しながらリード角（目標の現在位置と未来位置が成す角度）を設定して引金を引き、固体ロケットブースタに点火するとミサイルが筒から飛び出す。ブースタが燃え尽きるとサステナが射手から 6m 離れた位置で点火する。その後、ミサイルは 1.8 秒間、385m／秒で飛翔し、射手から 45m の位置で信管が作動状態になる。

射手は熱電池の寿命が尽きる10秒以内に照準と発射を終らせなければならない。目標の追随照準に時間がかかり発射前に尽きた電池は予備のものと交換が必要である。目標から外れたミサイルは発射から15〜20秒後に自爆する。

射程600〜2100m、要撃高度50〜3500mで航空機の背後からの射撃に限られるので運用に制約を受ける。ベトナム、中東の実戦経験によれば重量が1.1kgのHE弾頭は観測機、ヘリ等を撃墜したが、ジェット戦闘機に対しては排気管を壊す程度であった。また非冷却シーカは太陽、地表面の反射光、囮火炎等に吸引され易い。

このため1972年に部隊配備された1次改良型は真目標、囮目標の各熱源を選別するフィルターをシーカに取付けた。さらに加速度580m／秒の強化推進薬を採用して射程を5800mに増大し、改良破片の効果により弾頭威力を強化した。

次いで1974年に部隊配備された2次改良型のSA-14はアルゴンガス低温冷却型シーカを採用した。その結果、SA-7よりもシーカの熱源検知範囲が40度と広くなり、接近中の目標に対する正面射撃も可能になった。さらに化学エネルギー破片弾頭は加害力を増大した。熱電池も従前の10秒から30秒へと寿命が長くなり、交戦時間に幾分、余裕ができた。

● SA-16／18（イグラ1、イグラ）

第2世代のSA-16はミサイル全長、筒の直径、弾頭重量ともSA-7／14よりも大きくなった。また改良電子回路及びFM追随ロジック機能を用いる冷却型シーカの採用により検知性能と対妨害能力も向上した。射撃班長は半径12km以内の目標の位置を4個同時にプロットする電子表示板を用いる。

1983年に部隊配備された第3世代のSA-18はミサイルの全長と直径が長くなり、2周波のシーカにより精度を向上し、さらには残存ロケット燃料を目標に吹付ける機能により加害力も強化された。

―各タイプの性能諸元―

|  | SA-14 | SA-16 | SA-18 |
|---|---|---|---|
|  | Strela-3 | Igla-1 | Igra |
| 交戦射程 | 500〜2000m | 500〜4500m | 500〜4500m |
| 交戦高度 | 15〜1500m | 10〜2000m | 10〜2000m |
| 弾頭重量 | 1.15 kg | 1.27 kg | 1.27 kg |

● 携帯SAMの技術及び脅威の特色

歩兵が個人で操作して航空機を撃墜する可能性を与えた携帯SAMは軍事史上、画期的な兵器の一つである。しかしながら携帯SAMは技術上の特色から高射砲、機関砲など在来のチューブ火器と異なり地上、海上目標を射撃する能力はない。さらにストレラ始め初期型PZRKのIRシーカは火球など単純な囮目標に騙されやすい。本来、携帯可能な軽量、コンパクトな構造上、弾頭重量が制約される。すなわち小型の弾頭ではヘリ、観測機等は即時、撃墜が容易である。これに対し大型機に対してはエンジン部の損傷にとどまる場合が多い。しかしながら被弾後に長時間、飛行を続けると危険な状態に陥る恐れがあるので携帯SAMは大型機にも軽視できない脅威を与える。

80年代にアフガンの抵抗組織はSA-7及び米国製携帯SAM・スティンガによりソ連軍の各種航空機200機以上を撃墜した。さらに2001年から2005年までにイラクでは米軍のヘリ17機がSA-7等、PKRZにより失われた。

　過去20年間に旧ソ連・ロシア製PZRKの他、米国製スティンガを加えて50万基以上の携帯SAMが国際社会に拡散した。そのうちの相当数が第3世界の地方武装勢力、犯罪組織及びテロリストに渡っている。

　米国務省によれば中東、アフリカ、東南アジア、中南米の市場では改良型のPZRKでも1基、約3万ドルで入手可能である。70年代以降、携帯SAMにより旅客機を含む民間機25機が撃墜されて600人を超える死者を生じている。今後、特に携帯SAMの陣地に適する空港周辺の警備強化及びミサイルの探知警告・防護技術が国際社会の危機管理上、重要な課題の一つに他ならない。

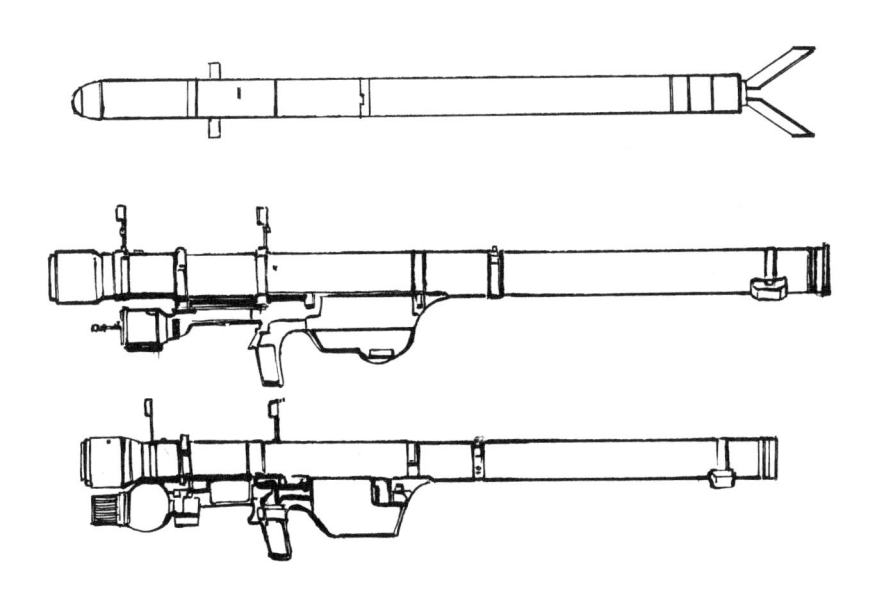

上よりSA－7のミサイル本体、SA－7発射機、SA－14発射機。

# 〔無反動砲〕

Recoiless Weapon, Recoiless Gun

● ニュートンの第3法則を応用

　無反動砲は「一方向の作用と同じ力の反作用が正反対の方向に生ずる」というニュートンの第3法則を応用して発射の反動を解消し、構造を簡素化し軽量化した直接照準火器である。西側では無反動砲を"recoiless weapon"又は"recoiless Rifle"と呼ぶ。

　第2次大戦中に日本陸軍は新技術の火器を「無反動砲」と命名して試作したのが呼称の由来である。50年代初期に腔線を刻んだ"recoiless rifle"という米国製の57mm、75mm各無反動砲が保安隊に導入された。現在、陸上自衛隊の普通科中隊小銃小隊ではスウェーデン製84mm無反動砲、カールグスタフのライセンス型を装備する。

● 無反動砲の技術的特色及び能力限界

　在来火砲は弾丸と装薬から成る弾薬を筒尾（砲身後方）の薬室に装填する。次に筒尾の閉鎖機（breech block）を閉じ、雷管を叩いて装薬に点火後、火薬の燃焼ガスが薬室内部で膨張して弾丸を前方に押し出し、砲身内部を前進させる。同時に発射時の反動が砲身を後方に下げ、火砲全体に衝撃を与える。このため反動を和らげながら砲身を下げ、次いで前進させて元の位置に戻す駐退復座装置及び衝撃を支える堅固な砲架を具備する。

　これに対し閉鎖機がなく筒尾が開放された無反動砲は燃焼ガスの20%を使い弾丸を押し出し、80%を後方に排出して反動を消滅させる。したがって駐退復座装置も不要になり薄くて軽い材質の砲身から在来火砲並みの威力の弾丸を発射する事ができる。同時に砲架を含む全体構造が軽量簡素で維持整備、操作がともに容易という利点も得る。

　ちなみに重量10～15kgの弾丸を発射する10榴（105mm牽引榴弾砲）が3トンに対し、106mm無反動砲は砲架を含めても250kgに過ぎない。10榴は中型トラック以上の牽引車と10人前後の操作員を必要とするが、106mm無反動砲は軽トラックへの搭載と分解搬送が可能である。

　弾種はＨＥ（榴弾）、ＨＥＡＴ（対戦車榴弾）、ＨＥＰ（粘着榴弾）、煙弾等から成り各種目標に対する射撃が可能である。特に直接照準射撃による戦車、装甲車、建造物等の撃破、煙幕の構成に有効であり、歩兵火器に適している。

　反面、無反動砲には運用上、考慮すべき基本的な弱点がある。先ず火薬の燃焼ガスを後方に排出する構造上、弾丸の推力が落ちて同じ口径の在来火砲に比し射程が著しく短くなる。例えばＨＥＡＴによる最大有効射程は105mm戦車砲が5000～9000mに対し、106mm無反動砲は僅か1000mである。

　106mm無反動砲の場合、砲身後端から左右各30度、後方で40mまでの三角地帯が排気ガスによる危険界になる。このため掩体、樹林、家屋等、狭い空間の内部及び壁や崖を背後に控える位置は射撃に不適である。発射音が激しく後方爆炎も目立ち、爆風が土砂、埃等も吹き上げるので陣地を暴露し易い。それ故に敵からの応射を避けるため1ないし2発、射撃後、速やかに陣地変換する事が望ましい。炎を吹く筒尾が地面に触れるまで射角を上げた高射角射撃にも適さない。

無反動砲は構造機能上の能力限界から在来火砲やロケット発射機と異なり、巨大な構造は期待できず口径120㎜前後を上限とする。弾道を安定させる技術には腔線型砲身及び翼安定弾がある。
　西側では英国のＭＯＢＡＴ、（120㎜）、米国のＭ40（106㎜）、スウェーデンのＰＶ1110（90㎜）、同じくカールグスタフ（84㎜）などは腔線型砲身を用いる。
　旧ソ連のＢ-10（82㎜）、Ｂ-11（107㎜）、ＳＰＧ-9（73㎜）、フランスのＡＣＬ-ＡＰＸ（80㎜）、ドイツのアームブラスト（78㎜）は滑腔砲身及び翼安定弾による。
　ＳＰＧ-9の翼安定弾は砲口から20ｍ飛翔後、点火するロケット補助推進を併用し射程を延伸させる。小型のカールグスタフ及びアームブラストはＲＰＧ-7のように個人が構えて射撃する。
　スウェーデンのミニマンとドイツのアームブラストは砲身部が軽量非金属素材で使い捨て型である。後方危険界を狭くする技術としてはラッパ型のベンチュリ管が多用されている。これに対し、アームブラストは発射と同時に多数のプラスチック片を後方に排出して爆炎と騒音を吸収し緩和する。フィンランドのタンペラ社の滑腔砲型は発射時に排出される小型のサンドバッグで爆炎を吸収する。

●北朝鮮工作船にも搭載
　1941年にドイツ軍空挺部隊はクレタ島進攻作戦に75㎜無反動砲を初めて実戦に使い、各国の注目を浴びた。米軍は第2次大戦末期に沖縄作戦で57㎜無反動砲を使用した。
　戦後になると旧ソ連製又はそのコピー型の無反動砲が朝鮮、ベトナム、アフガン、中東、アフリカなど各地の戦闘に頻繁に登場している。2001年末に東シナ海で海上保安庁巡視船と交戦して自沈し、その後、引上げられた北朝鮮工作船から82㎜無反動砲が発見されて関心を呼んだ。
　先進諸国軍では106㎜、120㎜等、大口径無反動砲は対戦車ミサイルに席を譲る傾向にある。その反面、戦車始め硬目標、人員等の軟目標の双方に適し、煙弾射撃も可能で精度も良いカールグスタフのような小型無反動砲は評価が高く、陸上自衛隊及び米軍特殊部隊も装備する。

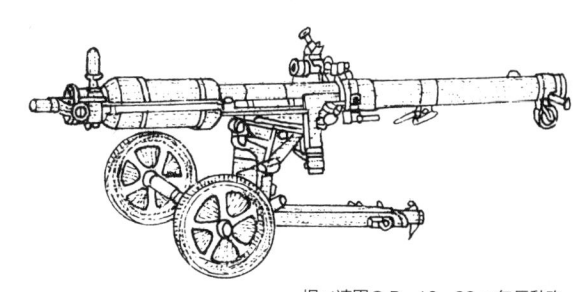

旧ソ連軍のＢ-10　82㎜無反動砲。

# 〔手榴弾、擲弾〕

## hand grenade, grenade

● 手榴弾、擲弾の由来

　手榴弾(しゅりゅうだん)は金属又は非金属の容器に火薬、化学剤、金属玉などを詰めた手投げ式の爆弾（hand grenade、grenade）である。石、投矢などの投擲(とうてき)武器は狩猟時代に始まるが、中世の西欧で実用化した火薬と鋳鉄を用いる手榴弾の元祖が登場した。その時期は火砲、銃よりも200年以上も遅い。それは砲弾製造に関わる技術上の隘路(あいろ)に起因する。

　1500年頃から石玉の砲弾が一層威力の勝る鋳鉄製(ちゅうてつせい)ソリッド弾に次第に替り、次いで爆発して爆風と破片を飛ばす破裂弾も開発された。すなわち鉄玉の内部を空洞にして火薬を詰め、火砲の発射時の火炎で着火する可燃性の細引き（時限信管の元祖）を外に出す技術によるものであった。この爆弾（bomb）と呼ぶ破裂弾の技術から小型で軽易に使える手榴弾の開発が着想されたのである。

　1536年にフランス軍がアルル城攻撃時に戦争史上始めて用いた手榴弾は細引きの信管に火を点じてから投げる構造であった。16世紀にフランスで"pome granate"と呼ばれた手榴弾は、やがてスペインに渡り"granade"と簡略になり今日に至っている。"pome granate"は堅い外皮の中に種子が多数詰った柘榴(ざくろ)に類する丸い果物を指す。

　当時、装填に手数と時間がかかり、発射速度が遅く故障も多い火縄銃よりも使い易く、威力もある手榴弾の方が時として有効であった。このため18世紀まで西欧各国軍の連隊には長身で強健な擲弾兵（grenadier）から成る投擲専門部隊があった。現代ドイツ軍の擲弾旅団（機甲歩兵）は、その伝統を継承した呼称である。

　明治建軍期に西欧から小銃、火砲とともに手榴弾も到来した。この手投げ式の兵器は戦国期以前から知られる中国の類似兵器にちなんで「擲弾(てきだん)」と訳されたが、第1次大戦以降、「手榴弾」が日本陸軍の正式呼称になる。大正期になると手榴弾に類似の擲弾を発射する専用の火器、擲弾筒も開発された。

　現在、自衛隊始め各国軍には手榴弾の他、小銃擲弾（rifle grenade）、迫撃砲又は機関銃に類似の擲弾銃（grenade launcher）及び戦車、装甲車等に搭載する擲弾発射装置がある。

● 現用手榴弾の種類、機能

　現代の手榴弾には正規に開発し部隊に交付される制式品と使用者が手元の材料で臨機作成する急造品がある。制式品は使用目的と構造機能から次のように分類される。

　・破片手榴弾　　ＴＮＴ、コンポジット　　・攻撃手榴弾　　ＴＮＴ
　・照明手榴弾　　マグネシウム　　　　　　・発煙手榴弾　　ＷＰ、ＨＣ
　・信号手榴弾　　染料、重曹　　　　　　　・焼夷手榴弾　　ＷＰ、テルミット
　・暴動鎮圧手榴弾　ＣＮ、ＣＳ、ＢＺ　　　・化学手榴弾　　有毒化学剤

　上記の制式弾種の中では破片手榴弾（fragmentation grenade）及び攻撃手榴弾（offensive grenade）が野戦で多用される。

　第1次大戦当時における英軍のＮo 36をベースに開発された米軍のＭＫ2は自衛隊

始め各国軍の標準的な破片手榴弾である。MK2はTNT、その強化型のM26-AはコンポジットBをそれぞれ炸薬とする。その鋳鉄製弾体の刻みは破裂した時に弾体を壊れ易くする工夫である。この亀甲型破片は小銃弾と同じ程度の加害力も発揮する。

頭部の安全ピンを抜き、手を離れる時に弾体外側の安全桿がバネの力で起き上り、開放された撃鉄で火管を叩き延期薬に点火する。飛翔中に弾体内部の延期薬が4〜5秒間、燃焼して炸薬に点火し爆発させる。

要するにMK2は操作員がピンを抜いても手榴弾本体と安全桿を握っている間は安全であり、手を離れると作動状態になる。

旧日本軍の91式破片手榴弾は安全ピンを抜いて頭部の信管を固い物体で叩いてから4〜5秒後に破裂する。この際、信管を叩いてから3秒後に投げることが重要であり、これ以上、早いと敵に投げ返される恐れがあった。なお91式は延期薬から燃焼音と煙を出して操作員に警告する有音式手榴弾である。第2次大戦の実戦経験者によれば夜間、森林等の戦闘では往々にして燃焼音により、我が方の所在を敵に察知されて応射された。

先に触れたMK2の標準的な有効半径は10〜15mであるが、一部の破片はさらに遠距離に飛散する。したがって投擲手が自己に及ぶ被害を避けるため、平坦地では少なくとも40m遠方に投げる事が望ましい。また高い位置から低い位置に投げる事ができれば有利である。

円筒状の攻撃手榴弾はMK2破片手榴弾の4倍に当る200gのTNTを内蔵するが容器が薄く、比較的軽い。攻撃手榴弾は車両、掩体、室内等、狭い空間に投げ込めばTNTの爆風により半径2mにわたり殺傷破壊効果をもたらす。戦車、装甲車、陣地、各種施設等に対しては攻撃手榴弾、発煙手榴弾及び焼夷手榴弾が有効である。

1936〜39年のスペイン内乱時にガラス瓶にガソリンを詰めた急造手榴弾（通称、火炎瓶、モロトフカクテル）が戦車、装甲車、施設の攻撃に焼夷効果を発揮した。それ以来、火炎瓶が各国に普及してノモンハン事件、及び第2次大戦に多用されてきた。

※今でも火炎瓶はテロ活動及び一般犯罪の道具に使われている。

傷害を与えず暴徒や群衆を退散させる催涙ガス入り手榴弾はアイルランド、パレスチナ等、各地の治安戦の教訓から改良を重ねている。

1970年にはハイジャックテロを萎縮させて人質を救出する際に閃光と音響を出す手榴弾（stun grenade, frash bomb）が開発された。

旧ソ連軍のF-1破片手榴弾。

225

# 〔対人地雷〕
## anti-personnel mine

●地雷の種類

現代の地雷は加害すべき対象により対人地雷（anti-personnel mine：AP）、対戦車地雷（anti-tank mine：AP）、対空地雷（anti-airmine）、対人・対戦車兼用地雷（APT, APAM）等に分類される。在来の地雷は手作業又は機械力で地上に置き、あるいは地中に埋設する。

これに対し80年代から普及途上の散布地雷（scatterable mine）は航空機、火砲、ロケットなどから散布されるが、その大部分は対人・対戦車兼用地雷である。

対人地雷、対戦車地雷とも本来地雷として開発された制式地雷及び爆薬、砲爆弾など別の用途の弾薬類を転用した急造地雷から成る。

特に急造対人地雷は手榴弾など手元の材料で原始的手法により容易に製造することができる。家屋の扉、家具、倒れた樹木、車両等を不用意に動かせば爆発するように仕組む対人地雷を旧軍以来、仕掛地雷（booby trap）という。

●対人地雷の機能的分類

対人地雷は爆風の衝撃、破片又は散弾加害力（威力）により人畜を殺傷する。このため衝撃型（blast mine）、破片型（fragmentation mine）及び併用型に大別される。

通常、敷設は地中に埋設又は地上設置によるが、いずれも所在を秘匿して奇襲効果を狙う事を重視する。

外部の力により雷管を発火させて容器内部の炸薬に点火する信管（fuze）が対人地雷の効率と信頼度に影響を及ぼす。現用タイプは人の踏み力で作動する圧力信管、次いで僅かな衝撃で作動する衝撃信管、罠線による引張信管、及び電気発火信管が多用される。

信管の作動は相手の行動（触雷）により破裂する自動式及び操作員が好ましい時期を見計らって電波、罠線、導火線により爆破信号を送る指令式による。なお前者には文鎮のような物体を取り除くと作動する圧力解放型もある。

第2次大戦以前の地雷本体は爆発により粉砕されて破片を飛ばす鋳鉄などの金属製が主体であった。その後は金属地雷探知器による探知が不可能で耐腐食性、及び防錆性のプラスチックや木材の容器も多用されるようになった。これらの非金属製容器の対人地雷は爆風又は内部に詰めた散弾や鉄片を飛散して加害する。

各地雷とも容器中身の炸薬等の重量は通常、総重量の10％前後である。埋設して圧力信管や衝撃信管で作動する標準的な規格の対人地雷の重量は0.5～1.5 kgであり、威力が上向きの円錐状に及んで人畜を殺傷する。

第2次大戦中にドイツ軍が開発した埋設又は地上設置式の跳躍地雷（bounding mine）は今では各国に普及している。その罠線又は触覚に触れると重量1～1.5 kg程度の本体が発射薬により突然1～2 mも跳ね上って炸裂し、破片又は散弾を飛散して半径5～10 mまでの人畜の顔、腹部などを直撃し、致命傷を与える。さらに半径50～100 mまで破片が飛んで人畜を殺傷する場合もある。

跳躍地雷は夜間照明や敵襲を知らせる照明弾、化学弾（例えばロシア軍のＫｈＦ-１、マスタード地雷）などの打上げに応用することもできる。
　指向性散弾地雷（西欧軍の通称：claymore）はプラスチック爆薬の板に大量の散弾を詰め込んであり、重量は５kgに達する。この地雷は衝立のように地上に置き、指令機能又は罠線により作動して爆発すると正面60度の範囲に散弾を飛散して直距離50ｍまでの人畜に致命傷を与える。指向性散弾地雷は施設や陣地の外周の防備、経路沿いの待ち伏せ攻撃などに適している。
　低コストで軽い超小型地雷は運搬、敷設がともに容易で秘匿性に富む。多くの場合、その威力は負傷にとどまるが、決して侮れない兵器である。触雷により手足をもがれたり、失明した将兵が出る部隊は士気を阻喪し、恐怖心にかられて戦闘力を低下し、新たな敵の攻撃に遭うとさらに多くの死傷者を生ずる事になる。また重傷者は治療が手遅れになり出血や細菌の感染等により死亡する場合も希でない。
　すなわち、この種地雷は敵の支配地域や予想侵攻経路に大量に撒き、随所に触雷させてその行動を制限する妨害地雷原に適している。現代型の超小型地雷は第２次大戦初期にドイツ及び英国が開発した黄燐を塗った空中散布式の焼夷カードに始まる。色紙や絵葉書の姿をした焼夷カードを子供が拾うと自然発火して火傷に遭う。
　1980年代にソ連軍がアフガンに大量散布した重量10ｇのＰＦＭ-１地雷はポリエチレン容器に液体爆薬が詰っており、圧力信管が作動すると高熱を出して物体を焼き払う。
　90年代に中国は多連装ロケット弾に詰めて大量散布する直径４cmのビスケット状の超小型地雷を第３世界に輸出した。世界最小のこの地雷は建物、車両、樹木等の隙間に入り込んで発見が容易でなく、触れたり衝撃や振動を受けると爆発し、手指や足先をもぎ取る。

●紛争地域の各地に溢れる対人地雷
　アフガン、チモール、イラク、カンボジア、スリランカ、ザイールなど長期間、紛争が続く地域ではロシア、中国、欧米各国の対人地雷が多数残り、民生活動を阻んでいる。
　雨露に耐えて加害力が落ちないプラスチック容器入りのロシア製衝撃地雷ＰＭＮ-２が地域住民に最大の被害を与えている。ただし容器内部に多くの鉄片を含むので比較的探知が容易である。中国製衝撃地雷72型は金属材料が少なく、しかも傾けると電気雷管が作動するため探知と処理に難渋する。破片地雷は本体を結び付けた竿を地上に植立して加害範囲を広げるタイプが多い。
　対人地雷禁止条約が発効しても第３世界の局地紛争をなくさない限り、地雷の脅威は消滅しない。

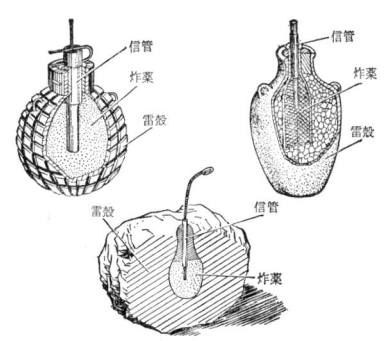

対人地雷（軍事基本知識：上海人民出版社：1974）

# 〔仕掛地雷、急造爆薬〕

booby trap, improvised explosive device（IED）

●現代戦の地味な主役…簡素で安価な仕掛地雷、急造爆薬

　現代戦において航空機、ミサイル、戦車などの先端技術兵器は確かに戦勢を大きく左右する。しかしながらベトナム、イラクの戦訓が示すとおり、先端技術兵器に頼る戦術だけでは戦争目的を達成する事ができない。

　過去半世紀にわたる第3世界の局地紛争では小火器、地雷など簡素で安価なローテク兵器が戦争目的の達成に寄与している。特に民兵、地方武装勢力などが手元の材料で手軽に作る仕掛地雷及びIED：Improvised Explosive Device（急造爆薬）は地味ながら現代戦の主役と言っても過言でない。実際に米軍は60年代のベトナムで仕掛地雷に悩まされ、今のイラクでもIEDの脅威に直面している。

　西側諸国軍では仕掛地雷をブービートラップ（booby trap）と呼んでいる。この呼称は古くから西欧社会に存在する落し穴、ビックリ箱、ドアの上に挟んだ書籍、罠線、吊天井のようなイタズラ道具を指す。

　元々「仕掛地雷」及び「急造爆薬」は旧日本軍の用語であり、兵器部が開発した制式地雷及び制式爆薬との対比概念であった。第2次大戦中の日本軍は中国大陸の各地で共産軍ゲリラの仕掛地雷と急造爆薬に遭い、その反面、太平洋の戦場では多用した。

　第2次大戦後における不正規戦を通じ、価値を認められた仕掛地雷及びIEDは80年代から西側の軍事用語に載るようになった。

★仕掛地雷（英軍用語）
　秘匿して配備又は一見、無害な道具の姿を呈し、触れると殺傷力を発揮する装置（多くの場合、爆発物）

★仕掛地雷（NATO用語）
　明瞭に無害と見做される物体を動かすと作動して殺傷力を発揮するように配置された爆発性又は非爆発性の装置あるいは資材

★IED（英軍用語）
　手作りの爆弾、仕掛地雷及び地雷

★IED（NATO用語）
　破壊、殺傷、汚染、発火又は焼夷効果を生ずる化学製品を応急的な手段により製造又は配備して破壊、無力化、擾乱、攪乱を狙う装置である。通常、IED民間で入手可能な材料に軍用品を組合わせる。

●仕掛地雷：ベトナムの戦例

　仕掛地雷の材料には手榴弾、爆薬、対人地雷、不発弾の他、火薬に頼らない落し穴、鹿砦、罠線なども活用する事ができる。紀元前2世紀に建設以来、未発掘の始皇帝の陵には盗賊が侵入すると自動的に働く仕掛弓矢があると言われている。

　ベトナム戦争中に共産軍は小火器、地雷に加えて、原始的なパンジステーキ（槍ふすま）を含む仕掛地雷さえも最大限に活用して世界随一の先端技術兵器を有する米軍相手

に善戦した。戦争全期間を通ずる米軍の戦死者の11％及び負傷者の15％（うち2％はパンジステーキ）は仕掛地雷に起因する。戦訓資料によれば米軍の歩兵は村落と森林地帯において手榴弾と罠線を利用する仕掛地雷に頻繁に直面した。

　本来殺傷力の限られた仕掛地雷は米軍主力に瞬時で壊滅的打撃を与える決戦兵器ではない。しかしながら、その累積効果は米軍将兵を心理的に萎縮させ、部隊の戦闘効率を落し、共産軍の全般作戦を有利に導く要因の一つになった。例えば森林内で先導隊員が落し穴に嵌って負傷し、たじろぐ後続の部隊が迫撃砲、小火器の急襲射撃を浴び、一挙に損害を多発した戦例は非常に多い。ベトナムで使われた代表的な仕掛地雷は次のとおりである。

①缶入り手榴弾：2本の樹木の幹に固定した空き缶の中に入れた手榴弾を見えにくい罠線で結ぶ。人体が罠線に掛ると手榴弾の安全ピンが外れて爆発する。
②水流内手榴弾：水面下の両岸の土手に埋めた缶入り手榴弾に罠線を張る。水中に張った罠線は益々秘匿が容易である。
③パンジステーキ入り落し穴：鋭利な鉄片、竹槍などを針山のように内部に配置した落し穴の表面を土や草木で偽装して待ち受ける。穴に落ちた兵は必ず脚に重傷を負う。
④スパイクボール：多数の棘を張ったバレーボール大の玉を樹木に吊って置く。兵が地面に張った罠線に掛ると、玉が大きく揺れて顔面を殴り重傷を負わせる。この仕掛けは中世のヨーロッパで良く使われた。
⑤仕掛矢：ベトナム高地民族の狩猟道具の応用である。目立たない位置に配置した弓矢の罠線に触れると矢が飛び出す。
⑥室内配備型：村落では家屋の扉、室内の調度品、カーテン、書類あるいは戸外に散在する農機具や牛馬の死体を動かすと信管が作動して爆発する仕掛地雷が多用された。第2次大戦中の日本軍も中国大陸で同種の仕掛地雷に頻繁に遭遇した。

● IED：パレスチナ、イラクで猛威を発揮
　21世紀のパレスチナ及びイラクではベトナム戦争時代の仕掛地雷を遥かに凌ぐ大威力のIEDが猛威を発揮してイスラエル軍と米軍の損害を多発させている。テロ、ゲリラは電動信管を装着した砲弾、地雷又は爆薬をIEDを路傍の樹木、ガードレール、車両などに配備して軍隊や警察の車両が近付くと携帯電話で信号を送り爆発させる。

　IED本体の素材及び製造や配置の手法は百年前と基本的を変らない。ただし携帯電話と電動信管はまさに現代技術の応用である。携帯電話作動型のIEDは在来の導火線、時限信管、加圧信管などよりも軽易で秘匿配置が容易な上に信頼性に富み、絶大な奇襲効果を発揮する。152ミリ砲弾を利用するIEDは装甲車を吹き飛ばす程の絶大な威力がある。

　2005年における駐イラク米軍は毎日30件を超えるIED攻撃に直面しており、このため戦死者の70％以上はIEDに起因する。米国防総省はトラックの増加装甲、乗車隊員の防弾チョッキの改善、電波妨害器材の開発等の対策に取組んでいる。

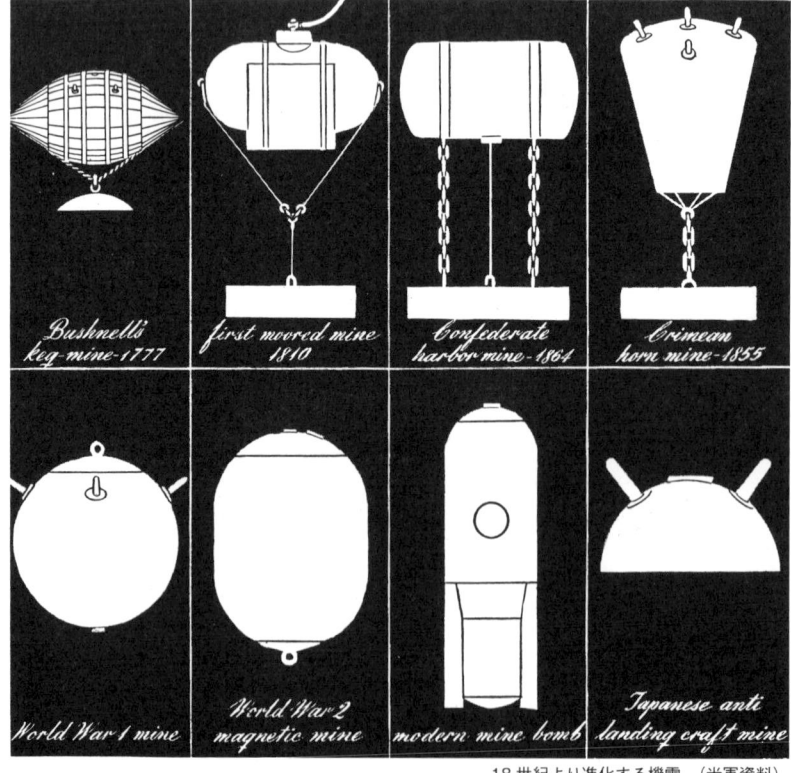

18世紀より進化する機雷。（米軍資料）

# 第13章

## 兵器と技術-2

# 〔軍艦、自衛艦〕

vessels of the navy, navire batiment

●軍艦及び軍艦以外の艦船の定義

　軍艦は戦闘目的に用いるすべての船の通称である。これとは別に旧海軍の「軍艦」には法制上の定義が存在した。海上自衛隊では軍艦に相当する戦闘目的及び戦闘支援目的の艦船を「自衛艦」と呼んでいる。英語の呼称には"fighting ship""war ship""naval ship""armed naval ship""vessels of the navy""man-of-war"（古語）などがある。

　旧海軍では「海軍艦船籍条例」（明6）、「海軍艦船条例」（明31、33）、「艦艇類別標準」（大1）、「艦船令」（大9）及び「艦艇及び特務艦艇類別標準」（昭17）により軍艦を軍艦以外の艦と区別した。

　以上の法令によれば大日本帝国海軍では大元帥陛下（天皇）の資産である戦艦、巡洋艦、航空母艦など上記の法令で定める艦種が「軍艦」であった。このため海軍総司令官である天皇は軍艦の進水時に軍艦旗を授与し、艦首を菊花御紋章で飾り、艦長を任命した。このような制度に基づく軍艦の地位は陸軍の歩兵連隊、騎兵連隊及び砲兵連隊に相当する。

　なお軍艦以外の駆逐艦、潜水艦、水雷艇（魚雷艇）、特務艦（補給艦）等は「その他の艦艇」、曳船、油槽船（タンカー）、修理船等は雑船であった。明治建軍期に英国海軍で英王室の軍艦を HMS（His (Her) Majesty's Ship）と呼ぶ制度を参考にしたのである。米国では戦争目的のために海軍の現役軍人が運用する海軍所属船は USS（United States Ship）と呼ぶ。これに対し USNS（United States Naval Ship）は民間人の船員から成る。USNS は海上輸送軍、MSC（Military Sealift Command）が運用する米海軍所属の船である。

●軍艦の国際慣行上の権利義務

　その国が定める旗や紋章（例えば旧日本海軍の軍艦旗、英海軍の White Ensign）を掲げる船は種類、形式、機能の別なく国際慣行上の軍艦（戦闘目的の船）と見做される。

　このような軍艦は外国の領海内に在っても自国の主権を認められ、かつ武器の使用を含む交戦権を行使することができる。これに対し所定の軍艦旗などを表示せずに武器を装備して武力を行使する船は海賊船と見做される。

　海上自衛隊の船は軍備を禁止する憲法が根拠を成す国内の制度上、軍艦でなく、海上自衛隊の艦艇（艦艇）あるいは自衛艦と呼ばれる。ただし旧海軍の軍艦旗と同じ様式の自衛艦旗を掲げる自衛艦は国際社会では軍艦として通用する。

●軍艦の発展史

　古代、中世の日本では戦闘目的の特別仕様の軍船はなく、漁船、渡し船、遣唐使船、海外交易船などを半島への派兵、敵地の襲撃などに利用した。ギリシア、カルタゴ、ローマなど古代地中海諸国のガレー船という帆と多数の長い櫂を用いる木造船、北欧のバイキングの長い船隊の高速船が軍艦の元祖である。ただし、これらの船も戦闘目的専用

でなく商船、輸送船との兼用であった。海戦は敵対する船同士の弓矢、投石の交戦から始まった。それに加えて衝撃による敵船の破壊、乗組員の一部である戦闘員による敵船の占拠、放火などが古い時代の海戦様相の一面であった。

　13世紀から19世紀にかけて西欧では航海術、火砲、蒸気機関、鋼鉄船体などの実用化により木造帆船から鋼鉄蒸気船に切り換えられた。この間に海上戦闘力強化の動きもあって戦闘専用の船が実用化し、18世紀までに戦列艦（ship of the line of battle）、フリゲート、スループという艦種が誕生した。

　木造帆船時代の戦列艦は約2000トン。乗組員約600人で2層甲板に砲74門を装備するというのが代表的な姿であった。やがて戦列艦は防護力と耐久力に勝る鋼鉄船体になり火力を強化して戦艦（battle ship）と呼ばれるようになった。

　監視警戒、偵察、遊撃戦、戦列艦の掩護、海軍歩兵の輸送などの役割を果すフリゲートは1層甲板に砲38門、これより小型のスループは砲20門を装備する。やがて戦列艦とフリゲートの中間的な規模で海上交通路の掩護、敵の海軍基地や商船の襲撃などに向く巡洋艦（cruiser）も普及した。19世紀半ばから鋼鉄船体、蒸気機関、スクリュー、後装式火砲の実用化により艦隊の戦力は格段と向上する。その後、戦艦、巡洋艦を撃破する魚雷を撃ち出す超小型の水雷艇（魚雷艇）も登場した。これに対し1893年に英海軍は水雷艇退治に最適の魚雷艇駆逐艦（torpedo-boat-destroyer、後の駆逐艦）を就役させた。そこで20世紀までに各国海軍では戦艦に巡洋艦、駆逐艦、フリゲート、水雷艇などに後方支援用の補助艦艇から成る戦闘艦艇の系列が形成されたのである。

　明治期に日本海軍が英国から購入した三笠級4隻は1万4千トン、装甲厚20センチで30センチ主砲4門、15センチ副砲14門を搭載する世界1流の戦艦であった。1904年5月28日の日本海海戦で日本艦隊は優秀な艦艇と卓抜な戦術によりロシア艦隊に壊滅的打撃を与えて圧勝した。この海戦の戦訓は各国海軍の大艦巨砲主義を助長し、その影響により戦艦は重装備、重装甲、高速化の道を辿った。したがって第2次大戦までに日本海軍は7万トン、46センチ砲9門、装甲厚40センチ、27ノットという史上最大の戦艦、「武蔵」、「大和」を就役させたのである。

　ところが第1次大戦以降、戦艦の発達とは裏腹にジャイロ、潜望鏡、ディーゼル機関、蓄電池等を活かす潜水艦が海上連絡線に脅威を及ぼす存在になった。さらに第2次大戦では航空機の飛躍的な発達により空母（航空母艦）が海上作戦に大きな役割を果した。

　このため戦後のソ連海軍では先ず空母、次に原子力機関と水中発射弾道ミサイル（SLBM）装備の原潜が戦艦に代り主力艦的存在になる。60年代以降、戦艦の艦砲を上回る射程で海上目標を精密攻撃が可能なミサイルを搭載する高速艇（FAV）が実用化した。その結果、形状が大きく維持運用に人力と経費を食い、非効率な戦艦は軍艦の系列から消滅している。ただし米海軍だけは艦砲火力の取柄を生かし、巡航ミサイル基地にもなる旧式戦艦4隻を戦時に再就役させて来た。最近の駆逐艦、フリゲートはともに海上、空中、水中、電子など多様な脅威への対処能力、生存性強化等の狙いから6千〜2万トン級へと大型化した。さらに巡洋艦と駆逐艦の構造機能が類似して両艦種の区別が見分けにくい傾向にある。

　将来の軍艦は総合通信電子システム、電動推進及びステルス機能を採用して構造が合理化し、在来のスクリュー、煙突、艦橋、マストなどが消滅する姿になる。

# 〔駆逐艦、フリゲート〕

## destroyer, frigate

### ●帆船時代の艦艇体系とフリゲート

現代一流海軍の水上戦闘艦艇（surface combat vessels）の体系は航空母艦（空母）～巡洋艦～駆逐艦～フリゲート～高速艇（砲艇、魚雷艇、ミサイル艇を含む）から成る。

これに対し18世紀から19世紀初期までの帆船時代の英国、フランス、スペインなどの西欧海軍の戦闘艦艇の体系は戦列艦（ships-of-the-line）～フリゲート～コルベット（corvette）～スループ（sloop-of-war）という組合わせであった。彼我の艦隊が交戦する海戦では火力に勝る戦列艦が主戦力となり、戦列という戦闘隊形を構成した。戦列艦はマスト（mast）が3ないし4本で2層又は3層の甲板に砲60～120門を並べ、艦長以下600～1200人が乗組んでいた。

戦列艦より幾分、小さいフリゲートはマスト3本で一層の甲板に砲32～38門を配備し、乗組員は350人前後であった。なお上甲板も砲座とし砲40～60門を配備する強化型フリゲートも数多く存在した。戦列艦の甲板は主甲板（main deck）又は砲甲板（gun deck）、その上に上甲板（weather deck）、主甲板の下に第2甲板（second deck）、さらにその下に第3甲板（third deck）という構成であった。

フリゲートは戦列艦よりも火力は劣るが、高速で機動力に勝り、敵戦列への威力偵察又は攪乱、警戒監視に適していた。さらに敵の港湾、船舶に対する襲撃、海賊船の撃破、上陸作戦の支援などにも使われた。

フリゲートより小型のスループは2本マストで通常のタイプは上甲板にのみ砲約20門を配備していた。英海軍の呼称、スループ・オブ・ウオーにはスポーツ又はレジャー用の民間型スループ（一本マスト）と区別する意味があった。スループの運用はフリゲートに準じていた。19世紀初期には上甲板の他、主甲板にも砲を配備して旧式なフリゲートよりも火力の勝るスループも登場した。なおコルベットはスループより大きくフリゲートより小さい補助艦であった。

独立戦争から1812年戦争までの米海軍のフリゲート、「コンステレーション」、「エンタープライズ」、「ホーネット」などは軽快機敏に動き回り、各所で英海軍相手に健闘し、輝かし戦績を記している。当時のスループでは「ワスプ」が有名である。

### ●鋼鉄艦時代のフリゲート

19世紀半ば以降、木造船体の帆走型が鋼鉄船体の蒸気機関型に替っても、フリゲート、コルベット、スループの呼称は受け継がれた。第2次大戦頃までの米海軍では大型の駆逐艦をフリゲートに格付けした。それは英海軍のdestroyer leader（旧日本海軍では嚮導駆逐艦と和訳）に当たる艦種である。したがって古い英和辞典ではフリゲートを巡洋艦と駆逐艦の中間的存在の艦種と説明する。ただし現代の各国海軍ではフリゲートを対潜戦（船団護衛、敵潜水艦の発見及び撃破）を主任務とする駆逐艦よりも小さい水上戦闘艦と見做している。

第2次大戦当時、英海軍では対潜戦、哨戒（偵察警戒）に当たる小型艦艇をコルベッ

ト、スループと呼んでいた。

● 水雷艇対処に始まる駆逐艦の役割

　駆逐艦（destroyer）はフリゲートよりも百年以上も遅く出現した艦種である。
　1893年に英海軍は水雷艇（魚雷艇）に対抗するため3インチ砲2門を搭載する420トン級の駆逐艦を初めて採用した。当時は本来の目的を表す"torpedo-boat destroyer"が正式な呼称であったが、やがて"destroyer"と簡略化された。旧日本海軍は、これを当初、「駆逐艇」、その後「駆逐艦」と和訳したのである。
　第1次大戦当時、4インチ砲4門の他、魚雷発射管2基以上を搭載する34ノットの1000トン級駆逐艦が水雷戦の主流になった。駆逐艦は僅か100トンの水雷艇よりもスペースが広く、より多くの兵器を収容して継戦能力と耐波浪性に富む利点が認められたからである。
　駆逐艦は巡洋艦よりも装甲が薄く船体が軽量小型であり建造費が安く付く。その兵装は巡洋艦に劣る反面、機動性に富み比較的、威力のある魚雷により戦艦などの大型艦を撃沈する事ができる。さらに水雷艇よりも重大な脅威を及ぼす新手の艦種、潜水艦の発見掃討にも適していた。
　1次、2次両大戦を通じ駆逐艦の任務は多様化し水上戦の他、対潜戦、対空戦、上陸支援火力、緊急給油などに起用された。米英海軍はドイツの潜水艦による通商破壊戦（海上交通路の船舶を攻撃する作戦）に対抗し船舶をまとめて護衛する護送船団（convoy）を組むようになった。この要求に応え、レーダ、ソナー、魚雷、爆雷等、対潜戦に最適のシステムを持つ護衛駆逐艦（destroyer escort）も開発された。
　古い技術の駆逐艦も依然、河川・沿岸の警備、機雷敷設、艦隊の警戒監視組織の補完等の役割を果して来た。第2次大戦当時、せいぜい300トンないし4000トン程度の駆逐艦はその後拡大の一途を辿り今では1万トン級も存在する。フリゲートも以前の300～1000トン級から飛躍的に成長し、すでに4000トン級も稀でない。
　脅威の増大及び運用上の要求に応え、在来の艦砲、魚雷に加えて対艦・対空・対潜ミサイル、C4ISR（指揮統制・通信・電算・情報・監視偵察）各システムの充実及び防護力の強化が必要になり、容積の拡大を余儀なくされたのである。
　海上自衛隊では駆逐艦及びフリゲートを合せて「護衛艦」と呼ぶが、西側諸国では護衛艦のうち2000トン以下をフリゲート、それ以上を駆逐艦と見做している。
　西欧の言語学者によればfrigate, corvette, sloopはラテン語とフランス語に由来するが、元の意味は不明である。
　なお1867年に薩摩藩が清国から、その翌年に幕府が米国から購入したフリゲートは、「春日」、「日進」と命名された。

# 〔潜水艦〕
submarine

●用語の由来…潜水艦、潜水艇

明治時代に西欧の軍事情報に接した日本では英語の"submarine boat"を「潜航艇」、「潜航水雷艇」と訳すようになった。日露戦争が始まった1904年（明37）に日本海軍は「潜水艇」という新規採用兵器の用語を決めたが、1919年（大8）に「潜水艦」と改めた。第2次大戦までの主力潜水艦の水上排水量は300〜2500トンであったが、戦争中に回天、蛟竜など特攻専用の超小型の特殊潜航艇も開発された。

●潜水艦戦史

本体を海面に晒す事なく海中に隠れて隠密行動し、敵艦を奇襲攻撃するという発想は古今東西の各国海軍にとり共通の願望であった。

浮上時にガソリン機関、潜航時に電池駆動モーターにより航行し、バラストタンクに海水を出入させて浮沈する米国製のホーランド艇が現代の潜水艦の元祖である。これに潜望鏡と魚雷が加わって秘匿性に富む強力な水中攻撃兵器となる。

日本海軍の潜水艦も明治末期に米国の資材を輸入して横須賀で組み立てたホーランド艇に始まる。1906年にドイツがディーゼル機関を実用化して以来、潜水艦の行動能力が向上して海上作戦に重大な影響力を及ぼすようになった。

その結果、第1次大戦中にドイツ海軍の潜水艦は大西洋、地中海等で連合国軍の艦艇128隻、船舶1100万トンを撃沈した。

大戦中にドイツ海軍は潜水艦345隻のうち178隻と要員5000人を失ったが、Uボート（Untersee boot）の名声は日本にも伝わった。

第2次大戦になるとドイツ海軍は前大戦を上回る規模により海上交通路を攻撃して1400万トンの船舶を撃沈し、英国始め連合国の戦争遂行能力に影響を与えた。これに対し連合軍は船団護衛、対潜哨戒、レーダ、ソナー等の対抗技術を開発してドイツ潜水艦の損害を激増させて海上交通路を守り通した。海面に出た潜望鏡頭部や夜間に充電のため浮上中の船体を探知するレーダが連合軍の対潜戦を有利に導いたのである。

したがってドイツ側は全実戦配備戦力1170隻（開戦時57隻）のうち784隻と要員5万人を失った。しかしながら、その戦術技術は戦後、各国海軍潜水艦の発展に多大な影響を与えている。例えば戦争末期に実用化した潜航中も内燃機関の作動と充電を可能にするシュノーケル（象の鼻）という吸排気装置は戦後に各国潜水艦の標準装備となる。

第2次大戦中に日本海軍は太平洋、インド洋で連合国の船舶100万トン、艦艇23隻を撃沈したが、潜水艦190隻（開戦時64隻）のうち131隻を失った。一方、米海軍の潜水艦は日本の船舶436万トン、艦艇189隻を撃沈した。

日本船舶の全損失の60％は米海軍の潜水艦の攻撃に起因しており、その影響が戦争遂行能力の低下に結び付いている。これに対し米海軍は潜水艦317隻（開戦時114隻）のうち52隻を失った。

日本海軍の潜水艦による海上交通路の攻撃はドイツ、米国よりも不徹底に終った。艦

隊決戦に固執する戦術思想に加えて太平洋各地への緊急物資輸送に40隻以上も割いて戦闘能力を低下させたからである。

1982年におけるフォークランド戦争初期に英海軍の原潜がアルゼンチン海軍の巡洋艦を撃沈したが、これは第2次大戦後における潜水艦による魚雷攻撃の唯一の戦例である。第3世界諸国では秘匿性に富み経済的な小型潜水艦を特殊作戦、機雷敷設等に多用する。例えば韓国沿岸に工作員を潜入させている北朝鮮の潜水艇は3〜500トンである。

● 現代の潜水艦技術

第2次大戦当時、葉巻型船体の日本の標準的な潜水艦は水上10〜20ノット、水中5〜10ノットであった。現代の潜水艦の涙滴型（teardrop）船体は高速性、安定性、耐圧性に富み、30ノットを越える長時間潜航も可能である。船体中央部の司令塔には第1次大戦以来の潜望鏡のほかテレビ眼鏡、熱画像センサー等を合わせたマスト、捜索レーダ、無線機、電子情報傍受装置、ＧＰＳ、方向探知機等のアンテナを内蔵する。

かつては艦長が司令塔に在って潜望鏡の操作、監視、操艦等を行なったが、最近の潜水艦では潜望鏡と戦闘室を光ファイバーで結び遠隔操作する。潜航中に音響、振動、磁気、電波等により目標を探知、識別する各種のソナーもある。探知距離はパッシブ型100km、アクティブ型50kmである。

潜航中に水上、陸地、空中の各局と交信する通信技術は決め手がなく、ＨＦ〜ＵＨＦによる交信はせいぜい水面下から水深15mまでの範囲にとどまる。また水面にアンテナを出して交信すれば敵のセンサーに探知され易い。ＶＬＦ、ＥＬＦは深海で交信が可能だが、変調すべきデータの量が限られている。したがって潜水艦はＶＬＦ、ＥＬＦで連絡を受け次第、水面近くに上り、ＨＦ〜ＵＨＦに切換えて交信する。ただし近い将来、水中透過能力に勝るレーザ通信の実用化が期待される。潜航中の潜水艦同士の交信は音声をアクティブソナーで送信して聴音機で受信するが、通達距離が短い。

1955年以降、燃料補給なしに無制限に連続潜航が可能で核ミサイルを搭載した原子力潜水艦は米国、ソ連（ロシア）等、各国の重要な戦略打撃力となる。1981年以降、ソ連が6隻も実戦配備した核ミサイル原潜、タイフーン型は3万トンを越える史上最大の潜水艦である。海洋への進出を目指す中国海軍も原潜の実戦配備を急いでいる。

弾道ミサイル又は巡航ミサイル発射用の潜水艦は秘匿性と機動性に富み、地上の発射基地よりも有利である。このためフランス海軍はミサイル原潜艦隊の維持を重視する。

反面、通常型潜水艦の技術も進展をたどっており、過酸化水素燃料のタービン機関は行動距離を著しく増大させた。開発途上のＡＩＰ機関は2週間以上の連続潜航を可能にする。さらに排気熱、音響、航跡の水泡を出さず、ステルス性に富む電動推進機関も開発途上にある。

将来の潜水艦は推進機関、通信電子、センサー等の技術が発達してスクリュー、艦橋、アンテナなど突出部分は不要になり、船体がスケートボード状になると言われる。

通常型潜水艦の多くは魚雷、機雷又は射程100km程度の対艦ミサイルを装備しており、浅海ないし沿岸海域の作戦に適している。水中発射対空ミサイル、潜水艦搭載無人機、母艦から遠隔操縦により特殊部隊の潜入攻撃、沿岸偵察、掃海作業等を行なう無人潜水艇も実用化する方向にある。

# 〔魚雷〕
## torpedo

●魚雷の由来

　魚雷は水上艦艇、潜水艦又は航空機から発射後、水中を自力で推進して敵の艦船を直撃し撃沈する海戦兵器である。明治初期に英国から到来したこの兵器は姿が魚に似ているので「魚形水雷」と呼んだが、後に「魚雷」と簡略化された。

　英語の"torpedo"はラテン語の"torpere"（無力化）に由来する。1866年に英国のロバート・ホイットマン技師が発明した魚雷"Whitehead"は20ノット、射程900m、爆薬15kg、行動水深2～4mであった。ホイットマン技師の独創的な作品は基本的な機能、外見とも現代の魚雷と大同小異である。

●魚雷の実用化及び海戦への影響

　魚雷は艦砲を凌ぐ射程と破壊力をもって戦艦、商船など大型の艦船を撃沈する。このため各国海軍は巨大な艦砲と異なり気圧又はガス圧で発射するため、軽量簡素な装置で済み、舟艇にも搭載可能な魚雷に着目した。その結果、先ず小型で機動性に富む魚雷発射専用の魚雷艇が登場した。

　19世紀末になると魚雷艇を駆逐する専用艦"torpedo boat destroyer"が現れた。やがて英海軍ではこの艦種の長い呼称が"destroyer"（駆逐艦）と短縮された。日本海軍は英海軍に習い、日清、日露両戦争において艦砲の補助手段として魚雷を有効に運用した。

　第1次大戦中に魚雷は潜水艦に最適の兵装になり、その結果、ドイツの潜水艦隊は大西洋で連合国の船舶に絶大な脅威を及ぼした。ドイツ製G7は重量1.1トン、爆薬200kg、速度36ノット、射程6000mで当時としては最良の魚雷であった。

　第2次大戦における西欧諸国の代表的な魚雷は旧G7と規格と重量が大体、同じであったが爆薬は2倍以上、速度35～40ノット、射程10～12kmと性能が一段と向上した。

　護送船団などへの潜水艦の魚雷攻撃は前大戦の様相を凌ぎ、特に満州や南方の資源地域と日本本土を結ぶ海上交通路は重大な危機に晒された。さらに海戦では魚雷攻撃専用の雷撃機が急降下爆撃機とともに主要な戦力となる。

　日本海軍は各国に先んじて魚雷の開発に努め、20世紀の最高傑作兵器と言われる93式酸素魚雷を実践配備して太平洋の戦場で多数の連合軍艦船を撃沈した。爆薬0.5～1トン、速度35～50ノット、射程30～40km、無航跡の93式酸素魚雷は現代でも超一流の海戦兵器である。

　第2次大戦後は有力な艦隊同士が正面から対戦する機会がなく対艦ミサイルも発達して魚雷の影が薄れたように見える。しかしながら魚雷は潜水艦の有力な対水上艦・対潜兵器として依然価値がある。さらにセンサー、精密誘導、推進装置等の技術が発達して魚雷の威力を高めている。

　1954年11月14日の浙江省沿岸における中共軍の哨戒艇による国府軍の駆逐艦「太平」の撃沈及び1982年5月2日のフォークランド紛争中の英軍の潜水艦によるアルゼンチン軍の巡洋艦「ベルグラーノ」の撃沈が戦後の著名な雷撃成功の戦例である。

●魚雷の技術

　第2次大戦に至るまでの魚雷の発達は海戦の戦術技術に多大な影響を及ぼしている。
　例えば潜水艦による魚雷攻撃に備える狙いから英海軍の護送船団及び米海軍の輪形陣が案出された。さらに戦艦、巡洋艦など大型艦は被弾しても直ぐに致命傷にならないように船体の鋼板を厚くし、浸水範囲を極限するため多数の隔壁を側面に設けた。
　これに対し構造の改善に限度のある小型艦艇は音響、振動、磁気センサーによる早期発見機能及び回避運動能力の向上を重視した。
　現代の魚雷は艦船用の重魚雷と対潜用の軽魚雷（短魚雷）に大別される。
　平均的な重魚雷（軽魚雷）は直径53～65cm（30～32cm）、全長6～9m（2～3m）、総重量1.1～1.5トン（100～300kg）、爆薬300～900kg（30～90kg）、速度20～45ノット（10～25ノット）、最大有効射程20～100km（4～15km）である。
　ロシアのスコール型ロケット魚雷は速度180ノット、射程6～12kmで水深400mを50ノットで行動中の原潜等を攻撃する事ができる。
　魚雷は一般に弾頭部、推進装置及び誘導制御装置から成る。弾頭部の爆薬（炸薬）はＴＮＴ、ＨＢＫ、Ｈ-6、ＰＢＸなどを用いる。最近の弾頭は強化鋼板の貫徹に有利な成型炸薬又は飛翔中に尖鋭化する自己鍛造破片（ＳＦＦ）も採用されている。
　冷戦時代に米ソ両国は艦隊を一挙に壊滅し、あるいは原潜を撃破する5～15KTの核魚雷を開発した。現在でも米海軍は大型空母を撃沈するには多数の通常魚雷よりも僅か1発の核魚雷の方が効率的と見ている。
　第1次大戦当時に実用化した触発信管の効力は船体の側面に限られていた。これに対し第2次大戦後に開発された磁界、電界等に感応する近接信管は構造が脆弱な船底に接近して作動する。
　初期の推進装置は圧縮空気の圧力でスクリューを回す簡素な技術であった。その後、高速化、長射程化のためにアルコール又は化学剤の燃焼ガス圧によるスクリュー回転、ピストン又はタービンエンジンの作動、電動モーター、ロケット推進などの技術が実用化された。
　圧縮空気やガス圧の推進では気泡が水面に浮き上り敵に発見される。このため第2次大戦当時の日本は酸素魚雷、ドイツは電動魚雷を開発した。戦後になるとロケットや化学剤を用いる無航跡魚雷も登場している。
　初期の魚雷は目標の方向と距離を目測後、発射して直進させる無誘導型であった。これに対し、第2次大戦中にドイツが開発したプリセット型は密集した船団に対する命中率を高めるために円形又は螺旋状のコースを事前に設定した。
　初期の誘導技術は艦船の推進音を感知し、これに接近する音響パッシブホーミング型であった。ところが50年代以降になると、パッシブで接近後、魚雷がみずから音波を出すアクティブ併用型、水圧、磁気各ホーミング型、囮や妨害に強い有線指令誘導型なども実用化された。
　米海軍のＡＳＲＯＣ（ロケット対潜魚雷）は射程10kmで艦艇から空中に発射後、目標海域で落下傘を開いて着水し、海中の敵潜水艦に音響ホーミングする。ＡＳＲＯＣの短魚雷は重量230kg、最大45ノット、最大推進距離9kmで攻撃深度は最大600mである。

# 〔機雷〕
## naval mine

● 機雷の基本的役割

　機雷は誰にも判らぬように水中に隠し置き、艦船や舟艇が近付くと爆発して沈没ないし損傷させる海戦兵器（naval ordnance）である。英語で機雷、地雷はともに"mine"であるが、特に区別する時には"naval mine"又は"sea mine"と呼ぶ。

　16世紀半ばに明朝が日本の海賊、倭寇の襲撃を防ぐために大陸沿岸の港湾や水路に仕掛けた「水雷」という爆発物が機雷の元祖である。明治初期、日本海軍創設の頃には魚形水雷と機械水雷を合わせて「水雷」と呼んでいたが、その後、「魚雷」、「機雷」と簡略化されて現在に至っている。

　秘匿して配備される機雷は陸戦兵器の地雷と同様に発見が容易でなく艦船が近付き、あるいは接触により不意に爆発して船体を破壊すると同時に心理的衝撃も与える。このため一度、機雷の爆発に遭えば艦船は周辺海域の安全性を確かめなければ安心して航行を続けられない。

　機雷は陸地と異り、空間の広い海洋の特色から地雷よりも炸薬量を多くすることが可能であり、戦艦など大型艦船に大打撃を与える。したがって機雷は唯の補助手段にとどまらず機雷戦（mine warfare）という独自の作戦、戦闘行動を可能にする。

● 現用機雷の技術

　機雷は係維機雷（係維触発機雷）、沈底機雷（沈底感応機雷）、浮遊機雷、管制機雷、及びホーミング機雷から成る。

　係維機雷（moored contact mine）は複数の触角を持つ炸薬入りの球形容器（機雷缶）を係維索で海底のおもり（係維器）に連結した姿を成す。この機雷は水面直下で待ち受ける間に触角が船体に触れると爆発する。

　機雷缶を水中深く下げて仕掛ける対潜型は潜水艦の船体が機雷缶又はケーブルに触れると作動する。係維機雷の最大敷設水深は対水上艦船用が120 m、対潜用が500〜600 m、炸薬は100〜200 kgである。

　係維機雷の掃海（mine hunting, mine sweeping）は比較的容易であり、通常ケーブルを切り浮上させた機雷缶を火器の射撃で爆破処分する。しかしながら構造簡素で安価、量産と運用も容易な係維機雷は19世紀以来、依然各国で多用されている。

　海底に敷設する沈底機雷には船体が近付くと磁気、音響又は水圧に感応し作動する近接信管（proximity fuse）がある。1939年にドイツは鋼鉄船体の磁気に感応する沈底機雷（bottom-laid influence mine）を実用化した。

　この機雷は第2次大戦初期は相当の成果を収めたが、やがて船体防護用の消磁装置が登場して効力が減退する。当然、磁気は非鉄金属、プラスチック等の船体には無効であり、このため推進装置の音に応える音響感応式（acoustic mine）及び船の水圧で作動する水圧感応式（hydrodynamic pressure mine）が開発された。

　さらに音響、水圧各機雷を囮信号により誘爆させるという艦船側の対抗手段も生れた。

これに対抗する磁気機雷は船体からの僅かな磁界にも感応する鋭敏な信管に切替える傾向にある。
　現代の沈底機雷はどのような材質の船体にも感応できるように磁気、音響、水圧各信管を併用した複合式による。最近では艦船の排気ガスによる放出化学物質に感応する信管も開発された。
　信管の感知能力と炸薬の威力圏を考慮すれば対水上艦船用の沈底機雷の最大敷設水深は 40 ～ 60 m である。すなわち 5000 トン級の艦船は直下水深 50 m で炸薬 500 kg の機雷が爆発すれば沈没する。
　深海の潜水艦に対しては水深 500 ～ 600 m に敷設することが望ましい。炸薬 500 kg の機雷が距離 20 ～ 50 m で爆発すれば潜水艦は大破又は沈没するからである。
　河川や海流に乗せて放流し艦船を直撃加害する浮遊機雷（drifting mine）は係維機雷の機雷缶の転用による。ただし国際法は公海上で中立国船舶の加害を避けるため浮遊機雷の使用を規制する。管制機雷（remote controlled mine）は敵艦船が近付くと陸地の遠隔装置を作動して爆発する。沈底機雷を応用した管制機雷は特に航路沿いの待伏せ攻撃に最適である。
　米国のカプセル機雷（CAPTOR）のようなホーミング沈底機雷は感応した敵艦船に対し本体からミサイルを発射する。感応した敵艦船にケーブルを伸ばし機雷缶を近付けて爆発させるホーミング係維機雷は高価な反面、少数で成果を収める事ができる。
　記憶装置を備えた先端技術機雷は彼我識別・艦種選別能力があり、事前のデータで知り得た敵艦船を攻撃することができる。また敵の掃海作業を妨げる遅延起爆装置（ship counter）は調節機能により 10 ないし 30 回も艦船に感応してから爆発する。
　国際法に基づき民間の船体に累が及ぶのを避ける自滅装置（sanitizer）は調節機能により敷設後 7 ないし 60 日後に無力化させる。敷設は専用艦艇（mine layer）のほか陸地からの放流、艦艇、航空機、ヘリ等による。掃海作業はケーブルの引上げ、囮信号による誘爆及び狙撃爆破を併用する。最近では機雷の発見及び狙撃のために無人潜水艇を活用する傾向にある。

●機雷戦の実績
　日露戦争における旅順の攻防が史上初の大規模な機雷戦であった。この時にロシア海軍は係維機雷 6000 発を敷設して戦艦 2 隻を含む日本海軍の艦艇 10 隻を沈没させた。ただしロシア海軍も日本海軍が敷設した機雷により戦艦 1 隻を含む 6 隻を失っている。
　第 1 次大戦では 24 万発、第 2 次大戦では 70 万発の機雷が敷設されるに及んで艦船の損害は膨大な数に達している。1945 年に列島の港湾及び瀬戸内海に米軍機が敷設した沈底機雷 1 万発は海上交通路を遮断して日本を飢餓状態に追い込んだ。
　朝鮮、台湾海峡、ベトナム、イラン・イラク、湾岸各戦争でも機雷戦が行なわれたが、今後はテロによる機雷の敷設も懸念される。

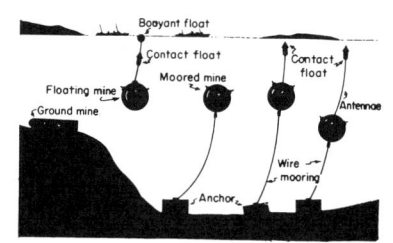

機雷敷設要領。（米陸軍 CGS 校教材）

## 中国・台湾各軍事用語管理体制の最新事情

　この機会に中国、台湾における軍事用語の管理体制を参考までに紹介する。
　日本と同様に漢字を常用する中国及び台湾では、軍の中央機関が統合運用の視点から軍事用語を公式に定義し、かつ辞典として軍隊及び国民に普及するに努めている。
　先ず中国には軍事科学院が編集し、中央軍事委員会が批准した「中国人民解放軍軍語」がある。1997年発行の改定版は1982年初版の拡充版であり、国防、戦争・戦略、戦役、戦術・戦闘、編成、訓練、行政管理、政治工作、偵察・情報、後方勤務、小火器、誘導武器、ミサイル、軍種、兵科等を含む29部門、6562語、図表182点から成る。この辞典は「内部発行」、すなわち部内資料であるが、現役軍官（将校、士官）の証明を得れば学生なども軍事専門書店で購入する事ができる。

　台湾では中華民国国防部の軍語辞典編審指導委員会が軍事用語の公式定義、国防部史政編訳室が日本、米国などからの外来用語の定訳をそれぞれ担当している。国防大学軍事学院が編集した「国軍軍語辞典：2003年改定版」は全民国防、戦争・戦略、政治作戦、人事・兵役、情報、作戦、教育訓練、後勤、通信・電子・情報作戦、国防科学・武器装備系統を含む各章から成り、日本の広辞苑程度のサイズである。
　本書は中佐以上の指揮官を置く各部隊に配布される。その発行部数はハード版4000部、ソフト版8000部と公表されている。国防部史政編訳室が編集した「国軍簡明美華軍語辞典：ROC Armed Forces Concise English-Chinese Dictionary of Military Terms：2003年改定版」は米軍事用語の漢語訳である。
　上記の各辞典とも市販されていないが、一般国民は図書館で閲覧する事ができる。なお、付言すれば米国防総省が数年ごとに改定を重ねている「統合参謀本部用語辞典：JP102」はインターネットでも取得可能である。
　以上、紹介した各国における軍事用語の管理体制は現代日本にとり、まさに他山の石に他ならない。

## 【主要参考資料】

### 【日本】

・金田一京助、新村出編『日本国語大辞典』（小学館、2000）
・諸橋轍次編『大漢和大辞典』（大修館、1960）
・神宮司庁編『古事類苑：兵事部』（神宮司庁、1906）
・朝倉治彦編『明治官制事典』（東京堂出版、1966）
・『国史大辞典』（吉川弘文館、1985）
・『グランドコンサイス英和辞典』（三省堂、2004）
・『グランドコンサイス和英辞典』（三省堂、2004）
・武経七書（私家版、1980）
・金谷治訳注『孫子』（岩波書店、2001）
・陸軍参謀本部、陸軍大学校『統帥綱領・統帥参考』（原本1932、偕行社復刻、1962）
・陸軍省『作戦要務令』（原本1938、偕行社復刻、1952）
・海軍有終会編『近世帝国海軍史要』（原本1938、原書房復刻1974）
・全国憲友会編『日本憲兵正史』（全国憲友会連合会本部、1976）
・大谷敬二郎『昭和憲兵史』（みすず書房、1966）
・防衛庁戦史室『海軍軍戦備（1）』（朝雲新聞社、1980）
・防衛庁戦史室『陸海軍年表付録、兵語・用語の解説』（朝雲新聞社、1980）
・防衛研究所『防衛研究所用語集』（1976）
・真邊正行編著『防衛法令根拠辞典』（内外出版株式会社、1994）
・『海上自衛隊・海軍：用語と略語の基礎知識』（暁印書館、1985）
・鈴木総兵衛『聞書・海上自衛隊史話』（水交会、1989）
・アントワーヌ A・ジョミニ『戦争概論』佐藤徳太郎訳解題（中央公論新社、2001）
・実松譲『海軍大学教育：戦略・戦術道場の功罪』（光人社、1984）
・田中宏巳『人物叢書・秋山真之』（吉川弘文館、2004）
・『千葉科学大学案内』（千葉科学大学教務課、2004）
・亀井利明『危機管理とリスクマネージメント』（同文館出版、2004）
・小林幸雄「中世イギリス海軍史の散歩道」『波濤』130（海幹校、1997.5）
・西浦進「兵学研究序説」（田中書店、1978）

### 【中国】

・『新英漢辞典』（上海、上海訳文出版社、2004）
・『中国軍事知識辞典』（北京、華夏出版社、1987）
・『中国大百科全書：軍事2』（北京、中国大百科全書出版社、1998）
・林戊蓀英訳『漢英対照：孫子兵法・孫臏兵法』（北京、外交出版社、2004）
・中国人民解放軍軍事科学院『孫子兵法新注』（北京、中華書局、1995）
・李力『中国古代兵器』（北京、外交出版社、2002）
・藍永蔚『春秋時期的歩兵』（上海、中華書局、1979）
・向旭編『中国人民解放軍軍官手冊：陸軍分冊』（青島、青島出版社、1992）

・軍事科学院編『孫子兵法新注』(北京、中華書局、1995)
・国防大学編『軍人手冊』(北京、国防大学出版社、2005)
・中華人民共和国国務院弁公庁『中国の国防：日本語版』(北京、2004)
・国務院、中央軍事委員会『中国人民解放軍軍官軍街条例：1994』
・国務院、中央軍事委員会『中国人民解放軍現役士兵服役条例：1999』
・軍事科学院『中国人民解放軍・軍語：1997』
・李耐国『軍事情報研究』(北京、軍事科学出版社、2001)

【台湾】

・中華民国国防部『九十三年国防報告書：英語版』(台北、2004)
・陳福成『防衛大台湾』(台北、金台湾出版公司、1995)
・羅慶生『国防政策與国防報告書』(台北、揚智文化事業公司、2000)
・張殿清『情報與反情報』(台北、時英出版社、2001)
・張殿清『間諜與反間諜』(台北、時英出版社、2001)

【ヨーロッパ、アメリカ】

・Oxford English Dictionary (Oxford：Oxford University Press, 1989)
・Reader's Digest Great Ecyclopedic Dictionary (New York：Reader's Digest, 1977)
・J V. Noel & E L. Beach, NAVAL TERMS DICTIONARY 5th ed (Annapolis：Naval Institute Press, 1988)
・THE OXFORD, Essential Dictionary of the U. S. Military (New York：BERKLEY, 2001)
・Longman Dictionary of Contemporary English (Essex：Longman Group, 1995)
・R Bowyer, Dictionary of MILITARY TERMS, 3rd ed (London：Bloomsbury, 2004)
・R Holms ed, THE OXFORD COMPANION TO MILITARY HISTORY (Oxford：Oxford University Press, 2001)
・Dupuy & Dupuy ed, THE HARPER ENCYCLOPEDIA OF MILITARY HISTORY 4th ed (NewYork：HarperCollins, 1993)
・J Childs ed, A Dictionary of Military History and the Art of War (Oxford：BLACKWELL, 1994)
・N. Polmer & T B. Allen, SPY BOOK；THE ENCYCLOPEDIA OF ESPIONAGE (New York：RANDOM HOUSE, 1997)
・Lerner & Lerner ed, The Encyclopedia of Espionage, Intelligence, and Security (New York：Fact and File, 2004)
・Secretary of State Department of Canada, Dictionary of Basic Military Terms：A Soviet View (Wachignton, D. C.：USGPO, 1974)
・F D. Margiotta ed, BRASSEY'S LAND FORCES AND LAND WARFARE (London：

Brassey, 2000)
・E Luttwak & S Koehl, THE DICTIONARY OF MODERN WAR (New York: HarperCollins, 1991)
・The Project of the Graduate Institute of International Study: Geneva, Small Arms Survey 2002 (New York: Oxford University Press, 2002)
・Jane's Counter Terrorism, 2nd ed (Surrey: Jane's Pub, 2003)
・J M. Collins, MILITARY STRATEGY: PRINCIPLES, PRACTICE AND HISTORICAL PERSPECTIVE (Washington, D. C.: Bassey, 2002)
・U. S. Department of States, Terrorist Group Profile (Washington, D. C.: USGPO, 1998)
・US Joint Chief of Staff, JP 1-02, Department of Defense Dictionary of Military and Associated Terms (Washington, D. C.: 2005)
・Headquarters Department of the Army, FM 3-0, OPERATIONS (Washington, D. C.: 2001)
・Headquarters Department of the Army, FM 100-5, OPERATIONS (Washington, D. C.: 1993)
・W A. Sikett, "Words of Wars, "MILITARY AFFAIRS, (Jan 1985)
・W A. Sikett, "Gold Braid and Old Words," MILITARY AFFAIRS, (Apr 1986)

付記

　明治期以降における旧軍用語の定義及び由来に関しては防衛庁戦史室（現戦史部）において公刊戦史編纂及び企画業務を担当された尊敬すべき先輩前原透氏の研究資料に負うところが大きい。
　米軍及び自衛隊の戦術教義、用語の定義等は著者の高井が自衛隊現役時代以来、積み上げて来た学習研究作業を主として参考にした。各国の特殊部隊に関する事項は主に台北国家図書館及び米陸軍戦史センターの資料による。
　地図、要図等の出典は、これらの資料の各頁に明示した。

〔著者略歴〕

高井三郎（たかい・みつお）
　1952年12月、保安隊第1連隊（練馬）に一般隊員として入隊、1958年に陸上自衛隊第1戦車大隊（習志野）から幹部候補生学校（久留米）に入校、翌年に3尉任官後、第9特科連隊（岩手）及び第12特科連隊（宇都宮）にて射撃小隊長、大隊本部幕僚を経て東部方面調査隊相馬原派遣隊長。1970年に陸上自衛隊幹部学校指揮幕僚課程卒業後、主に幹部学校、幹部候補生学校、高射学校及び需品学校で戦史・戦術の教官・研究員を勤め、1988年に退官。現在は軍事分析の専門家として活動。森野軍事研究所・米軍資料翻訳分析部長。日本防衛装備工業会（JADI）、防衛技術協会、米陸軍協会（AUSA）の各会員。最近の翻訳書は『北朝鮮軍特殊部隊』（並木書房、2003）。

知っておきたい
現代軍事用語
―解説と使い方―

2006年9月10日　第1刷発行

著者　高井三郎
企画　成瀬雅彰
発行者　前田俊秀
発行所　アリアドネ企画
発売所　株式会社三修社
〒107-0062　東京都港区南青山2-28-6
TEL 03-3405-4511　FAX 03-3405-4522
振替　00190-9-72758
http://www.sanshusha.co.jp/
編集担当　北村英治
印刷・製本　萩原印刷株式会社
Ⓒ 2006 M. TAKAI　Printed in Japan
ISBN4-384-04095-4 C0031